抗菌ペプチドの機能解明と技術利用

Functional Analysis and Technological Application of Antimicrobial Peptides

監修：長岡　功
Supervisor：Isao Nagaoka

シーエムシー出版

はじめに—太古の昔から存在する生体防御分子を用いた応用技術

　本書は「抗菌ペプチドの機能解明と技術利用」というタイトルで出版されますが，執筆は，国内外で抗菌ペプチド研究において多大な実績をあげている方々にお願いしております。

　抗菌ペプチド（antimicrobial peptides）は，一般的にプラスに荷電した両親媒性分子（親水性ドメインと疎水性ドメインをもつ）であり，進化の上で保存され，あらゆる種の生物に存在します。抗菌ペプチドは生体防御ペプチド（host defense peptides）とも呼ばれますが，それは，抗菌作用だけでなく，抗ウイルス作用，抗真菌作用を示し，さらに宿主細胞に作用して自然免疫だけでなく獲得免疫を介して，生体防御に重要な役割を果たしているからです。また，ある種の抗菌ペプチドにはグラム陰性菌のエンドトキシン（リポ多糖）を中和する能力をもつものがあります。このように，抗菌ペプチドは，幅広い生物活性を示すことから，新たな抗菌物質，免疫調節物質として，その応用が期待されています。

　抗菌ペプチドは，植物，昆虫，脊椎動物などあらゆる生物に存在しますが，いつ頃，地球上に出現したかわかりません。しかし，グラム陰性菌のエンドトキシンや真菌のβ-グルカンの検出・測定に用いられる，カブトガニ（節足動物）のアメーボサイト（白血球に相当する）の顆粒にはデフェンシンをはじめとする種々の抗菌ペプチドが存在します。カブトガニは生きた化石と呼ばれていますが，それは4億5千万年前（オルドビス紀）から現在まで生息しているからです（https://en.wikipedia.org/wiki/Horseshoe_crab）。興味深いことに，カブトガニは，5億4000万年前（カンブリア紀）に出現した三葉虫にもっとも近い，現存生物であるとされています（https://en.wikipedia.org/wiki/Trilobite, http://www.uh.edu/engines/epi2496.htm）。したがって，抗菌ペプチドは，三葉虫が生息していたカンブリア紀から存在していたと推測してもよいと思われます。

　そして，今や我々は，太古の昔から生体防御に関わっている抗菌ペプチドを使って，医薬，食品分野などに応用可能な物質を創り出そうとしています。

図　カブトガニと三葉虫
(A)カブトガニ（*Tachyples tridentatu*）の骨格標本，(B)三葉虫（*Elrathia kingi*）の化石（米国ユタ州5億3000万年前）

2017年3月

順天堂大学
長岡　功

―――― 執筆者一覧（執筆順）――――

長岡　　功	順天堂大学　大学院医学研究科　生化学・生体防御学　教授
川村　　出	横浜国立大学　大学院工学研究院　機能の創生部門　准教授
岩室　祥一	東邦大学　理学部　生物学科　教授
若林　裕之	森永乳業㈱　研究本部　素材応用研究所　機能素材開発部　主任研究員
橋本　茂樹	東京理科大学　基礎工学部　教養　准教授
田口　精一	東京農業大学　生命科学部　分子生命化学科　生命高分子化学研究室　教授；北海道大学　招聘客員教授，名誉教授
山﨑　浩司	北海道大学　大学院水産科学研究院　海洋応用生命科学部門　水産食品科学分野　准教授
吉村　幸則	広島大学　大学院生物圏科学研究科　教授
相沢　智康	北海道大学　大学院先端生命科学研究院，国際連携研究教育局ソフトマターグローバルステーション　准教授
谷口　正之	新潟大学　大学院自然科学系（工学部　機能材料工学科）教授
落合　秋人	新潟大学　大学院自然科学系（工学部　機能材料工学科）助教
加治屋勝子	鹿児島大学　農学部　食料生命科学科　講師
南　　雄二	鹿児島大学　農学部　食料生命科学科　准教授
中神　啓徳	大阪大学　大学院医学系研究科　健康発達医学　寄附講座教授
田村　弘志	LPS（Laboratory Program Support）コンサルティング事務所　代表；順天堂大学　医学部　生化学・生体防御学教室　非常勤講師

Johannes Reich	Institute of Physical and Theoretical Chemistry, University of Regensburg, Regensburg, Germany
鈴木　香	順天堂大学　大学院医学研究科　生化学・生体防御学　助教
伊藤英晃	秋田大学　大学院理工学研究科　生命科学専攻　教授, 発酵食品開発研究所　所長，学長補佐
ニヨンサバ フランソワ	順天堂大学　国際教養学部　グローバルヘルスサービス領域, 大学院医学研究科　アトピー疾患研究センター　先任准教授
善藤威史	九州大学　大学院農学研究院　助教
角田愛美	阪本歯科医院　歯科医師
永利浩平	㈱優しい研究所　代表取締役
園元謙二	九州大学　大学院農学研究院，バイオアーキテクチャーセンター　教授
北河憲雄	福岡歯科大学　生体構造学講座　機能構造学分野　組織学研究室　助教
小磯博昭	三栄源エフ・エフ・アイ㈱　第一事業部　食品保存技術研究室
米北太郎	日本ハム㈱　中央研究所
岩崎　崇	鳥取大学　農学部　生体制御化学分野　准教授
石橋　純	(国研)農業・食品産業技術総合研究機構　本部　経営戦略室　上級研究員

目　　次

【第Ⅰ編　合成・機能解明】

第1章　抗菌ペプチドの構造-機能相関の研究　　川村　出

1　はじめに …………………………………… 3
2　抗菌ペプチドの構造の特徴と抗菌活性
　モデル ……………………………………… 3
3　固体NMR分光法 ………………………… 5
4　ペプチド合成 ……………………………… 6
5　ヘリックス型の抗菌ペプチドの構造 ‥ 7
　5.1　アラメチシン ………………………… 7
　5.2　メリチン ……………………………… 8
　5.3　ラクトフェランピン ………………… 9
　5.4　グラミシジンA ……………………… 10
6　両生類に存在する抗菌ペプチド ……… 10
　6.1　マガイニン2とPGLa ……………… 11
　6.2　ボンビニンH2とH4 ………………… 11
7　終わりに ………………………………… 13

第2章　両生類の抗菌ペプチドとその多機能性　　岩室祥一

1　はじめに ………………………………… 15
2　両生類の生息環境と皮膚構造 ………… 15
3　両生類抗菌ペプチドの多様なファミ
　リー，多様なサブタイプ ……………… 16
4　両生類抗菌ペプチドの網羅的解析 …… 19
5　抗菌ペプチドの探索源としての両生類
　の有用性 ………………………………… 20
6　両生類抗菌ペプチドの多機能性 ……… 20
　6.1　抗ウイルス活性 ……………………… 21
　6.2　細菌毒素結合活性 …………………… 22
　6.3　レクチン様作用 ……………………… 22
　6.4　イムノモデュレーター作用 ………… 24
　6.5　マスト細胞脱顆粒作用 ……………… 24
　6.6　抗酸化作用 …………………………… 25
7　終わりに ………………………………… 25

第3章　ラクトフェリンの抗菌・抗ウイルス作用機構　　若林裕之

1　ラクトフェリンとは …………………… 28
2　ラクトフェリンの抗菌作用機構 ……… 29
　2.1　ラクトフェリンの *in vitro* 抗菌作用
　　　 …………………………………………… 29
　2.2　ラクトフェリシンの *in vitro* 抗菌作
　　　用 ……………………………………… 30
　2.3　ラクトフェリンの *in vitro* 抗バイオ
　　　フィルム作用 ………………………… 30
　2.4　ラクトフェリンの *in vivo* での細
　　　菌・真菌感染防御作用 ……………… 31
3　ラクトフェリンの抗ウイルス作用機構
　　 …………………………………………… 32
4　おわりに ………………………………… 33

第 4 章　ラショナルなデザインによる抗菌ペプチドの特性改変　　橋本茂樹

1　はじめに …………………………… 36	5　キメラペプチドの形成 ……………… 42
2　アミノ酸の置換 ……………………… 36	6　脂肪酸の付加 ………………………… 43
2.1　疎水性アミノ酸による置換 ……… 39	6.1　ラウリル酸の付加 ……………… 43
2.2　塩基性アミノ酸による置換 ……… 39	6.2　他の脂肪酸の付加 ……………… 45
2.3　疎水性アミノ酸と塩基性アミノ酸による置換 ……………………… 40	7　非タンパク質性アミノ酸による置換 ……………………………………… 45
2.4　Dアミノ酸による置換 …………… 40	7.1　アルキルアミノ酸による置換 …… 46
3　アミノ酸の欠失 ……………………… 41	7.2　嵩高い芳香族アミノ酸による置換 … 47
4　オリゴペプチドの付加 ……………… 42	8　おわりに ……………………………… 48

第 5 章　昆虫由来抗菌ペプチドの進化工学的高活性化　　田口精一

1　はじめに …………………………… 51	3.2　進化工学研究に基づく合理的高活性化へ ………………………… 55
2　アピデシン作用機序研究の変遷 …… 52	4　タナチン作用機序研究の変遷 ……… 56
3　アピデシンの高活性化 ……………… 53	5　タナチンの高活性化 ………………… 57
3.1　進化工学システムの基盤整備 …… 53	6　おわりに ……………………………… 59

第 6 章　乳酸菌由来の抗菌ペプチド（バクテリオシン）による食中毒菌と腐敗細菌の発育抑制　　山﨑浩司

1　乳酸菌による食品保蔵 ……………… 62	5.2　バクテリオシンを含有する発酵粉末または培養上清による制御 …… 67
2　食品保蔵における非加熱殺菌技術の必要性 ………………………………… 63	5.3　精製または粗精製バクテリオシンによる制御 …………………………… 67
3　乳酸菌の産生する抗菌ペプチド（バクテリオシン） ……………………… 64	5.4　乳酸菌産生バクテリオシンのその他の利用方法 ……………………… 68
4　食品微生物制御へのバクテリオシン産生乳酸菌の利用 ……………………… 65	6　バクテリオシンによる腐敗菌の制御 … 69
5　バクテリオシン産生乳酸菌による食中毒菌の制御 ………………………… 66	7　抗菌ペプチド耐性菌の出現 ………… 71
5.1　プロテクティブカルチャーによる制御 …………………………………… 66	8　おわりに ……………………………… 71

第7章 鳥類生殖器の抗菌ペプチドと感染防御システム　吉村幸則

1. はじめに …………………………… 74
2. 鳥類のToll様受容体 ……………… 74
3. 鳥類のディフェンシンとカテリシジン
   ……………………………………… 75
4. ニワトリ卵巣におけるTLRとAvBD
   の発現特性 ………………………… 75
5. ニワトリ卵管におけるTLRとAvBD
   の発現特性 ………………………… 76
6. 卵管の抗菌ペプチド分泌 ………… 79
7. オス生殖器と精子におけるAvBDsの
   特性 ………………………………… 80
8. おわりに …………………………… 80

第8章 抗菌ペプチドの遺伝子組換え微生物を用いた高効率生産技術
相沢智康

1. はじめに …………………………… 83
2. 大腸菌を宿主とした可溶性での抗菌ペ
   プチドの生産 ……………………… 83
3. 大腸菌を宿主とした不溶性での抗菌ペ
   プチドの生産 ……………………… 86
4. 酵母を宿主とした抗菌ペプチドの生産
   ……………………………………… 89
5. 組換え抗菌ペプチドのNMR解析への
   応用 ………………………………… 90
6. おわりに …………………………… 94

【第Ⅱ編　機能評価・臨床試験】

第1章 病原微生物を標的とした抗菌ペプチドの生体防御に関する多機能性評価
谷口正之，落合秋人

1. はじめに …………………………… 99
2. コメα-amylase由来ペプチド
   （Amyl-1-18）のアミノ酸置換体の設計
   ……………………………………… 100
3. Amyl-1-18とそのアミノ酸置換体の抗
   菌活性 ……………………………… 101
4. Amyl-1-18とそのアミノ酸置換体の抗
   菌作用の機構 ……………………… 104
   4.1 細胞膜損傷作用 ……………… 104
   4.2 タンパク質合成阻害作用 …… 108
5. Amyl-1-18とそのアミノ酸置換体の抗
   炎症活性 …………………………… 111
6. Amyl-1-18とそのアミノ酸置換体の抗
   炎症作用の機構 …………………… 112
7. Amyl-1-18とそのアミノ酸置換体の創
   傷治癒作用 ………………………… 114
8. まとめと今後の課題 ……………… 115

第2章　天然物由来抗菌ペプチドの同定および機能性評価
加治屋勝子，南　雄二

1　抗菌ペプチドの位置づけ ………… 117
2　特徴 ……………………………………… 118
3　植物由来抗菌ペプチドの分子内ジスルフィド結合の重要性 ………………… 119
4　今後の展開 …………………………… 122

第3章　新規抗菌性ペプチドによる難治性皮膚潰瘍治療薬の臨床試験
中神啓徳

1　はじめに ……………………………… 123
2　新規機能性ペプチド AG30/5C ……… 123
3　皮膚潰瘍を標的とした探索的な臨床研究計画 ………………………………… 126
　3.1　評価項目 ……………………… 126
　3.2　選択基準 ……………………… 126
　3.3　除外基準 ……………………… 127
　3.4　試験方法 ……………………… 127
　3.5　併用治療 ……………………… 128
　3.6　解析手法 ……………………… 129
4　皮膚潰瘍を標的とした探索的な臨床研究結果 ………………………………… 129
　4.1　有効性評価 …………………… 129
　4.2　有効性の結論 ………………… 130
　4.3　安全性評価 …………………… 131
　4.4　安全性の結論 ………………… 131
5　臨床試験に対する全般的考察 ……… 131

第4章　エンドトキシン測定法と抗菌ペプチド
田村弘志，Johannes Reich，長岡　功

1　はじめに ……………………………… 134
2　リムルステストおよび LAL 試薬の開発経緯 ………………………………… 134
3　リムルステストの諸方法と最近の進歩 ………………………………………… 135
4　リムルス反応に対する干渉因子 …… 137
5　測定干渉への対処方法 ……………… 138
6　エンドトキシンとタンパク質との相互作用 …………………………………… 139
7　生体防御ペプチド中のエンドトキシン測定の意義 …………………………… 140
8　HDP の抗エンドトキシン活性 …… 142
9　今後の課題および展望 ……………… 143

【第Ⅲ編　技術利用】

第1章　Cathelicidin 抗菌ペプチドの作用メカニズムと敗血症治療への応用
鈴木　香, 長岡　功

1	はじめに …………………………… 151	5	LL-37 による宿主細胞活性化のメカニズム ……………………………… 158
2	cathelicidin の構造と抗菌メカニズム ……………………………… 151	6	新たに明らかになった LL-37 の LPS 除去作用 ……………………… 159
3	エンドトキシンに対する中和効果 …… 154	7	敗血症治療への応用の可能性と問題点 ……………………………… 160
4	敗血症モデル動物に対する cathelicidin ペプチドの効果 …………… 155		

第2章　納豆抽出抗菌ペプチドの抗がん剤への応用
伊藤英晃

1	緒言 ………………………………… 163	3	結果 ………………………………… 165
2	材料及び方法 ……………………… 164	3.1	納豆抽出成分のがん細胞に及ぼす影響 ……………………………… 165
2.1	材料 ………………………… 164	3.2	煮豆抽出成分，及び納豆菌の HeLa 細胞に及ぼす影響 …………… 166
2.2	納豆抽出成分 ……………… 164		
2.3	培養がん細胞 ……………… 164	3.3	納豆抽出成分の他のがん細胞に及ぼす影響 ……………………… 167
2.4	タンパク質定量及び培養細胞生存率 ……………………………… 165	3.4	がん細胞増殖阻止因子の同定 …… 170
2.5	Butyl column chromatography …… 165	4	考察 ………………………………… 171
2.6	HPLC，アミノ酸配列 ……… 165		

第3章　抗菌ペプチドと皮膚疾患
ニヨンサバ　フランソワ

1	はじめに …………………………… 176	2.3	酒さ ………………………………… 179
2	ヒトの皮膚疾患における AMP の役割 ……………………………… 177	2.4	尋常性痤瘡 ………………………… 179
		2.5	全身性エリテマトーデス ………… 180
2.1	乾癬 ………………………… 177	2.6	創傷治癒 …………………………… 180
2.2	アトピー性皮膚炎 ………… 178	3	結論と今後の展望 ………………… 182

第4章　乳酸菌抗菌ペプチドの口腔ケア剤への応用
善藤威史，角田愛美，永利浩平，園元謙二

1　はじめに …………………………………… 184
2　乳酸菌が生産する抗菌ペプチド，バクテリオシン ………………………………… 185
　2.1　一般的な性質と分類 …………………… 185
　2.2　ナイシンの特徴 ………………………… 187
3　ナイシンの利用 …………………………… 189
　3.1　食品への利用 …………………………… 189
　3.2　非食品用途への利用 …………………… 189
4　ナイシンの口腔ケアへの利用 ………… 190
4.1　口腔用天然抗菌剤，ネオナイシン®の開発 ……………………………………… 190
4.2　ネオナイシン®の口腔細菌への効果 ……………………………………………… 191
4.3　口腔ケア製品，オーラルピース®の開発 ……………………………………… 192
5　新しい乳酸菌抗菌ペプチドの利用 …… 194
6　今後の展望 ………………………………… 195

第5章　ヒト上皮組織に対する抗菌ペプチドの作用　北河憲雄

1　上皮組織とは ……………………………… 198
2　ケラチノサイトを取り巻く抗菌ペプチドの種類 …………………………………… 200
3　分化と抗菌ペプチド ……………………… 201
　3.1　ケラチノサイトに由来する抗菌ペプチド ……………………………………… 201
　3.2　分化によるケラチノサイトの抗菌ペプチドの分泌促進 …………………… 201
3.3　ケラチノサイト由来抗菌ペプチドによるケラチノサイトの分化 ……… 202
4　抗菌ペプチドと細胞遊走 ………………… 202
5　癌細胞と抗菌ペプチド …………………… 203
　5.1　抗菌ペプチドによるケラチノサイトの細胞死 …………………………………… 203
　5.2　ケラチノサイト由来癌細胞による抗菌ペプチドの分泌 …………………… 203
6　最後に ………………………………………… 204

第6章　抗菌ペプチド（リゾチーム，ナイシン，ε-ポリリジン・プロタミン）の食品添加物としての利用　小磯博昭

1　はじめに …………………………………… 206
2　リゾチーム ………………………………… 206
　2.1　リゾチームの抗菌効果 ………………… 207
　2.2　リゾチームの安定性 …………………… 207
　2.3　リゾチームの効果的な使い方 ……… 208
3　ナイシン …………………………………… 210
　3.1　ナイシンの抗菌効果 …………………… 211
　3.2　ナイシンの安定性について ………… 211
　3.3　ナイシンの効果的な使用方法 …… 212
4　ε-ポリリジン，プロタミン …………… 213
　4.1　ε-ポリリジン，プロタミンの抗菌効果 ……………………………………… 213
　4.2　ε-ポリリジン，プロタミンの安定性 ………………………………………… 213

| 4.3 ε-ポリリジン，プロタミンの効果的な使い方 …………………… 214 | 5 おわりに …………………………… 215 |

第7章　抗菌ペプチドのプローブとしての利用　　米北太郎，相沢智康

1 はじめに …………………………… 217	3 抗菌ペプチドの遺伝子組換え生産 …… 219
2 プローブに適した抗菌ペプチドのスクリーニング ……………………… 218	4 ラテラルフロー法への応用 ………… 220
	5 まとめ ……………………………… 223

第8章　昆虫由来の抗菌ペプチドの応用　　岩崎　崇，石橋　純

1 昆虫の生体防御機構 ……………… 226	5 昆虫抗菌ペプチドの応用：ミサイル療法 …………………………………… 234
2 昆虫の抗菌ペプチド ……………… 226	
3 昆虫抗菌ペプチドの応用：抗生物質 ‥ 227	6 総括 ………………………………… 238
4 昆虫抗菌ペプチドの応用：抗がん剤 ‥ 229	

【第Ⅰ編　合成・機能解明】

第1章　抗菌ペプチドの構造-機能相関の研究

川村　出*

1　はじめに

　抗菌ペプチドは脊椎動物，無脊椎動物，植物などにおいて先天的に備わっている防御システムである。なぜなら，バクテリアやウイルス，寄生虫などに抗菌的に働く生体分子だからである。近年，多剤耐性菌や世界中で流行している感染症を引き起こす生物などに対して，抗菌性のペプチドはこのような深刻な問題を解決するための新しい抗菌薬としても依然として大いに期待されている。実際に抗菌性を示すには様々な機構が存在するが，マガイニン2と呼ばれる抗菌ペプチドは真核生物と細菌の細胞膜に対して全く異なる相互作用を示すことからも[1]，標的とする生物の細胞膜と抗菌ペプチドの相互作用によって細胞膜に欠損を与える。そのため，抗菌ペプチドの構造と細胞膜との相互作用様式について研究することは，抗菌ペプチドの発現機構を理解するために極めて重要なステップである。本章では，抗菌ペプチドの膜結合構造と機能との関係性に加えて，抗菌ペプチドの構造や細胞膜中での配向情報の解明に大きな貢献をしてきた固体NMRの測定法について紹介する。

2　抗菌ペプチドの構造の特徴と抗菌活性モデル

　ハチ毒のメリチン，母乳に含まれるラクトフェリンのフラグメントであるラクトフェランピン，電位駆動型イオンチャンネルのアラメチシンなど様々な抗菌ペプチドが存在するが，それぞれ特徴的なアミノ酸配列を持ち，抗菌活性のメカニズムは異なる[2]。一方で，細胞膜（脂質二分子膜）は，数多くの脂質分子が互いに相互作用することで発達する疎水性領域と親水性頭部によって膜界面をもつ。このような細胞膜に相互作用するために，多くの抗菌ペプチドは親水性のアミノ酸と疎水性のアミノ酸をバランスよく含む，両親媒性の特徴を持つ。さらに，細菌の細胞膜には負電荷をもつ脂質分子の割合が多く，細菌膜を識別するために，アルギニンやリジンなどの正電荷をもつアミノ酸を多く含むカチオン（陽イオン）性の抗菌ペプチドの存在が目立つ。

　例外は多くあるが，抗菌ペプチドの立体構造にも特徴があり，いくつかに分類することができる[2]。抗菌ペプチドは最大で50アミノ酸残基程度であり，正に帯電している分子が多い。また，主にα-ヘリックス構造を有するペプチド，β-シート構造を有するペプチド，プロリンProやアルギニンArgなど特定のアミノ酸が豊富なペプチドである。α-ヘリックス構造で構成される抗

---

　*　Izuru Kawamura　横浜国立大学　大学院工学研究院　機能の創生部門　准教授

菌ペプチドは，溶液中ではランダムコイルで存在し，細胞膜と相互作用することによって，疎水性および親水性アミノ酸残基がそれぞれヘリックスの片面に偏る両親媒性のヘリックス構造を取るのが特徴である。β-シート構造の抗菌ペプチドにおいてはペプチド分子内に含まれる複数のシステイン残基の間でジスルフィド結合を形成し，構造が安定化されている。

では，抗菌ペプチドがどのように細胞膜に相互作用することによって，抗菌活性が発現するのか。ペプチドの特徴に応じて，いくつかのモデルが提唱されているため[2~4]，それを図1とともに次に示す。

① バレル-スティーブ（Barrel-Stave）モデル

このモデルは細胞膜に結合したペプチド1分子が脂質膜面に対して垂直に配向し，同じ状態の分子がいくつか集合することによって，特定のサイズの孔（ポア）を細胞膜に形成するモデルである。このとき，ペプチドの疎水面と脂質の疎水面が相互作用し，ペプチド同士が相互作用している点が特徴であり，この膜結合ペプチドの状態が，樽（Barrel）を構成する樽板（Stave）のように見えるため，バレル-スティーブモデルと呼ばれている。このモデルの抗菌メカニズムを示すペプチドとしてアラメチシン[5]がある。

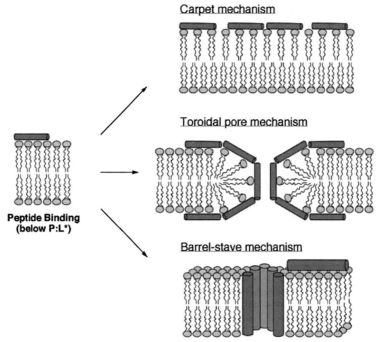

図1 抗菌活性の機構イメージ図（抗菌ペプチドと細胞膜との相互作用）
ペプチドの脂質に対する割合が低濃度から高濃度に変化した場合に様々な抗菌活性機構を示す。
上：カーペット機構，中：トロイダルポア機構，下：バレル-スティーブ（樽板）機構
（文献[3]から許可を得て転載）

② トロイダルポア（Toroidal Pore）モデル

このモデルは別名ワームホール（wormhole）モデルとも呼ばれ，細胞膜に相互作用したペプチドが脂質頭部が位置する細胞膜表面上でα-ヘリックスを形成する。このことによって，膜面に対して正の曲率を与える働きが生じ，ペプチド濃度がある濃度を超えると，脂質頭部を巻き込みながら膜面に対して垂直に挿入する。その状態がいくつも集まることで，虫食い状のポアが形成される仕組みである。この機構を示すペプチドとして，マガイニン[1]やメリチン[6]などが報告されている。

③ カーペット（Carpet）モデル

このモデルでは，細胞膜表面がペプチドで覆われた場合に，膜を細かく分断する現象が起きる。多くのペプチドが膜表面に相互作用することで，膜の流動性を劇的に変化させることが活性に大きく影響している。そのため，ポアは形成しないが，界面活性剤と類似した働きを示す。オビスピリン[7]と呼ばれる抗菌ペプチドの活性機構とされている。

抗菌ペプチドの細胞膜への相互作用によって，このような機構が働き，特定の細菌の細胞膜に欠損を与える。結果的にイオン濃度勾配を失い，栄養素や他の細胞質内の成分が流出するなど，微生物の細胞が死に至るすべてのことが起きる。最近では，電流計測のパターンによってでも活性機構の識別が可能になってきている[8]。

3 固体NMR分光法

ペプチドと細胞膜との相互作用は抗菌メカニズムを理解するために極めて重要である。特に，ペプチドが膜中でどのような立体構造を形成し，膜面に対してどのような配向を示すのか調べることが必要である。固体NMR分光法は磁場方向に対しての分子の配向情報を精密に決定することができる[9]。その原理に入る前に，固体NMRの基礎や抗菌ペプチドの系で扱うパラメーターを整理したい。

近年，固体NMR分光法は生体分子の立体構造決定をはじめとして，様々な物質の構造解析に利用されており，その汎用性は益々高まっている[10]。さらにその特徴をあげると，溶液NMRにも共通する非破壊・非侵襲，様々な観測核が測定対象となる高い元素選択性に加えて，固体NMRでは測定する試料の分子量（分子運動性）に制限が無く，結晶や粉末をはじめとする様々な物質の測定が可能である。しかし，溶液状態に比べて，固体状態では核スピン相互作用が極めて強く，そのまま測定すると幅広い信号になり，構造解析が困難である。別な言い方をすると，巧みに異方性の情報を取り出すことができれば，分子の配向情報を手に入れることができる。

NMRの超伝導磁石の（静磁場）中に物質を置いた場合に，その中の核スピンは周りの電子の運動によって遮蔽磁場を生じる。これによって原子核が感じる磁場が遮蔽されて，共鳴線の位置（化学シフト値）がわずかに変化する。電子は核のまわりに一様に分布していることは少なく，カルボニル炭素のように電子による遮蔽効果はフットボールのような回転楕円体で考えることが

できる。この遮蔽効果は磁場に対する分子の配向によって変化する化学シフトテンソルで整理され，3つの主軸と主値（$\delta_{11}, \delta_{22}, \delta_{33}$）で考えることができる。分子運動が遅く，アモルファスな試料の場合，静磁場に対する分子の配向はランダムであるため，化学シフト異方性による幅広な線形を示す[9]。

一方，静磁場に対して分子をある角度で配向させることができた場合，分解能が格段に向上し，その場合の化学シフトテンソルの測定から分子の配向を決定することができる。そのために，ガラス配向膜（機械的配向）や磁場配向リポソームまたは円盤状に脂質二重膜をもつバイセル（自発磁場配向）の手法を利用し，磁場に対する膜の配向を固定することによって，膜中でのα-ヘリックス型ペプチドの配向を導き出すことができる[9,11,12]。これは当時，横浜国立大学の内藤晶教授，虎谷秀一博士が開発された方法論であり，液晶状態の膜ではリン脂質の1軸周りの回転運動が存在するために，膜中を拡散しているペプチドについても，膜面に対してある傾き角度を保ちながら1軸周りの回転運動をしていると近似することができる。そのため，軸対称なスペクトルパターン（化学シフトテンソルの主値と静磁場の関係）を膜結合状態の情報として取り扱うことができる。つまり，ペプチドを構成するアミノ酸残基ごとの^{13}C化学シフト異方性の情報に基づいて，ペプチドの配向角やどのようなピッチのヘリックスなのかを決定することができる手法である。このような情報を手に入れることができた場合，そのペプチドがどのように脂質分子同士のパッキングを乱しているのか，どのような構造によってポア形成が可能なのか，などの抗菌メカニズムに迫ることができる。また，化学シフトだけではなく，静磁場中の核スピン同士の磁気双極子相互作用による^{15}N信号の分裂を調べることで，ヘリックス内のN-Hなどの化学結合が膜面に対してどのような角度で配向しているかも精密に分析することができる[13]。このような方法によって多くの膜結合性ペプチドの構造と配向が明らかとなった。

4　ペプチド合成

固体NMR法を用いることで細胞膜に結合した抗菌ペプチドの構造を調べることができる。しかしながら，固体NMRにおける主な観測核である^{13}Cや^{15}Nは天然存在比が低いため（^{13}C：1.108％，^{15}N：0.37％）に感度が低い。そのため，数十残基で構成されるペプチド分子のすべてまたは特定のアミノ酸残基の^{13}Cや^{15}Nを安定同位体標識したペプチドを大量に合成する必要がある[14]。

ペプチド合成のために，Fmocによってアミノ基を保護した安定同位体標識アミノ酸を合成する必要がある（安定同位体標識アミノ酸自体が高価なため）。Fmocアミノ酸の合成方法については既報[15]を参照していただきたいが，簡潔に述べると，アミノ酸とFmoc-Osuを反応させ，最終的にヘキサンに溶解後，再結晶化させることで高純度のFmoc-安定同位体標識アミノ酸を得ることができ，ペプチド合成に利用可能である。

ペプチド合成はFmoc固相合成法が最も標準的である[16]。Fmoc固相合成法は，まずアミノ酸

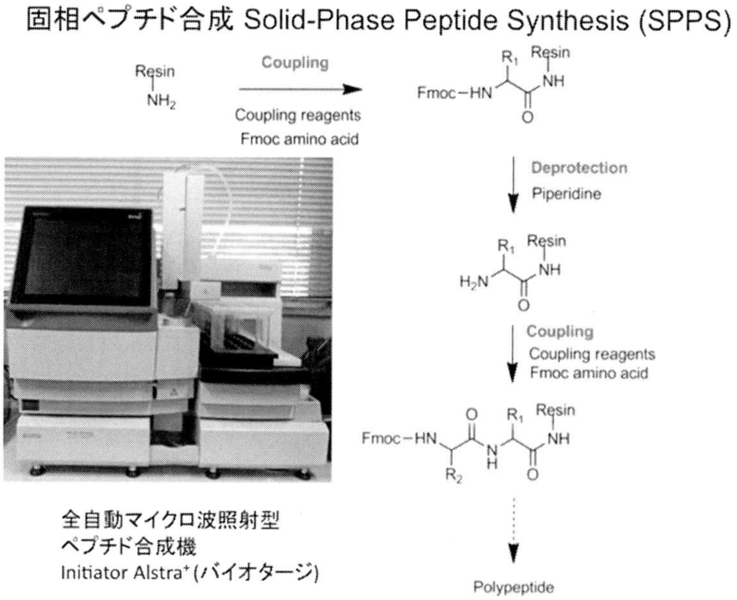

第 1 章　抗菌ペプチドの構造-機能相関の研究

固相ペプチド合成 Solid-Phase Peptide Synthesis (SPPS)

図 2　固相ペプチド合成のスキーム
写真はマイクロ波照射型のペプチド合成機

のC端を不溶性の樹脂に結合させ，ピペリジンでN末側のFmoc保護基を外し（Deprotection），そのN末端に対して次のアミノ酸の縮合させる（Coupling）ことによって，1アミノ酸残基ごとにペプチド鎖を伸長させていく。アミノ酸によっては，別な保護基を利用する必要がある。そして，合成後，レジンからの切り出しを行い（Cleavage），逆相HPLCなどによる精製を行うのが一般的な流れである。アミノ酸を連結していく反応は従来かなりの時間を要していたが，この反応をマイクロ波によってアシストすることができ，反応効率が格段に上がっている（図2）。そのため，研究室に導入するスケールのペプチド合成機に置いても，ハイスループットにペプチド合成が可能となっている。ペプチド合成機による合成は，特定のアミノ酸残基に安定同位体標識を導入できることやDアミノ酸をはじめとした特殊なアミノ酸を利用することが容易であるため，固体NMR測定をはじめとした構造解析研究の推進のために欠かせない合成装置である。

5　ヘリックス型の抗菌ペプチドの構造

5.1　アラメチシン

　アラメチシンは真菌 *Tricoderma viride* 由来の抗菌ペプチドであり，細胞膜に突き刺さり，細胞膜中で会合することで電位依存型のイオンチャンネルを形成する[5]。そのアミノ酸配列は次の通りである。

Ac-Aib-Pro-Aib-Ala-Aib-Ala-Gln-Aib-Val-Aib-Gly-Leu-Aib-Pro-Val-Aib-Aib-Gln-Gln-Phe-CH$_2$OH

このようにアラメチシンはα-アミノイソブタン酸 Aib（ジメチルグリシン）を多く持つ。Aib が多く存在することで，ヘリックスのらせん1ピッチが3.6残基/13原子のα-ヘリックスではなく，3残基/10原子の3$_{10}$-ヘリックスを形成しやすくなるが，実際にアラメチシンのヘリックス全体が3$_{10}$-ヘリックスを形成しているかどうかは不明であった。いくつかの残基のカルボニル炭素について^{13}C NMR の軸対称スペクトルを解析したところ，残基番号に対して軸対称スペクトルの線幅が振幅していることがわかる（化学シフト振動）（図3）。ただし，N端側とC端側では異方性の振幅の大きさと周期が異なり，ペプチド中央部で変化していることがわかる。この結果から，細胞膜中ではN端側はα-ヘリックス，C端側は3$_{10}$-ヘリックスを形成し，膜法線に対して図4のようにやや傾いていることがわかった[17]。この膜結合構造により，非導電状態での会合状態が判明し，バレル-スティーブ型のポア形成を理解するための基盤的な情報が得られている。

5.2 メリチン

メリチンはミツバチ *Apis mellifera* の毒の主成分となるペプチドであり，細胞膜と相互作用して溶血活性を示す。メリチンのアミノ酸配列は次の通りで，5つの塩基性アミノ酸とC端がアミド化された26アミノ酸残基から構成される両親媒性のペプチドである[6,18]。

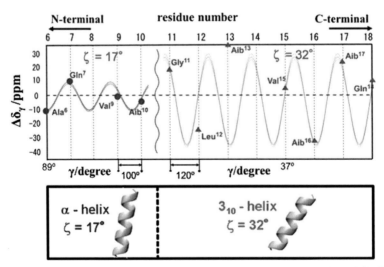

図3　アラメチシンのアミノ酸残基に対する軸対称粉末スペクトルの線幅の変化（化学シフトオシレーション）とN端とC端ヘリックスの膜法線に対する角度
（文献[17]から許可を得て転載）

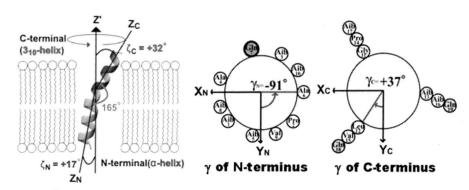

図4　固体^{13}C NMR 実験によって解明したアラメチンの膜結合構造モデルとN端（α-ヘリックス）とC端（3_{10}-ヘリックス）のヘリカルホイール

（文献[17]から許可を得て転載）

Gly-Ile-Gly-Ala-Val-Leu-Lys-Val-Leu-Thr-Thr-Gly-Leu-Pro-Ala-Leu-Ile-Ser-Trp-Ile-Lys-Arg-Lys-Arg-Gln-Gln-NH$_2$

単純な合成脂質として利用されるジミリストイルフォスファチジルコリン（DMPC）の脂質二分子膜のゲル-液晶相転移温度23℃であり，これにメリチンを作用させた場合の^{31}P NMR スペクトルから，ゲル状態で分断し，液晶状態では磁場配向した超楕円型リポソームを形成することが報告された[11]。脂質膜の磁場配向状態において，それに強く結合したメリチンも配向しているため，膜面に対してある角度を保ちながら膜上を拡散運動していることが想定される。上述しているように，ペプチドのカルボニル炭素の軸対称粉末スペクトルの線幅が残基番号に対して振幅する様子を解析することで，膜法線に対する傾き角の情報が得られる。この解析方法が初めて適用された例がメリチンでもある。解析の結果，ペプチド中央部の Pro 付近でおよそ120°傾いていることがわかった[12,19]。メリチンは水和率や温度に依存して，比較的大きな穴を形成することが多いため，トロイダルポアモデルの抗菌活性を示すと考えられている。最近では，酸性膜である DMPG 膜中でのメリチンの膜結合構造が決定された[20]。

5.3　ラクトフェランピン

鉄結合性タンパク質ラクトフェリン[21]は乳汁中などに存在し，抗菌や抗ウイルス作用があるとされている。これらの作用は塩基性のN1ドメインが深く関与している。ペプシンによって産生される環状のペプチドラクトフェリシンは有名である[22]。一方，ウシラクトフェリンのN1ドメインの268〜284残基に相当する部分は塩基性に富み，ラクトフェランピンと呼ばれるカチオン性ペプチドである。ラクトフェランピンはラクトフェリンよりも強い抗菌性を示す[23]とされ，膜結合構造は興味深い。ラクトフェランピンのアミノ酸配列を以下に示す。

Trp-Lys-Leu-Leu-Ser-Lys-Ala-Gln-Glu-Lys-Phe-Gly-Lys-Asn-Lys-Ser-Arg-OH

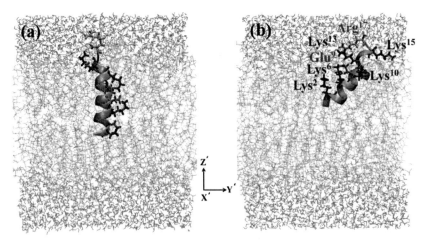

図5 MDシミュレーションによる細胞膜中でのラクトフェランピンの構造変化
(a)初期状態, (b)計算後。ペプチドの傾き角は固体NMRの結果と類似した。
(文献[24]から許可を得て転載)

固体NMRによる構造解析の結果, 細胞膜中で1残基目から11残基目までα-ヘリックス構造を形成していた。原子間距離測定とMDシミュレーションの結果から, ペプチドのN端が膜に挿入し, 塩基性アミノ酸がリン脂質の頭部と相互作用することによって, 膜表面に強く結合しているモデルが判明した（図5）[24]。

5.4 グラミシジンA

グラミシジンAは *Bacillus brevis* で産生されるペプチドであり, 一価のカチオン選択的なチャネルを形成する。そのアミノ酸配列を次に示す。

Val-Gly-Ala-(D-Leu)-Ala-(D-Val)-Val-(D-Val)-Trp-(D-Leu)-Trp-(D-Leu)-Trp-(D-Leu)-Trp-(D-Leu)-Trp-NHCH$_2$CH$_2$OH

D体のアミノ酸を多く有し, β-ヘリックス構造を形成することで膜を貫通し, 2つのヘリックスが非対称に膜中で二量体を形成する。二量体の長さがおよそ25Å, ヘリックスの中をイオンが通過し, そのポアの大きさがおよそ6.5Åである（図6）[3]。Cs$^+$やRb$^+$などにも親和性がある。このような2つのヘリックスでチャネルを形成し, 主な活性型として考えられている。このような描像が明らかになったことも固体NMR分光法の寄与が大きい[25,26]。

6 両生類に存在する抗菌ペプチド

両生類のカエルは様々な微生物から身を守るため, 自らの皮膚に大量の抗菌ペプチドを分泌している[27]。生体防御の観点からも興味深いため, その機能と構造の相関が調べられている。

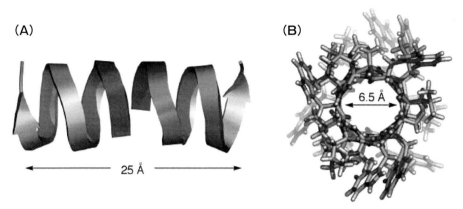

図6 (A):グラミシジンの β-ヘリックスの二量体構造とその全長
(B):グラミシジンによる一価のカチオン選択的チャンネルのポアサイズ
(文献[3]から許可を得て転載)

6.1 マガイニン 2 と PGLa

アフリカツメガエル *Xenopus laevis* 由来の抗菌ペプチドである PGLa とマガイニン 2 のアミノ酸配列を以下に示す。

PGLa:
Gly-Met-Ala-Ser-Lys-Ala-Gly-Ala-Ile-Ala-Gly-Lys-Ile-Ala-Lys-Val-Ala-Leu-Lys-Ala-Leu-NH_2

マガイニン 2:
Gly-Ile-Gly-Lys-Phe-Leu-His-Ser-Ala-Lys-Lys-Phe-Gly-Lys-Ala-Phe-Val-Gly-Glu-Ile-Met-Asn-Ser-OH

マガイニン 2 は脊椎動物から初めて見つかった抗菌ペプチドでもあり、細胞膜の構成成分が異なる細菌と真核生物を比べると、細菌に対して高い選択性を示す。マガイニン 2 と PGLa は水溶液中では特定の立体構造を取らないが、細胞膜中で両親媒性の α-ヘリックス構造を取ることがわかっている（図7）[28]。この2つのペプチドを混合すると相乗的な抗菌活性を示す。しかも、興味深いことに2つのペプチドの割合が1:1で混合したときに最も相乗的に働く[29]。これには単独の場合の細胞膜に対するペプチドの配向が、お互いが相互作用することによって配向が変わり[30]、細胞膜との相互作用が強くなっていることがNMRの実験で報告されている（図8）。

6.2 ボンビニン H2 と H4

ボンビニン H2 と H4 は主にヨーロッパに生息するキバラスズガエル *Bombina variegata* の皮膚分泌物に存在する抗菌ペプチドである[30,31]。そのアミノ酸配列を以下に示す。

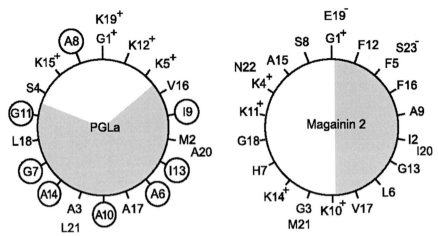

図7 PGLaとマガイニン2のヘリカルホイール
灰色の部分は疎水性領域
（文献[28]から許可を得て転載）

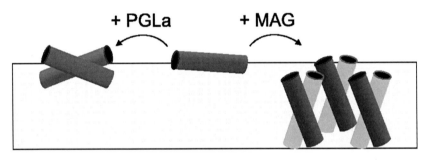

図8 PGLaのマガイニン2が相互作用することによる配向変化の様子
（文献[28]から許可を得て転載）

ボンビニン H2:

Ile-Ile-Gly-Pro-Val-Leu-Gly-Leu-Val-Gly-Ser-Ala-Leu-Gly-Gly-Leu-Leu-Lys-Lys-Ile-NH$_2$

ボンビニン H4:

Ile-(D-allO-Ile)-Gly-Pro-Val-Leu-Gly-Leu-Val-Gly-Ser-Ala-Leu-Gly-Gly-Leu-Leu-Lys-Lys-Ile-NH$_2$

アミノ酸は左手と右手のように鏡像関係にあるが，天然には左型（L体）と呼ばれるアミノ酸がほとんどであり，右型（D体）の存在はなかなか見ることができない。ボンビニンH2とH4のアミノ酸配列はほとんど同じであり，2残基目のL体のイソロイシンがイソメラーゼと呼ばれ

る酵素の反応によって翻訳後修飾を受けて，D体のアロ-イソロイシンに置換されているのが特徴である。D体のアミノ酸残基をもつH4の方がより強い抗菌活性を示すと報告されており，深刻な感染症のひとつであるリーシュマニア症の原因となる原虫に対してもより高い活性を示す[32,33]。たった1残基の立体異性の違いで抗菌性が異なることは稀であり，細胞膜結合構造などを含めてボンビニンH2とH4の差は未だわからない点が多い。現在，固体NMRや振動円二色性分光（VCD）などにより，構造解析が進められている[34,35]。

7 終わりに

生体分子の構造はどのように機能しているかを理解するための最も重要な情報のひとつである。最先端の手法によって細胞膜中の抗菌ペプチドの構造を明らかにすることによって，抗菌機構の理解，および新しいペプチドデザインにつながると考えている。

文　　　献

1) K. Matsuzaki, *Biochim. Biophys. Acta*, **1376**, 391 (1998)
2) D. A. Phoenix *et al.*, "Antimicrobial Peptides", p. 231, Wiley-VCH (2009)
3) J. M. Sanderson, *Org. Biomol. Chem.*, **3**, 201 (2005)
4) A. K. Marr *et al.*, *Future Microbiol.*, **7**, 1047 (2012)
5) B. Leitgeb *et al.*, *Chem. Biodivers.*, **4**, 1027 (2007)
6) E. Habermann, *Science*, **177**, 314 (1972)
7) S. Yamaguchi *et al.*, *Biophys. J.*, **81**, 2203 (2001)
8) H. Watanabe *et al.*, *Anal. Sci.*, **32**, 57 (2015)
9) A. Naito *et al.*, *Annu. Rep. NMR Spectro.*, **86**, 333 (2015)
10) 川村出, 生物物理, **56**, 36 (2016)
11) A. Naito *et al.*, *Biophys. J.*, **78**, 2405 (2000)
12) S. Toraya *et al.*, *Biophys. J.*, **87**, 3323 (2004)
13) F. M. Marrasi *et al.*, *J. Magn. Reson.*, **144**, 150 (2000)
14) 川村出, 日本核磁気共鳴学会誌 NMR, **6**, 65 (2015)
15) L. A. Carpino *et al.*, *J. Am. Chem. Soc.*, **112**, 9651 (1990)
16) A. Paquet, *Can. J. Chem.*, **60**, 976 (1982)
17) T. Nagao *et al.*, *Biochim. Biophys. Acta*, **1848**, 2789 (2015)
18) K. Hristova *et al.*, *Biophys. J.*, **80**, 801 (2001)
19) N. Javkhlantugs *et al.*, *Biophys. J.*, **101**, 1212 (2011)
20) K. Norisada *et al.*, *J. Phys. Chem. B*, **121**, 1802 (2017)
21) V. der Kraan *et al.*, *Peptides*, **25**, 177 (2004)

22) M. Umeyama *et al.*, *Biochim. Biophys. Acta*, **1758**, 1523 (2006)
23) V. der Kraan *et al.*, *Biol. Chem.*, **386**, 137 (2005)
24) A. Tsutsumi *et al.*, *Biophys. J.*, **103**, 1735 (2012)
25) R. R. Ketchem *et al.*, *Science*, **261**, 1457, (1993)
26) A. Naito *et al.*, *Solid-State Nucl. Magn. Reson.*, **36**, 67 (2009)
27) 茂里康, 生物工学会誌, **12**, 679 (2014)
28) P. Tremouilhac *et al.*, *J. Biol. Chem.*, **281**, 32089 (2006)
29) J. Zerweek *et al.*, *Eur. Biophys. J.*, **45**, 535 (2016)
30) E. Strandberg *et al.*, *Biophys. J.*, **104**, L9 (2013)
31) G. Mignogna *et al.*, *EMBO J.*, **12**, 4289 (1993)
32) M. L. Mangoni, *Curr. Protein Pept. Sci.*, **13**, 734 (2013)
33) M. L. Mangoni *et al.*, *Biochemistry*, **45**, 4266 (2006)
34) H. Sato *et al.*, *Chem. Lett.*, **46**, 449 (2017)
35) I. Kawamura *et al.*, Peptide Science 2015, pp. 75-76 (2016)

第2章　両生類の抗菌ペプチドとその多機能性

岩室祥一*

1　はじめに

　両生類，とりわけその皮膚は，抗菌ペプチド（antimicrobial peptides）の有望な単離源として知られ，これまでに非常に多くのペプチドが見つかっている。抗菌ペプチド研究の大きな契機となったあの有名な magainin も，アフリカツメガエルの皮膚から単離されている。現在（2017年3月末）までに報告されている両生類由来の抗菌ペプチドおよびそれに類するペプチドの配列数はすでに2,500を超えており，両生類に特化したデータベース（Database of Anuran Defense Peptides（http://split4.pmfst.hr/dadp/））まで構築されている。本章では，カエルを中心とした両生類の抗菌ペプチドの概要ならびにその多様な機能について紹介する。

2　両生類の生息環境と皮膚構造

　両生類は世界中に広く分布・生息しており，またその生息環境が水圏から陸圏にまたがっているため，遭遇する環境中の病原微生物の種類は，水圏のみ，あるいは陸圏のみに生息する他の動物種よりも必然的に多くなる。しかも両生類には，魚類や爬虫類のような鱗や甲羅，また鳥類や哺乳類のような体毛が存在しない。このように両生類，特にカエルの皮膚は物理的に強固なシールドをもたないことからも，様々な種類の病原微生物にとって格好の感染標的となっている。そのため，両生類は化学的シールドとして抗菌ペプチドを皮膚腺から分泌させる生体防御システムを，進化の過程で充実させてきたと考えられる。さらに，カエルは皮膚の保湿性を保つためにも体表に多糖類や脂質を含んだ粘液を分泌しなければならないので，皮膚における分泌腺がよく発達している。実際，カエルの皮膚の組織切片を染色し，顕微鏡で観察してみると，抗菌ペプチドやタンパク質成分を分泌する漿液腺（顆粒腺ともいう），保湿成分を含んだ粘液を分泌する粘液腺，両方の腺細胞を含む混合腺，さらに樹上性カエルのような乾燥しやすい皮膚には脂腺などが発達しているが[1]，その構成やその構造はカエル種によって様々である。一例として，図1にナガレタゴガエル（*Rana sakuraii*）の背側皮膚切片の顕微鏡写真を示しておく。

＊　Shawichi Iwamuro　東邦大学　理学部　生物学科　教授

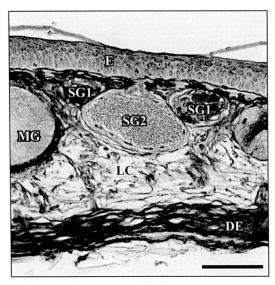

図1　カエル皮膚腺構造の一例
ナガレタゴガエルの背側皮膚切片を Azan 法で染色している。2種類の漿液腺（SG1, SG2）と1種類の粘液線（MG）が観察される。Eは表皮，LCは疎性結合組織，DEは密性結合組織，スケールバーは50μmを示す。

3　両生類抗菌ペプチドの多様なファミリー，多様なサブタイプ

　抗菌ペプチドというとまずは Defensin や Cathelicidin が思い浮かぶかもしれないが，両生類はこれらとは異なる独自の抗菌ペプチドシステムを発達させている。両生類の抗菌ペプチドはアミノ酸配列が非常に多様であり，種が異なるカエル間では同一のアミノ酸配列をもつ抗菌ペプチドが見つかることは滅多にないうえに，1匹のカエルが何種類もの抗菌ペプチドをもっている。たとえばアカガエル科のカエルに由来する抗菌ペプチドは Temporin, Brevinin-1, Brevinin-2, Esculentin, Ranatuerin, Japonicin-1, Japonicin-2 などのファミリーに分類されている（表1）。ファミリーの名称の多くは最初に見つかった種名に由来し，例えば Temporin は *Rana temporaria porosa*（ヨーロッパアカガエル，現在は *Pelophylax porosus* に再分類）[2]，Brevinin-1 と Brevinin-2 は *Rana brevipoda*（ダルマガエル）にちなんで付けられている[3]。さらにこれら抗菌ペプチドの各ファミリーにはサブタイプが存在する。たとえば Temporin はわずか13アミノ酸残基から構成されるペプチドであるが，非常に多くの種類のカエルから，単離や cDNA のクローニングがなされている。しかも，この13アミノ酸残基という短さにもかかわらず配列は極めて多岐にわたり，全く同じ配列の Temporin が異なるカエル種から見つかることは非常に珍しい。また，同一カエル種においても，配列の異なる Temporin が複数存在しており，例えばヤマアカガエル（*Rana ornativentris*）の皮膚からはこれまでに7種類の Temporin（Temporin-Oa～Temporin-Of）が見つかっている[4]。ちなみに Temporin のあとに続く O はヤマアカガエルの種小名である *ornativentris* に由来する。種の異なるカエルから同じファミリーの抗菌ペプ

第2章 両生類の抗菌ペプチドとその多機能性

表1 日本国内に生息するアカガエル科の抗菌ペプチドとそのアミノ酸配列

種名	ペプチド	アミノ酸配列	出典
Rana catesbeiana			
	catesbeianalectin*	FLTFPGMTFGKLL.NH_2	22)
	chensirin-2CBa*	IIPLPLGYFAKKP	33)
	ranacyclin-CBa*	SLRGCWTKSYPPQPCLG.NH_2	22)
	ranatuerin-1CBa*	SMLSVLKNLGKVGLGFVACKINKQC	22)
	ranatuerin-2CBa*	GLFLDTLKGAAKDVAGKLLEGLKCKITGCKP	22)
	ranatuerin-2CBb*	GVFLDTLKGLAGKMLESLKCKIAGCKP	22)
	temporin-CBa*	FLPIASLLGKYL.NH_2	33)
Rana dybowskii			
	brevinin-1DYa	FLSLALAALPKFLCLVFKKC	34)
	brevinin-1DYb	FLSLALAALPKLFCLIFKKC	34)
	brevinin-1DYc	FLPLLAGLPKLLCLFFKKC	34)
	brevinin-1DYd	FLIGMTHGLICLISRKC	34)
	brevinin-1DYe	FLIGMTQGLICLITRKC	34)
	brevinin-2DYa	GLLSAVKGVLKGAGKNVAGSLMDKLKCKLFGGC	34)
	brevinin-2DYb	GLFDVVKGVLKGAGKNVAGSLLEQLKCKLSGGC	34)
	brevinin-2DYc	GLFDVVKGVLKGVGKNVAGSLLEQLKCKLSGGC	34)
	brevinin-2DYd	GIFDVVKGVLKGVGKNVAGSLLEQLKCKLSGGC	34)
	brevinin-2DYe	GLFSVVTGVLKAVGKNVAKNVGGSLLEQLKCKISGGC	34)
	temporin-DYa	FIGPIISALASLFG.NH_2	34)
Rana japonica			
	acyclic brevinin-1Ja*	FLGSLIGAAIPAIKQLLGLKK	35)
	japonicin-1Ja	FFPIGVFCKIFKTC	36)
	japonicin-2Ja	FGLPMLSILPKALCILLKRKC	36)
	temporin-Ja	ILPLVGNLLNDLL.NH_2	36)
Rana kobai (formerly *Rana okinavana*)			
	acyclic brevinin-1OKa	FFGSMIGALAKGLPSLISLIKK.NH_2	37)
	acyclic brevinin-1OKb	FFPFVINELAKLPSLISLLKK.NH_2	37)
	acyclic brevinin-1OKc	FFGSIIGALAKGLPSLISLIKK.NH_2	37)
	acyclic brevinin-1OKd	FLGSIIGALAKGLPSLIALIKK.NH_2	37)
	ranaturerin-2OKa	SFLNFFKGAAKNLLAAGLDKLKCKISGTQC	37)
Rana ornativentris			
	brevinin-2Oa	GLFNVFKGALKTAGKHVAGSLLNQLKCKVSGGC	38)
	brevinin-2Ob	GIFNVFKGALKTAGKHVAGSLLNQLKCKVSGEC	38)
	brevinin-2Oc*	GLFNVFKGALKTAGKHVAGSLLNQLKCKVSGEC	39)
	palustrin-2Oa*	GLWDNIKNFGKTFALNAIELKCKITGGCPP	39)
	ranatuerin-2Oa	GLMDILRGAGKNLIATGLNALRCKITKC	4)
	ranatuerin-2Ob	GLLDILRGAGKNLIATGLNTLRCKLTKC	4)
	ranatuerin-2Oc	GLLDVIKGAAKNLIATGLNALSCKFTKC	4)
	ranatuerin-2Od	GLLDTIKGAAKDLIATGLNALRCKLTKC	4)
	ranatuerin-2Oe*	GLLDILKGAAKDLIATGLNALRCKLTKC	39)
	temporin-Oa	FLPLLASLFSRLL.NH_2	38)
	temporin-Ob	FLPLIGKILGTIL.NH_2	38)
	temporin-Oc	FLPLLASLFSRLF.NH_2	38)
	temporin-Od	FLPLLASLFSGLF.NH_2	38)
	temporin-Oe	ILPLLGNLLNGLL.NH_2	4)
	temporin-Of	SLLLKGLASIAKLF.NH_2	4)
	temporin-Og	FLSSLLSKVVSLFT.NH_2	4)

表1 日本国内に生息するアカガエル科の抗菌ペプチドとそのアミノ酸配列（つづき）

種名	ペプチド	アミノ酸配列	出典
Rana pirica			
	brevinin-1PRa	FLSLALAALPKLFCLIFKKC	40)
	brevinin-2PRa	GLMSLFKGVLKTAGKHIFKNVGGSLLDQAKCKITGEC	40)
	brevinin-2PRb	GLMSLFRGVLKTAGKHIFKNVGGSLLDQAKCKITGEC	40)
	brevinin-2PRc	GLMSVLKGVLKTAGKHIFKNVGGSLLDQAKCKISGQC	40)
	brevinin-2PRd	GLMSVLKGVLKTAGKHIFKNVGGSLLDQAKCKITGQC	40)
	brevinin-2PRe	GLLSVLKGVLKTAGKHIFKNVGGSLLDQAKCKISGQC	40)
	ranatuerin-2PRa	GLMDVFKGAAKNLLASALDKIRCKVTKC	40)
	temporin-PRa	ILPILGNLLNGLL.NH$_2$	40)
	temporin-PRb	ILPILGNLLNSLL.NH$_2$	40)
Rana sakuraii			
	acyclic brevinin-1SKa	VIGSILGALASGLPTLISWIKNR.NH$_2$	41)
	brevinin-2SKa	GLFSAFKKVGKNVLKNVAGSLMDNLKCKVSGEC	41)
	brevinin-2SKb	GFFNVFKKVGKNVLKNVAGSLMDNLKCKVSGEC	41)
	ranatuerin-2SKa	GLLDAIKDTAQNLFANVLDKIKCKFTKC	41)
	temporin-SKa	FLPVILPVIGKLLNGIL.NH$_2$	41)
	temporin-SKb	FLPVILPVIGKLLSGIL.NH$_2$	41)
	temporin-SKc*	AVDLAKIANIANKVLSSLF.NH$_2$	41)
	temporin-SKd*	FLPMLAKLLSGFL.NH$_2$	41)
Rana tagoi			
	acycic brevinin-1TGa	AIGSILGALAKGLPTLISWIKNR.NH$_2$	42)
	temporin-TGa	FLPILGKLLSGIL.NH$_2$	42)
	temporin-TGb*	AVDLAKIANKVLSSLF.NH$_2$	43)
	temporin-TGc*	FLPVILPVIGKLLSGIL.NH$_2$	44)
Rana tagoi okiensis			
	acycic brevinin-1TOa	GIGSILGVIAKGLPTLISWIKNR	45)
	ranatuerin-2TOa	GLLNVIKDTAQNLFAAALDKLKCKVTKCN	45)
	ranatuerin-2TOb	GLLNVIKDTAQNLFAAALEKLKCKVTKCN	45)
	temporin-TOa	FLPILGKLLSGFL.NH$_2$	45)
	temrpoin-TOb	FLPILGKLLSGLL.NH$_2$	45)
Rana tsushimensis			
	brevinin-1TSa	FLGSIVGALASALPSLISKIRN.NH$_2$	46)
	brevinin-2TSa	GIMSLFKGVLKTAGKHVAGSLVDQLKCKITGGC	46)
	temporin-TSa	FLGALAKIISGIF.NH$_2$	46)
	temporin-TSb	FLPLLGNLLNGLL.NH$_2$	46)
	temporin-TSc	FLPLLGNLLRGLL.NH$_2$	46)
	temporin-TSd	FLPLLASLIGGML.NH$_2$	46)

＊印は cDNA クローニングにより得られた配列を示す。
抗菌活性が検出されていないペプチドも含む。

第2章　両生類の抗菌ペプチドとその多機能性

チドが得られた場合，「抗菌ペプチドの名称に種小名に由来するアルファベットを添える」というルールが研究者の間で定着している[5]。当初は1文字の使用が多かったが，現在では2文字を使うことが標準的であり，たとえばタゴガエル（*Rana tagoi*）のTemporinはTemporin-TGa, -TGb, ナガレタゴガエル（*R. sakuraii*）のTemporinはTemporin-SKa, -SKbなどと表記される。ちなみにaやbはそのサブタイプであることを意味している。表1に，我々の研究グループが日本国内で採集したアカガエル科の皮膚から単離あるいはcDNAクローニングを行った抗菌ペプチドおよびその関連ペプチドのリストを示す。

4　両生類抗菌ペプチドの網羅的解析

　両生類に限らず，抗菌ペプチド研究の黎明期では，検体からの抽出物を「各種クロマトグラフィーで分画し，各画分の抗菌活性を測定する」というプロセスを順次繰り返しながら，最終的に活性のあるペプチドを純化していく方法が主流であった。まさに正攻法であり，確実に活性のあるペプチドが見つかるが，しかし「構造的には酷似しているものの活性がないペプチド」は見落とされていた。その後，分析方法としてマトリクス支援レーザー脱離イオン化質量分析計（MALDI-MS）やエレクトロスプレイイオン化質量分析計（ESI-MS）などが発達し，検体中にあるペプチドを網羅的に解析できるようになり，両生類皮膚からも活性の有無にかかわらず，抗菌ペプチド様配列をもったペプチドが次々と同定されるようになっている。いわゆるペプチドミクス解析による抗菌ペプチドの探索である[6]。

　一方，遺伝子レベルからの両生類抗菌ペプチドの探索も加速的に進むようになった。両生類の抗菌ペプチドはDefensinやCathelicidinなどと同様に，前駆体タンパク質からプロセシングにより切り出されてくる[7]。この前駆体タンパク質は3つの領域から構成されており，N末端側に22アミノ酸残基からなるシグナルペプチド領域，その直後に酸性アミノ酸残基に富む介在配列領域，そして抗菌ペプチド領域へと続く（図2）。このうちシグナルペプチド領域では，アミノ酸配列のみならずmRNAの塩基配列においても，ほとんどすべての抗菌ペプチドファミリー間で非常に高い保存性を維持している。したがって，N末端側の開始メチオニンのコードであるAUGを含む20塩基ほどでForward primerをデザインすれば，3′-Rapid Amplification of cDNA End（3′-RACE）法との組み合せにより，非常に効率よく抗菌ペプチド前駆体タンパク質の翻訳領域のcDNAを増幅することができる。さらに，3′側の非翻訳領域（3′-UTR）の塩基配列は，抗菌ペプチドのサブタイプごとにある程度特有の配列保存性を示すことから，これに即したReverse primerをデザインすれば，逆転写ポリメラーゼ連鎖反応（RT-PCR）法により，Temporin前駆体やRanatuerin-2前駆体のcDNAを効率的に増幅することができる[8]。

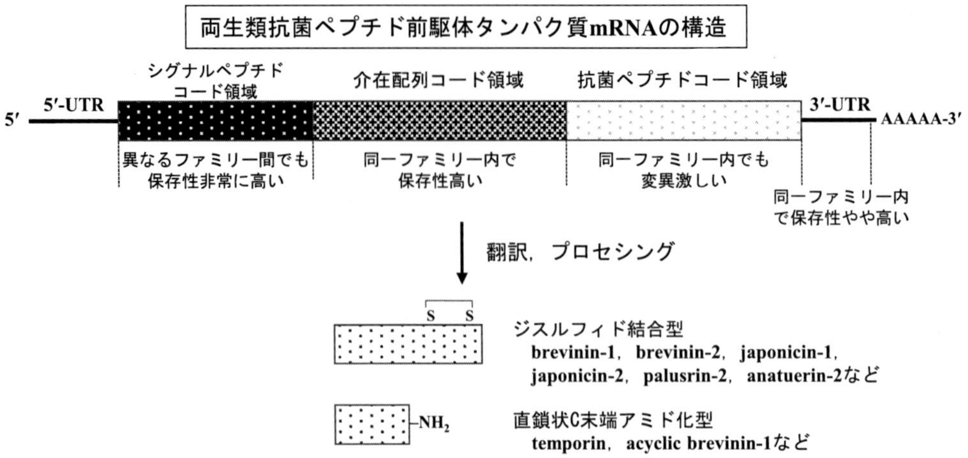

```
     両生類抗菌ペプチド前駆体タンパク質mRNAの構造
       シグナルペプチド    介在配列コード領域    抗菌ペプチドコード領域
         コード領域
5'—5'-UTR ■■■■■■■■■ ▨▨▨▨▨▨▨▨▨ ░░░░░░░░░ 3'-UTR—AAAAA-3'
       異なるファミリー間でも  同一ファミリー内で  同一ファミリー内でも   同一ファミリー内
       保存性非常に高い    保存性高い      変異激しい        で保存性やや高い
                         ↓ 翻訳，プロセシング

         ┌S─S┐  ジスルフィド結合型
         ▨▨▨▨▨  brevinin-1, brevinin-2, japonicin-1,
                japonicin-2, palusrin-2, anatuerin-2など

         ▨▨▨▨—NH₂ 直鎖状C末端アミド化型
                   temporin, acyclic brevinin-1など
```

図2　両生類抗菌ペプチド前駆体タンパク質 mRNA の構造の模式図
mRNA から前駆体タンパク質が翻訳され，プロセシングと翻訳後修飾ののち，成熟型の抗菌ペプチドが生じる。

5　抗菌ペプチドの探索源としての両生類の有用性

　抗菌ペプチドの種類や配列の多様性は個体レベルでも維持されており，1匹のカエルが複数種類のファミリーの抗菌ペプチドを複数種類もっている。抗菌ペプチド研究の対象としてカエルが好まれる理由の1つはこれである。つまり，新たな研究対象となる種のカエルを1匹でも得ることができれば，非常に高い確率で複数種類の抗菌ペプチドが得られるということである。驚くべきことに，中国のヒラユビニオイガエル（*Odorrana grahami*）は1個体から実に372種類もの抗菌ペプチド様配列が報告されている[9]。また，希少種や絶滅危惧種に属する両生類からも抗菌ペプチドの単離や cDNA クローニングが行われている例もある。これは，少なくともサンプリングにおいて動物を殺さなくてもすむ方法があるからである。前述したとおり，カエルの皮膚腺は大量の抗菌ペプチドを含んでいて，病原性微生物との接触が刺激となって分泌腺の周囲にある平滑筋が収縮すると，分泌腺の内容物である抗菌ペプチドが分泌される。この分泌はノルアドレナリン注射などで人工的に誘発させることができるので，処理後のカエルの全身を水で洗って分泌物を集め，ペプチドミックス解析へかければ，大量の抗菌ペプチド様配列を得ることができる[10]。さらに，分泌物の中には mRNA も含まれているので，これを回収し，RT-PCR 法による抗菌ペプチド前駆体タンパク質の cDNA クローニングを行うこともできる[10]。

6　両生類抗菌ペプチドの多機能性

　両生類の皮膚から抗菌ペプチド様配列をもつが抗菌活性をもたないペプチドがたくさん見つかっていることや，脳のように外界の微生物と直接接しない器官に抗菌ペプチドが検出されてい

第2章 両生類の抗菌ペプチドとその多機能性

ることから[11]，抗菌ペプチドおよび抗菌ペプチド様配列をもつペプチドには，抗菌活性とは異なる機能が存在すると考えられる。両生類以外の生物においても同様であり，抗菌作用以外の様々な活性を抗菌ペプチドがもつことが報告されている[12]。その多くが生体防御に関わる作用であるため，近年，抗菌ペプチドではなく，host defense peptide（生体防御ペプチド，あるいは宿主防御ペプチド）と呼ばれることが多くなってきている[13]。これによって，非抗菌性であるにもかかわらず配列の類似性から抗菌ペプチドと呼ばれざるを得なかったペプチドに対する矛盾を解消できるようになった。さらに，1つのペプチドに複数の活性があるものも多いので，「多機能性」という接頭語を付けて，multifunctional host defense peptide と表記されることも増えている。この多機能性としては，抗ウイルス作用，細菌毒素結合・中和作用や細菌細胞凝集作用，レクチン様作用などの広義の抗菌作用，免疫調節作用，抗酸化作用，ホルモン分泌促進作用，さらには細胞膜透過ペプチドとしての機能などがあげられる。ただし，論文ごとにそれぞれの活性の測定法が異なることや，活性の定義そのものも異なっていることもあり，例えば「抗ウイルス作用」が細胞へのウイルス感染阻害を意味しているものもあれば，ペプチドのウイルスへの結合を示しているものもある。同様に，「抗腫瘍作用」と書かれていても，それが生体における腫瘍形成の抑制効果を示していることもあれば，がん化した細胞株に対する障害性を示したものもある。サイトカイン分泌の促進や抑制の作用においても，リポ多糖（LPS）やコンカナバリンAなどで炎症を惹起した状態での実験なのか否かで，結果が変わってくることもある。いずれにしてもオリジナルの文献を読むことが大切である。

多くの生物由来の多くの抗菌ペプチドにその多機能性が報告されているが，両生類由来の抗菌ペプチドも同様である。着目すべきは，総じて両生類の抗菌ペプチドは Defensin や Cathelicidin と比べて短く，また SS 架橋もせいぜい1箇所（動物の一般的な Defensin では3箇所）と，かなりシンプルな構造である点である。シンプルであるにもかかわらず多機能性であるということは，生体内では合成にかかる ATP の消費量や修飾に関わる酵素の合成量が少なくてすむことを意味する。また化学的に合成するペプチドであってもそれだけ容易かつ低コストですむので，研究あるいは産業への応用面でも非常に魅力的である。さらに，ペプチド分子内における1つ1つのアミノ酸のもつ重要性が高くなることから，その分，アミノ酸置換による活性の増強や毒性の減少を目指した新しいペプチドの創出，特に創薬面を意識した研究の出発材料としても，非常に高い価値をもつはずである。これらのことを踏まえて，両生類の抗菌ペプチドに報告されているいくつかの活性を紹介する。

6.1 抗ウイルス活性

アフリカツメガエル（*Xenopus laevis*）に由来する Magainin-1 や Magainin-2 に口唇ヘルペスの原因となる単純ヘルペルウイルス1型（HSV-1）や性器ヘルペスの原因となる2型（HSV-2）への抗ウイルス活性の存在が報告されている[14]。これらペプチドはウイルスを直接不活化するのではなく，ウイルスの複製過程を阻害する。ちなみに Magainin-1，-2 ともアレナウイルスの一

種である Junin virus には効果がない。また，ソバージュネコメガエル（*Phyllomedusa sauvagei*）に由来する Dermaseptins S1-S5 にも HSV-1 や HSV-2 に対する活性があり，ウイルスとともに細胞の培養液に添加する，あるいはプレインキュベーションすることで，ウイルス感染を減少させる[15,16]。さらに，Dermaseptin S4 の細胞毒性を減少させるために創出されたアナログである M4K にも抗ウイルス作用が併せて確認されている。アカガエル科については，Bachem 社で市販されているダルマガエルの Brevinin-1（ジスルフィド結合を1つもつ）を還元・アルキル化処理することにより，正常型 Brevinin-1 のもつ細胞毒性や溶血性が消失する一方，抗 HSV-1，抗 HSV-2 作用が検出されている[17]。

6.2 細菌毒素結合活性

細菌毒素である LPS は，グラム陰性細菌の外膜の90％以上を覆う酸性分子であり，多くの感染症の原因となる物質である。抗菌ペプチドのなかにはこの LPS と高い結合能を有するものも多い。このことは細菌毒素に対する中和作用をもつことを意味する一方で，抗菌活性の低下をもたらす意味もある。チュウゴクアカガエル（*Rana chensinensis*）の皮膚に由来する Chensinin-1 はグラム陽性菌に対する抗菌活性をもつ抗菌ペプチドである[18]。このペプチドはグラム陰性菌に対する抗菌性はほとんど検出されないにもかかわらず，pH 並びに濃度依存的に LPS と結合するので，たとえ直接的な抗菌活性がなかったとしても，LPS への結合を介してその毒性を弱めたり，菌細胞を凝集させることにより他のペプチドが抗菌的に作用する手助けをしたりしていることが考えられる。さらに，LPS のもたらす宿主細胞からの炎症性サイトカインの放出を抑制するが，事前に LPS と反応させた Chensinin-1 はグラム陽性菌に対する抗菌性が低下する[19]。グラム陽性菌の細胞壁成分の1つであるリポテイコ酸（LTA）も炎症反応を誘発する酸性物質であるが，LTA に対して結合能を示す抗菌ペプチドも存在する。正に荷電する抗菌ペプチドは，細菌の最外層にある負に荷電した物質を求めて静電的相互作用による結合するが，そこでは互いに相手の力を弱めるためのせめぎ合いを行っているようである。

6.3 レクチン様作用

レクチンは，「免疫反応産物以外の糖結合性のタンパク質または糖タンパク質で，2つ以上の結合部位をもち，細胞または複合糖質を沈降させ，動・植物細胞を凝集することができ，凝集は単糖またはオリゴ糖により特異的に阻止される」と定義されている[20]。両生類の抗菌ペプチドのなかには，細菌細胞だけでなく動物の赤血球も凝集させることができ，さらにその作用が単糖やオリゴ糖で阻害されるものもある。まさにレクチンのような作用である。ヒラユビニオイガエル皮膚分泌物から見つかった Odoranalectin は17アミノ酸残基からなり，当時，最も短いレクチンとして論文に紹介された[21]。このペプチドには抗菌活性は検出されなかったが，cDNA クローニングの結果は，Odoranalectin もアカガエル科の抗菌ペプチド前駆体に類する構造をもっていることがわかり，先に紹介した「抗菌活性のない抗菌ペプチド」の一種であることが示された。そ

第2章 両生類の抗菌ペプチドとその多機能性

の後,著者らの研究グループがウシガエル皮膚より得た Catesbeianalectin は,大腸菌に対して弱い抗菌性をもつとともに,レクチン様活性ももつことが明らかとなった[22]。このペプチドは Odorranalectin よりもさらに短い13アミノ酸残基から構成されており(表1),細菌を凝集させる作用もある[23]。後述するマスト細胞脱顆粒作用も含め,Catesbeialectin の代表的な活性を図3

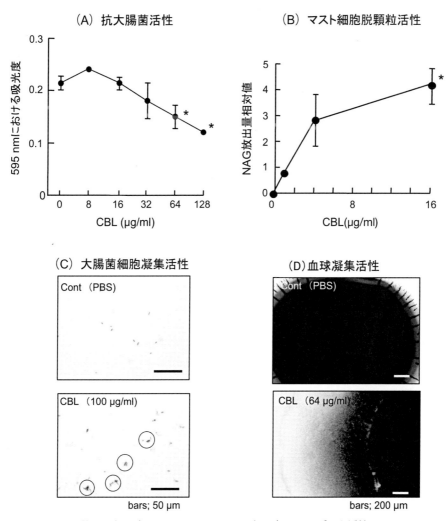

図3 ウシガエル catesbeianalectin (CBL) のさまざまな活性

(A)抗大腸菌活性。大腸菌培養液に連続希釈した CBL を添加する微量液体希釈法を行い,その増殖抑制効果を吸光度で検出。(B)マスト細胞脱顆粒活性。マウスマスト細胞腫由来 P815細胞の培養液に CBL を添加し,顆粒中成分である N-Acetyl-β-D-Glucosaminidase (NAG) の培養液中への放出量を測定することで検出。(C)大腸菌細胞の凝集活性。培養液中に CBL を添加し,凝集した細胞を顕微鏡下で撮影。CBL 処理により大腸菌の凝集が観察される(下の図中の丸で囲まれている部分を参照)。(D)血球の凝集活性。ウマ保存血液から調製した血球懸濁液に CBL を添加し,数分後に顕微鏡下で撮影。CBL を添加した血球懸濁液では細胞が凝集・移動し,下の図の左部のように透明な部分が現れる。図(A),(B),(D)は文献22)から,図(C)は文献23)から改編。＊印は 0μg/ml の CBL に対し有意差があることを示す($p < 0.05$)。

に示す。

6.4 イムノモデュレーター作用

　抗菌ペプチド研究の主目的の1つである多剤耐性菌に対する抗菌作用の検証に加え，免疫系調節作用の有無，すなわちイムノモデュレーター（Immunomodulator）作用の有無にも注目が集まっている。この作用については，すでにたくさんの事例が哺乳類の Defensin や Cathelicidin に見出されているが，配列が多様な両生類の抗菌ペプチドにおいても，白血球やマクロファージにおけるサイトカインの転写や分泌におよぼす影響の検証が行われるようになってきている。サイトカインには，炎症に促進的に働く炎症性サイトカインとしてインターロイキン（IL）-1，IL-6，IL-8，IL-12，IL-18，腫瘍壊死因子α（TNF-α），インターフェロンγ（IFN-γ）などが，消炎性に働く抗炎症性サイトカインとして IL-4，IL-10，IL-13，トランスフォーミング成長因子β（TGF-β）などが知られている。両生類由来を含め，抗菌ペプチドには炎症性サイトカインに影響を及ぼすもの，抗炎症性サイトカインに影響を及ぼすもの，両方に影響を及ぼすものがあり，それぞれの発現や分泌を促進するものもあれば，抑制するものもある。また，1つのペプチドにおいても複数の炎症性サイトカイン，または抗炎症性サイトカインの転写や分泌に関与するものもある。さらに，炎症性・抗炎症性の双方に関与するものや，同一のペプチドが炎症性サイトカインの分泌に対しては促進的に作用する一方，異なる炎症性サイトカインには抑制的に作用するものもある[24]。

6.5 マスト細胞脱顆粒作用

　マスト細胞は急性の炎症反応において中心的な役割を果たし，細胞内の顆粒に蓄えられたヒスタミンやプロテアーゼのほか，様々な物質を放出し，アレルギー反応を引き起こす[25]。抗菌ペプチドのなかには，マスト細胞の脱顆粒を促す作用をもつものもある。両生類においては，アナガエル（*Rana sevosa*）の皮膚をマッサージして得られた分泌物中から，ラットマスト細胞の顆粒からのヒスタミン分泌を促進する物質として，Esculentin-1，Esculentin-2，Brevinin-1，Ranatuerin-2 など典型的な両生類抗菌ペプチドが得られている[26]。中国産 *Rana nigrovittata*（現在は *Hylarana nigrovittata* に再分類）の皮膚分泌物を用いた同様の成果も報告されており，Nigroain や Temporin，Rugosin などマスト細胞の脱顆粒作用をもつが，しかしそれが必ずしもヒスタミン放出作用も伴うわけではないことが示されている[27]。著者らもウシガエル抗菌ペプチドの一種である Catesbeianalectin にマウスのマスト細胞腫に対する脱顆粒作用を検出している[22]。Catesbeianalectin はウシガエルの皮膚，ハーダー腺，さらに脳でも発現しているが，これらの器官にはいずれもマスト細胞が多く分布していることから[28]，Catesbeianalectin が生理的にマスト細胞の制御に関わっていることが十分に考えられる。

6.6 抗酸化作用

本章の冒頭でも述べたように，両生類の皮膚には鱗や甲羅，体毛が存在しない。そのため，これらの生物に比べ，より強く紫外線や電離放射線，あるいは環境中の化学物質に直接さらされ，高い酸化的ストレス下にある。両生類の抗菌ペプチドあるいは抗菌ペプチド前駆体と類似の構造を共有するペプチドのなかには抗酸化作用を示すものもあり，微生物など生物的な要因にだけではなく，物理・化学的な要因に対しても「生体防御」を担っていると考えられる。中国産 *Rana pleuraden* の皮膚分泌物には Pleurain-A〜Pleurain-R と名付けられた18グループ（34種類）のペプチドと Antioxidin-RP と名付けられた1グループ（2種類）のペプチドが得られており，このうち11グループ（Pleurain-A, -D, -E, -G, -J, -K, -M, -N, -P, -R, Antioxidin-RP）に抗酸化作用が検出されている[29]。また，cDNA クローニングの結果，いずれも抗菌ペプチド前駆体と類似の構造を共有するペプチドであることも示された。なかでも Antioxidin-RP1（AMRLTYNKPCLYGT）の抗酸化作用は顕著であり，抗菌作用は検出されなかったものの，フリーラジカルの除去の指標となる ABTS 法や DPPH 法，NO 法のすべてにおいて高効率で作用することが検出されている。前述の抗酸化ペプチドにはいずれも Cys 残基と Pro 残基を有するという共通の性質がある。抗酸化活性に関与するアミノ酸としては含硫アミノ酸である Cys, Met とフェノールを含む Tyr, Pro, Trp が報告されており，なかでも Trp は微量でも強い抗酸化作用を示す[30,31]。ただし，これらのアミノ酸の存在が必ずしも抗酸化作用の存在を意味するものではない。ちなみに抗酸化作用をもつ Defensin の報告もあるが，由来はサツマイモである[32]。

7 終わりに

アメリカ自然史博物館の WEB サイトによれば，両生類の現在の生息種数は約7,600と推定されていて，そのうち約6,700種が無尾目すなわちカエルである。この種数は魚類や昆虫類と比べると決して多くはないが，これまでに述べてきたように，一個体のカエルが複数種類の皮膚抗菌ペプチドを有していることや，皮膚に比べるとはるかに微弱ではあるものの，脳，心臓，腎臓，肝臓，肺，大腿部骨格筋，精巣などでも複数種類の抗菌ペプチド遺伝子が発現していることからも[12]，今後，ますます多くの抗菌ペプチドが見つかることは間違いない。抗菌ペプチド全般に対する治療薬への応用との期待が高まっているなか，そのリソースとしての両生類の価値は非常に高い。

文　献

1) J. R. Rigolo *et al.*, *Micron*, **39**, 56-60 (2008)

2) M. Simmaco et al., *Eur. J. Biochem.*, **272**, 788-792 (1996)
3) N. Morikawa et al., *Biochem. Biophys. Res. Commun.*, **189**, 184-190 (1992)
4) A. Ohnuma et al., *Peptides*, **28**, 524-532 (2007)
5) J. M. Conlon et al., *Peptides*, **29**, 1815-1819 (2008)
6) Y. Ma et al., *Genomics*, **95**, 66-71 (2009)
7) P. Nicolas et al., *Peptides*, **24**, 1669-1680 (2003)
8) S. Iwamuro and T. Kobayashi, "Peptidomics", pp. 159-176, Springer (2010)
9) J. Li et al., *Mol. Cell Proteomics*, **6**, 882-894 (2007)
10) M. Zhou et al., *Peptides*, **26**, 2445-2451 (2005)
11) S. Tazato et al., *Peptides*, **31**, 1480-1487 (2010)
12) A. Yeung et al., *Cell Mol. Life Sci.*, **68**, 2161-2176 (2011)
13) M. L. Mangoni, *Cell Mol. Life Sci.*, **68**, 2157-2159 (2011)
14) V. C. Albiol Matanic and V. Castilla, *Int. J. Antimicrob. Agents*, **23**, 382-399 (2004)
15) A. Belaid et al., *J. Med. Virol.*, **66**, 229-234 (2002)
16) I. Bergaoui et al., *J. Med. Virol.*, **85**, 272-281 (2013)
17) B. Yasin et al., *Eur. J. Clin. Microbiol. Infect. Dis,.* **19**, 187-194 (2000)
18) D. Shang et al., *Zool. Sci.*, **26**, 220-226 (2009)
19) W. Dong et al., *Biopolymers*, **103**, 719-726 (2015)
20) I. J. Goldstein et al., *Nature*, **285**, 66 (1980)
21) J. Li et al., *PLoS One*, **3**, e2381 (2008)
22) Y. Konishi et al., *Zool. Sci.*, **30**, 185-190 (2013)
23) 岩室祥一，小林哲也，ホルモンから見た生命現象と進化シリーズ VII 生体防御・社会性―守―, pp. 148-159, 裳華房 (2016)
24) J. M. Conlon et al., *Peptides*, **57**, 67-77 (2014)
25) J. S. Marshall et al., *Curr. Opin. Immunol.*, **6**, 853-859 (1994)
26) C. Graham et al., *Peptides*, **27**, 1313-1319 (2006)
27) Y. Ma et al., *Genomics*, **95**, 66-71 (2010)
28) R. Monteforte et al., *J. Exp. Biol.*, **213**, 1762-1770 (2010)
29) H. Yang et al., *Mol. Cell Proteomics*, **8**, 571-583 (2009)
30) E. Bourdon, D. Blache, *Antioxid. Redox Signal.*, **3**, 293-311 (2001)
31) N. Krishnan et al., *Free Radic. Biol. Med.*, **44**, 671-681 (2008)
32) G. J. Huang et al., *Food Chem.*, **135**, 861-867 (2012)
33) I. Hasunuma et al., *Comp. Biochem. Phys. C*, **152**, 301-305 (2010)
34) J. M. Conlon et al., *Toxicon*, **50**, 746-756 (2007)
35) T. Koyama and S. Iwamuro, *Zool. Sci.*, **25**, 487-491 (2008)
36) T. Isaacson et al., *Peptides*, **23**, 419-425 (2002)
37) J. M. Conlon et al., *Peptides*, **26**, 185-190 (2005)
38) J. B. Kim et al., *J. Pep. Res.*, **58**, 349-356 (2001)
39) A. Ohnuma et al., *Comp. Biochem. Phys. C*, **151**, 122-130 (2010)
40) J. M. Conlon et al., *Reg. Peptides*, **118**, 135-141 (2004)
41) H. Suzuki et al., *Peptides*, **28**, 2061-2068 (2007)

42) J. M. Conlon *et al., Biochem. Biophys. Res. Commun.*, **306**, 496-500 (2003)
43) A. Ohnuma *et al., Gen. Comp. Endocrinol.*, **146**, 242-250 (2006)
44) S. Iwamuro *et al., Peptides*, **27**, 2124-2128 (2006)
45) J. M. Conlon *et al., Toxicon*, **55**, 430-435 (2010)
46) J. M. Conlon *et al., Comp. Biochem. Phys. C*, **143**, 42-49 (2006)

第3章 ラクトフェリンの抗菌・抗ウイルス作用機構

若林裕之[*]

1 ラクトフェリンとは

　ラクトフェリンは哺乳類の乳汁などの外分泌液や好中球に含まれる，分子量約 80 kDa の鉄結合性糖タンパク質であり，トランスフェリン・ファミリーに属している。図1に，ウシ・ラクトフェリンの立体構造を示す[1]。ラクトフェリンは，1939年にスウェーデンの研究者によって牛乳中の赤色タンパク質として発見された[2]。ラクトフェリンは多機能性を示すが，生体防御に関連したものとしては，抗菌（静菌，殺菌）作用，抗ウイルス作用，抗バイオフィルム作用，発がん抑制作用，免疫賦活作用などがある。ホメオスタシス維持に関連したものとしては，鉄・骨・脂質代謝改善作用，ビフィズス菌増殖促進作用などがある。また，両者に関連したものとして，細胞増殖の調節作用，抗炎症作用，抗酸化作用などが知られている[3]。これらの中ではとくに，感染防御における役割が重視され，抗菌，抗ウイルス作用が広く研究されてきた。また，近年は乳児脳発達などの脳に対するラクトフェリンの作用も新たに注目されている。ラクトフェリンは加熱前の牛乳から分離した脱脂乳やチーズホエイから工業規模で分離され，育児用ミルクや機能性

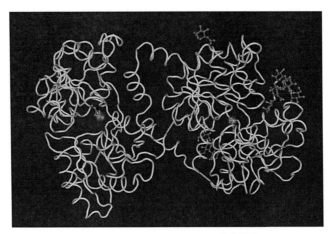

図1　ウシ・ラクトフェリンの立体構造
左側のNローブと右側のCローブにそれぞれ1原子ずつ鉄イオン（Fe）を結合する。
結合した糖鎖の一部（Cローブ側）も示した[1]。

---

*　Hiroyuki Wakabayashi　森永乳業㈱　研究本部　素材応用研究所　機能素材開発部
　　主任研究員

第3章 ラクトフェリンの抗菌・抗ウイルス作用機構

食品，化粧品などに利用されている[4]。

　これから，ラクトフェリンの抗菌・抗ウイルス作用について，作用機構の研究とともに，経口投与など生体への投与によって示される感染防御効果も紹介したい。

2　ラクトフェリンの抗菌作用機構

2.1　ラクトフェリンの in vitro 抗菌作用

　ラクトフェリンの抗菌作用の研究は1960年代から始まっており，現在までに多くの研究成果の蓄積がある。ラクトフェリンは様々な病原性細菌・真菌に対して抗菌作用を発揮することが知られている。初期の主要な研究として，ラクトフェリンが細菌の発育に必要な鉄イオンをキレートすることにより発育抑制作用を示すという Reiter や Bullen らによる報告[5,6]，生理食塩水などの希薄溶液中では殺菌的に作用するという Arnold らの報告[7]や，グラム陰性菌の外膜を障害してLPS を遊離させるという Ellison らの報告[8]などがある。こうした研究により，鉄キレート能による静菌作用と膜障害作用による殺菌作用がラクトフェリンの主要な抗菌作用機構と考えられるようになり，今に至ってもこの考え方は変わっていない。ラクトフェリンのN末端側にはラクトフェリシンとラクトフェランピンという抗菌ペプチドを生成する塩基性の高いドメインがあり，その部分がラクトフェリンの鉄キレート以外による抗菌活性に関与していると考えられている。ラクトフェリンから鉄を奪って利用する細菌類がいるために，それに抵抗してこのN末端側ドメインの変異を早めて抗菌活性を進化させてきたという仮説も提唱されている。実際，霊長類においてはこのドメインのアミノ酸配列の多様性が高いことが示されている[9]。

　私たちは科学映画制作会社のアイカムとのコラボレーションにより，腸管出血性大腸菌 O157 とサルモネラ *Salmonnela* Enteritidis に対してラクトフェリンが抗菌作用を示す動画の取得に成功した。*Salmonnela* Enteritidis のコントロール培養開始時には，画面内に数個の細菌がみられるが，培養4時間後には増殖して画面いっぱいに細菌が広がっている。ここで最初からラクトフェリンを添加して培養すると，細菌は増殖せず静菌的な作用が観察された。一方，1時間培養した後にラクトフェリンを添加すると，増殖中の細菌が破裂するような殺菌的な作用が観察された[10,11]。このように細菌の増殖状態に依存してラクトフェリンの作用は，静菌的になったり殺菌的になったりする。

　ラクトフェリンは，様々な抗菌物質とともに相乗的な抗菌作用を示すことも知られている。乳中にもそのような成分が含まれており，私たちが MR15（milk RNase of 15 kDa）と名付けたコンポーネントは RNase 5（angiogenin-1），RNase 4，angiogenin-2 からなり，ラクトフェリンの抗菌作用を明確に増強する[12]。このように体液（この場合は乳）中では複数の成分が協力することで，病原菌に対する抵抗性を高めているものと考えられる。

2.2 ラクトフェリシンの in vitro 抗菌作用

　ラクトフェリンは胃の消化酵素ペプシンで消化されると，もとのラクトフェリンより強力な抗菌活性を示すラクトフェリシンというペプチドを生成する。ウシ・ラクトフェリン由来はラクトフェリシンB，ヒト・ラクトフェリン由来はラクトフェリシンHとよばれている[13]。図2に，ラクトフェリシンBの水溶液中での立体構造を示す[14]。ラクトフェリシンは in vitro の研究で見出されたが，その後の研究で，ラクトフェリン摂取後の胃内でラクトフェリシンやそれを含むペプチドが生成することが示された[15]。ラクトフェリシンは細胞膜を障害し，細菌，真菌，寄生性原虫などに対して殺菌的に作用し，その活性は元のラクトフェリンより強い。ラクトフェリンを摂取したヒトの消化管内では，未消化のラクトフェリンと消化で生成したラクトフェリシンの両方が感染防御に寄与しているものと考えられる[16]。Streptococcus pneumoniae はラクトフェリンそのものには殺菌されないが，自ら産生するプロテアーゼPrtAによって生成したラクトフェリシン様ペプチドによって殺菌されることが報告されている[17]。このような現象は，他の細菌でも，また感染の局所においても起きている可能性がある。なお，ラクトフェリシンBを含むウシ・ラクトフェリンのペプシン消化物は一部の育児用ミルクに添加されている。ラクトフェリシン誘導体の基礎研究については多くの報告があり，オランダの企業 AM-Pharma 社によって医薬品化も検討されてきたが，現在のところ実用化はされていない。

2.3 ラクトフェリンの in vitro 抗バイオフィルム作用

　ラクトフェリンが緑膿菌のバイオフィルム形成を抑制することが，2002年に Nature 誌に掲載されて注目を集めた[18]。この研究ではラクトフェリンの鉄キレート能がバイオフィルム形成抑制のメカニズムであるとされた。この報告がきっかけとなり，ラクトフェリンの抗バイオフィルム研究が世界で実施されている。

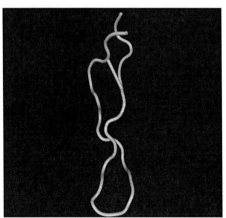

図2　ラクトフェリシンBの立体構造
ラクトフェリシンBはウシ・ラクトフェリンから切り出されると，
αヘリックスからゆがんだβシートに構造が変換する[13]。

第3章　ラクトフェリンの抗菌・抗ウイルス作用機構

　歯周病の原因となるプラークもバイオフィルムである。私たちは歯周病に対するラクトフェリンの効果に興味を持ち，in vitro での評価として，歯周病菌 Porphyromonas gingivalis と Prevotella intermedia の形成するバイオフィルムに対するラクトフェリン類の作用を検討した[19]。ラクトフェリンは鉄を除去したもの，鉄で飽和したものの両方で，8 μg/ml の低濃度からバイオフィルム形成を抑制した。同じ培養条件下で，ラクトフェリンは 2000 μg/ml の高濃度でも浮遊細胞の発育を全く抑制しなかった。一方，ラクトフェリシンは弱いバイオフィルム形成抑制効果を示し，低濃度ではむしろ形成を促進した。また，ラクトフェリンは単独，あるいは抗生物質との併用により，すでに形成されているバイオフィルムを除去する効果も示した。ラクトフェリンはペプチドに分解されると抗バイオフィルム活性が低下，または消失することが複数報告されている[20,21]。また，糖鎖を切断しても活性が低下する[22]。このことから，ラクトフェリンの抗バイオフィルム作用のメカニズムは不明であるが，一定の大きさの分子構造を必要とすると考えられる。

　抗菌作用や抗バイオフィルム作用の研究結果を総合して模式化すると，ラクトフェリンはそのままでは強い抗バイオフィルム作用と弱い抗菌作用を発揮し，ペプシンなどのプロテアーゼによりラクトフェリシン様ペプチドに変換されると浮遊細菌に対する強い殺菌作用を発揮するようになるという作用モデルが提唱できる（図3）。

2.4　ラクトフェリンの in vivo での細菌・真菌感染防御作用

　ラクトフェリンの，感染動物モデルでの細菌や真菌に対する防御効果については多くの研究報告がある。それらの中でも細菌性食中毒などの腸管感染は，経口摂取したラクトフェリンや消化ペプチドがその病原菌や感染細胞に直接作用しうることから，ラクトフェリンにとって最も効果を期待できる疾患の一つであると考えられる。

　腸管感染の動物実験では，Salmonnela Typhimurium 感染マウス[23]や O157 感染マウス[24]での

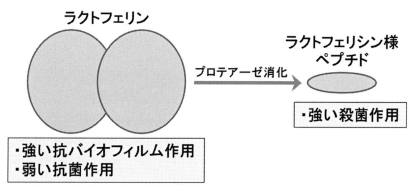

図3　ラクトフェリンの抗菌作用モデル

ラクトフェリンは強い抗バイオフィルム作用と弱い抗菌作用を示す。プロテアーゼによってラクトフェリンがラクトフェリシン様ペプチドに変換すると，強い殺菌作用を示すようになる。

ラクトフェリン投与による死亡率の低下，O157感染ヒツジの糞便中 O157 菌数のラクトフェリン投与による低下[25]，などが報告されている。ヒトの腸管感染としては，離乳後小児の感染性胃腸炎における下痢症状がラクトフェリン摂取群で軽減したという研究結果がある[26]。この研究で下痢便から単離された病原体で多かったものは，ノロウイルス35.0%，病原性大腸菌31.9%，カンピロバクター10.6%であった。また，ラクトフェリン摂取による抗生物質関連下痢症の発症抑制が報告されている[27]。さらに，極低出生体重児へのラクトフェリン投与によって，遅発性敗血症，真菌感染症や壊死性腸炎の発症率が低下するとの研究結果が注目されており[28〜30]，複数の研究機関によって追試が行われている。ラクトフェリンによる腸内細菌やそのトランスロケーションの制御が敗血症などの全身性感染症の抑制に寄与している可能性がある。ラクトフェリンの腸管感染防御効果は，単に抗菌作用のみならず，細菌の付着タンパク質を分解することによる腸管上皮細胞への付着阻害[31]，腸管 IgA の増加[32]など，複数の作用機序が関与していることが推察される。

一方，ラクトフェリンの抗バイオフィルム作用の応用として，歯周病における利用が検討されてきた。歯肉縁上や縁下に形成されるプラーク（歯垢）は実質的にバイオフィルムである。ラクトフェリン入り錠菓を毎日摂取した歯周病患者の歯肉縁下プラーク内の *P. gingivalis* と *P. intermedia* 数は，プラセボ錠菓の摂取者に比べて有意に低下した[33]。また，ラクトフェリンとともに別の乳由来酵素ラクトパーオキシダーゼを配合した錠菓を摂取した歯周病患者では，歯肉縁上プラーク付着度と歯肉縁下プラーク内の *P. gingivalis* 数や別の歯周病菌 *Fusobacterium* 数の低下が見出された[34,35]。さらに，ラクトフェリン＋ラクトパーオキシダーゼ配合錠菓摂取の歯肉縁上プラーク細菌叢への影響をメタゲノム解析で観察した最近の研究では，歯周病菌などを含むグラム陰性菌占有率が減少し，病原性の少ないグラム陽性菌占有率が増加するという知見が得られている[36]。

3 ラクトフェリンの抗ウイルス作用機構

ラクトフェリンは様々なウイルスに対して抗ウイルス作用を示す[37]。その作用機構としては，ラクトフェリンがウイルス，あるいは細胞上のウイルスレセプターに結合することで感染を阻止する作用がよく知られている。その他には，ラクトフェリンが細胞のインターフェロン α/β 産生を高めることで，細胞内でのウイルス複製を抑制する可能性も示唆されている[38]。

ウイルス感染症の中では，C型肝炎に対するラクトフェリン経口投与の効果について多くの研究がされてきたが，大規模試験においては有効性が明確でなかった[39]。近年は，身近なウイルス感染症である，風邪やウイルス性胃腸炎などに対する予防効果が検討されており，その有効性が示唆されている。この分野の研究動向をレビューしているので参照して頂きたい[38]。冬季における成人女性のラクトフェリン摂取アンケート調査では，摂取3ヶ月目において風邪症状や胃腸炎症状の発症率が非摂取群に比べて低下していた[40]。同様に冬季における，5歳未満の保育園児の

第3章　ラクトフェリンの抗菌・抗ウイルス作用機構

ラクトフェリン摂取試験では，ロタウイルス胃腸炎の症状の緩和[41]やノロウイルス胃腸炎の発症率の低下が観察された[42]。また，冬季におけるラクトフェリン100 mg配合の一般食品（ヨーグルト，ドリンクヨーグルト，機能性ミルク）摂取者アンケート調査（平均年齢59歳）では，週1回程度の摂取頻度に比べて週4～5回以上の摂取頻度のヒトにおいてノロウイルス胃腸炎の診断を受けた割合が低かった[38]。このことは，1日100 mgという低用量であっても，一定以上の頻度で継続的に摂取することがラクトフェリンの摂取法としてより効果的であることを示唆している。

　ラクトフェリンの抗ノロウイルス作用の解明のため，培養できないヒトノロウイルスの代替として，近縁のネコカリシウイルスやマウスノロウイルスが実験に用いられてきた。ネコカリシウイルスを用いた実験では，ラクトフェリンは細胞に結合，ラクトフェリシンはウイルスに結合することでウイルスの細胞への感染が阻止された[43]。マウスノロウイルスを用いた実験では，ラクトフェリンはウイルスの細胞への感染を阻止するとともに，細胞内でインターフェロンα/βを誘導することでウイルスの増殖を抑制することも報告されている[44]。ラクトフェリンを投与したマウスの小腸粘膜ではインターフェロンα/βの発現が亢進することが以前から知られている[45,46]。これらの結果から，ラクトフェリンはウイルス付着阻害，およびインターフェロンα/βを介したウイルス増殖抑制によって，ノロウイルス胃腸炎の発症を防いでいる可能性が考えられる。また，ラクトフェリンの摂取でNK細胞の活性や細胞数が亢進することが知られており[46,47]，風邪などを含めた様々なウイルス感染に対する全身性での防御免疫が高まる可能性がある。

4　おわりに

　ラクトフェリンの抗菌作用機構として，*in vitro*でのラクトフェリンとラクトフェリシンの抗菌作用，抗バイオフィルム作用，そして*in vivo*での細菌・真菌感染防御作用を概説してきた。また，ラクトフェリンの抗ウイルス作用機構については，*in vivo*でのウイルス感染防御作用を中心に述べ，後半でノロウイルスに対する作用機構に関する知見を紹介した。ラクトフェリンの作用は，抗菌・抗ウイルス・抗バイオフィルム・免疫調節と多岐にわたっており，経口摂取後はさらにペプチドとなって作用することもあり，その感染防御機構は複雑である。また，効果も抗生物質や抗ウイルス薬のように強いものではない。こうしたことから，医薬としてではなく，医療のお世話になる前のセルフケア用の食品としての利用に意味があると考えられ，その価値をさらに高めるためエビデンスを蓄積し作用機構の研究を進めていきたい。

文　献

1) S. A. Moore et al., *J. Mol. Biol.*, **274**, 222 (1997)
2) M. Sørensen & S. P. L. Sørensen, *C. R. Trav. Lab. Carlsberg*, **23**, 55 (1939)
3) H. Wakabayashi et al., *Int. Dairy J.*, **16**, 1241 (2006)
4) M. Tomita et al., *Biochimie*, **91**, 52 (2009)
5) J. D. Oram & B. Reiter, *Biochim. Biophys. Acta*, **170**, 351 (1968)
6) J. J. Bullen et al., *Br. Med. J.*, **1**, 69 (1972)
7) R. R. Arnold et al., *Science*, **197**, 263 (1977)
8) R. T. Ellison III et al., *Infect. Immun.*, **56**, 2774 (1988)
9) M. F. Barber et al., *PLoS genet.*, **12**, e1006063 (2016)
10) 若林裕之, *Bact. Adher. Biofilm*, **28**, 3 (2014)
11) 若林裕之ほか, ラクトフェリン2015, p. 36, 日本医学館 (2015)
12) M. Murata et al., *J. Dairy Sci.*, **96**, 4891 (2013)
13) W. Bellamy et al., *Biochim. Biophys. Acta*, **1121**, 130 (1992)
14) P. M. Hwang et al., *Biochemistry*, **37**, 4288 (1998)
15) H. Kuwata et al., *Biochim. Biophys. Acta*, **1429**, 129 (1998)
16) H. Wakabayashi et al., *Curr. Pharm. Des.*, **9**, 1277 (2003)
17) S. Mirza et al., *Infect. Immun.*, **79**, 2440 (2011)
18) P. K. Singh et al., *Nature*, **417**, 552 (2002)
19) H. Wakabayashi et al., *Antimicrob. Agents Chemother.*, **53**, 3308 (2009)
20) M. R. Rogan et al., *J. Infec. Dis.*, **190**, 1245 (2004)
21) S. G. Dashper et al., *Antimicrob. Agents Chemother.*, **56**, 1548 (2012)
22) J. Garbe et al., *PLoS One*, **9**, e91035 (2014)
23) S. Mosquito et al., *Biometals*, **23**, 515 (2010)
24) H. Flores-Villaseñor et al., *Biochem. Cell Biol.*, **90**, 405 (2012)
25) M. A. Yekta et al., *Vet. Microbiol.*, **150**, 373 (2011)
26) T. J. Ochoa et al., *J. Pediatr.*, **162**, 349 (2013)
27) A. M. Laffan et al., *J. Health Popul. Nutr.*, **29**, 547 (2011)
28) P. Manzoni et al., *JAMA*, **302**, 1421 (2009)
29) P. Manzoni et al., *Pediatrics*, **129**, 116 (2012)
30) P. Manzoni et al., *Early Human Dev.*, **90S1**, S60 (2014)
31) T. J. Ochoa et al., *Biochimie*, **91**, 30 (2009)
32) R. M. Sfeir et al., *J. Nutr.*, **134**, 403 (2004)
33) 近藤一郎ほか, 日本歯科保存学雑誌, **51**, 281 (2008)
34) 小林哲夫ほか, ラクトフェリン2011, p. 21, 日本医学館 (2011)
35) 若林裕之ほか, ラクトフェリン2013, p. 110, 日本医学館 (2013)
36) 中野学ほか, 日本歯科衛生学会第11回学術大会 (2016)
37) F. Berlutti et al., *Molecules*, **16**, 6992 (2011)
38) H. Wakabayashi et al., *J. Infect. Chemother.*, **20**, 666 (2014)

39) H. Ueno *et al.*, *Cancer Sci.*, **97**, 1105 (2006)
40) 織田浩嗣ほか, 日本補完代替医療学会誌, **9**, 121 (2012)
41) M. Egashira *et al.*, *Acta Paediatrica*, **96**, 1238 (2007)
42) 森内昌子ほか, 第50回日本臨床ウイルス学会, S56 (2009)
43) K. B. McCann *et al.*, *J. Appl. Microbiol.*, **95**, 1026 (2003)
44) H. Ishikawa *et al.*, *Biochem. Biophys. Res. Commun.*, **434**, 791 (2013)
45) H. Wakabayashi *et al.*, *Clin. Vaccine Immunol.*, **13**, 239 (2006)
46) T. Kuhara *et al.*, *J. Interferon Cytokine Res.*, **26**, 489 (2006)
47) T. Kozu *et al.*, *Cancer Prev. Res.*, **2**, 975 (2009)

第4章 ラショナルなデザインによる抗菌ペプチドの特性改変

橋本茂樹*

1 はじめに

これまでに1800種類を越える抗菌ペプチドが発見されている。これらの多くのペプチドについて，抗菌活性や作用スペクトル，作用機構が精力的に研究されている。抗菌ペプチドは，従来の抗生物質と比べて短時間で細菌に作用し耐性菌を生み出さない特徴をもつ。このため，次世代型の医薬として注目を集めている。しかし薬として応用する場合，抗菌活性や生体内での安定性等の点で改善が必要となる。

抗菌ペプチドは，通常10～40残基位のアミノ酸から成り幾つかのクラスに分類される特徴的な立体構造をとる。ペプチド配列には塩基性アミノ酸と疎水性アミノ酸が多く含まれ，両親媒性構造を形成して標的細菌の細胞膜と結合する。両親媒性は，抗菌ペプチドが細胞膜に挿入されるのに必要不可欠な性質である。

抗菌ペプチドが抗菌活性を発揮する上でペプチド分子の疎水性や荷電状態，両親媒性等の物理化学的性質は重要である。ペプチドの特定アミノ酸を修飾すると，ペプチドの物理化学的性質が変化し立体構造は変動する。この変動は細菌に対する活性や選択性の変化として現れる事になる。

抗菌ペプチドの活性や作用スペクトル，細胞毒性等の特性を改変するためには，ペプチドの物理化学的性質を合理的に変える必要がある[1～3]。本稿では天然のペプチドをテンプレートとして抗菌特性を改変するのに有用な修飾方法を実例を挙げて紹介する（表1）。

2 アミノ酸の置換

ペプチドの荷電や疎水性を変えるために，特定のアミノ酸（一つ或いは複数）を別のアミノ酸に置換する試みが多数行われている（表2）。ペプチドの正電荷が増えると細胞膜との結合が強くなるため，アルギニン等の塩基性アミノ酸の導入により活性を向上させる事ができる。ペプチドの疎水性を高めても活性の向上は可能であるが，溶血活性の上昇に繋がる可能性もある。

αヘリックスの疎水性側面にある鍵アミノ酸を塩基性アミノ酸或いは，Dアミノ酸で置換すると，αヘリックス構造が変わる。ヘリックス構造の破壊によってペプチドの細胞選択性が大きく変わったり，溶血活性が殆ど喪失する例が報告されている。

＊ Shigeki Hashimoto　東京理科大学　基礎工学部　教養　准教授

第4章 ラショナルなデザインによる抗菌ペプチドの特性改変

表1 抗菌特性の改変に用いられているペプチド

ペプチド	由来	アミノ酸数	クラス	作用標的
Magainin 2	カエル	23	αヘリックス	細胞膜（細孔）
Indolicidin	ウシ	13	伸長	細胞内物質（核酸，タンパク質）
Cecropin A	カイコ	37	αヘリックス	細胞膜（カーペット）
Melittin	ハチ	26	αヘリックス	細胞膜（細孔）
AR-23	カエル	23	αヘリックス	細胞膜
Tigerinin 1	カエル	11	ループ	細胞膜
PEM-2	ヘビ	13	αヘリックス	細胞膜
Lactoferricin M	マウス	15	βシート	細胞膜
Lactoferricin B	ウシ	15	βシート	細胞膜（脱分極）
LF12	ヒト	12	βシート	細胞膜（細孔）
V_{681}	合成アナログ	26	αヘリックス	細胞膜（カーペット）
HBcARD	ウイルス	37	／	細胞膜, 細胞内物質（核酸）
Anoplin	ハチ	10	αヘリックス	細胞膜（細孔）
MSI-78	合成アナログ	22	αヘリックス	細胞膜（細孔）
NK-2	ブタ	27	αヘリックス	細胞膜（細孔）
Fowlicidin-3	ニワトリ	27	αヘリックス	細胞膜（脱分極）
KNK10	ヒト	10	／	細胞膜
PRELP	ヒト	22	／	細胞膜
Pediocin PA-1	細菌	44	αヘリックス／βシート	細胞膜（脱分極）
Enterocin E50-52	細菌	39	αヘリックス／βシート	細胞膜（脱分極）
HPA3NT3	細菌	15	αヘリックス	細胞膜（細孔）
Cathepsin G[117-136]	ヒト	20	βシート	細胞膜（脱分極）
SC4	合成アナログ	12	αヘリックス	細胞膜（細孔）
VG16	ウイルス	16	ループ	細胞膜（カーペット）
α-defensin 5	ヒト	32	βシート	細胞内物質（核酸）
Bufforin II	カエル	21	αヘリックス	細胞内物質（核酸）
Thnatin	カメムシ	21	ループ	細胞膜
Dermaseptin 1	カエル	34	αヘリックス	細胞膜, 細胞内物質（核酸）
Dermaseptin 4	カエル	28	αヘリックス	細胞膜（カーペット）
lysozme[107-115]	ヒト	9	αヘリックス	細胞膜

抗菌ペプチドの機能解明と技術利用

表2　アミノ酸が置換されているペプチド

疎水性アミノ酸による置換		
ペプチド	アミノ酸配列	抗菌活性（MIC[*1]）
Magainin 2	GIGKFLH**S**AKKF**G**KAFVGEIMNS	50 μg/mL (*E. coli*)
Magainin B	GIGKFLH**A**AKKF**A**KAFVAEIMNS-$_{NH_2}$	1.2 μg/mL (*E. coli*)
Indolicidin	ILPWKWPWWPWRR	>64 μg/mL (*E. faecalis*)
CP10A	IL**A**WKW**A**WW**A**WRR	8 μg/mL (*E. faecalis*)
Cecropin A	KWKLFKKIEKVGQNIRDGIIKAGPAVAVVGQATQIAK	/
Melittin	GIGAVLKVLTTGLPALISWIKRKRQQ	/
CAM	KWKLFKKIEKVGQGIGAVLKVLTTGL	3.7 mg/L (*E. coli*)
CAM-W	KWKL**W**KKIEK**W**GQGIGAVLK**W**LTT**W**L	0.3 mg/L (*E. coli*)

塩基性アミノ酸による置換		
ペプチド	アミノ酸配列	抗菌活性（MIC）
CM15	KWKLFKKIGAVLKVL	2-4 μM (*P. aeruginosa*)
K14	KWKLFKKIGAVLK**K**L	0.5-1 μM (*P. aeruginosa*)
AR-23	AIGSILGALAKGLPTLISWIKNR-$_{NH_2}$	25 μM (*E. coli*)
AR-23 RRK	**R**IGSILG**R**LAKGLPTL**K**SWIKNR-$_{NH_2}$	12.5 μM (*E. coli*)

疎水性アミノ酸と塩基性アミノ酸による置換		
ペプチド	アミノ酸配列	抗菌活性
TGN-1	FCTMIPIPRCY-$_{NH_2}$	50 μg/mL (MBC[*2], MRSA)
TGN-1WK	**W**C**K**MIPIPRCY-$_{NH_2}$	15 μg/mL (MBC, MRSA)
PEM-2	KKWRWWLKALAKK	6.6 μM (MIC, *P. aeruginosa*)
PEM-2-W^{5}K/A^{9}W	KKWR**K**WLK**W**LAKK	0.4 μM (MIC, *P. aeruginosa*)
LFM	EKCLRWQNEMRKVGG	>500 μM (MIC, *E. coli*)
LFM R^{1,9}W^{8}Y^{13}	**R**KCLRWQ**W**MRK**Y**GG	10 μM (MIC, *E. coli*)
V$_{681}$	Ac-KWKSFLKTFKSAVKTVLHTALKAISS-$_{NH_2}$	20.2 μg/mL (MIC, *S. typhimurium*)
V^{13}K$_L$	Ac-KWKSFLKTFKSA**K**KTVLHTALKAISS-$_{NH_2}$	4.0 μg/mL (MIC, *S. typhimurium*)
V^{13}A$_D$	Ac-KWKSFLKTFKSA**A**KTVLHTALKAISS-$_{NH_2}$	5.0 μg/mL (MIC, *S. typhimurium*)

Dアミノ酸による置換		
ペプチド	アミノ酸配列	抗菌活性
Anoplin	GLLK*R*I*K*TLL-$_{NH_2}$	64 μM (MIC, *S. aureus*)
Anoplin-3	KLLKWWKKLL-$_{NH_2}$	16 μM (MIC, *S. aureus*)
Anoplin-4	*KLLKWWKKLL*-$_{NH_2}$	8 μM (MIC, *S. aureus*)
L-HBcARD	TVV**RRR**G-----RSP**RRR** TPSP**RRRR**SQSP **RRRR**SQS-RE SQC	18.4 mg/L (MBC, *S. aureus*)
D-HBcARD	TVV*RRR*G-----RSP*RRR* TPSP*RRRR*SQSP *RRRR*SQS-RE SQC	4.6 mg/L (MBC, *S. aureus*)

[*1]最小生育阻止濃度，[*2]最小殺菌濃度
イタリックで示されるアミノ酸はD体を表す

第4章　ラショナルなデザインによる抗菌ペプチドの特性改変

2.1　疎水性アミノ酸による置換

　Mgainin 2のアミノ酸配列において，S^8（セリン），G^{13}（グリシン）及びG^{17}をそれぞれA（アラニン）で置換した変異体 Mgainin B が作られている[4]。この変異体は，グラム陽性菌（*Staphylococcus aureus*）及び，グラム陰性菌（*Pseudomonas aeruginosa, Klebsiella pneumoniae, Escherichia coli*）それぞれに対して10倍以上の活性上昇を示す。トリフルオロエタノール（TFE）存在下で Mgainin B のαヘリックス含量は，Mgainin 2と比べて2倍以上に増加するため，αヘリックスの増加が活性上昇に繋がると考えられる。

　Indolicidin はアミノ酸組成に特徴があり全体の39％がW（トリプトファン），23％がP（プロリン）から成る。このペプチド配列のP^3，P^7そしてP^{10}を全てAで置換した変異体 CP10A が作られている[5]。この変異体は，*S. aureus* や *Enterococcus faecalis* 等のグラム陽性菌に対して2～8倍の活性上昇を示す。CP10A は標的の細胞膜に結合してαヘリックス構造を形成し，脱分極を引き起こす。故に CP10A は，置換により脱分極する作用が強くなると考えられる。

　強力な抗菌活性を有する Cecropin A と Melittin を組み合わせたキメラペプチド CAM は，N末端側の13残基が Cecropin A に由来し残りのC末端側の配列が Melittin に由来する。CAM の配列において，F^5（フェニルアラニン），V^{11}（バリン），V^{21}そしてG^{25}を全てWで置換した変異体 CAM-W が作られている[6]。CAM-W は病原菌や真菌等に対して顕著な活性を示す。特に *E. coli* に対して12倍の活性上昇を示す。CAM-W はW置換によってリポソーム膜中でαヘリックス構造を形成し易くなり，各種プロテアーゼに対する分解耐性も高くなる。

2.2　塩基性アミノ酸による置換

　CM15 は CAM よりも短い Cecropin A（N末端側7残基）と Melittin（C末端側8残基）に由来するキメラペプチドである。CM15 は疎水性環境下でαヘリックスを形成し，親水性側面には疎水性のV^{14}が位置する。このVをK（リジン）で置換してヘリックスの両親媒性を高めた変異体 K14 が作られている[7]。K14 の *E. coli* に対する活性は CM15 の1/2に低下するが，*P. aeruginosa* に対する活性は変わらない。K14はヒト赤血球（ヒトRBC）に対する溶血活性がCM15 の1/5程度に低下するため，細胞選択性が高くなる。

　Melittin とアミノ酸配列相同性がある AR-23 において，配列中のA^1，A^8及びI^{17}（イソロイシン）をそれぞれR（アルギニン），R，Kで置換した変異体 AR-23 RRK が作られている[8]。この変異体は，*S. aureus* 等のグラム陽性菌に対しては大幅に低下した活性を示すが，*E. coli* 等のグラム陰性菌に対しては2倍の活性上昇を示す。AR-23 RRK のヒトRBC に対する溶血活性は，AR-23 の約1/70以下に低下するため，大きく向上した細胞選択性を示す。αヘリックスの疎水性側面に位置するアミノ酸を塩基性アミノ酸で置換して両親媒性構造を低下させる事により細胞選択性が向上する。

2.3 疎水性アミノ酸と塩基性アミノ酸による置換

TGN-1は分子内に一本のジスルフィド（SS）結合をもつ。TGN-1のF^1をWで置換して疎水性を高め，更にT^3（スレオニン）をKで置換して親水性も高めた変異体TGN-1WKが作られている[9]。WK変異体は，病原菌を含む11種類の被検菌に対して数倍の活性上昇を示す。特にMRSA（メチシリン耐性黄色ブドウ球菌）に対して約3.5倍の上昇を示す。この変異体は10 μg/mLの濃度，約10分で *S. aureus* を完全に殺菌する事が判明している。

PEM-2は，K等の塩基性アミノ酸が集まる親水性領域とWやL（ロイシン）等が集まる疎水性領域から成るαヘリックスを形成する。PEM-2に含まれる3残基のWのうち，親水性領域と疎水性領域の境にあるW^5をKで置換し，更に疎水領域にあるA^9をWで置換して変異体PEM-2-W^5K/A^9Wが作られている[10]。この変異体は *E. coli* と *S. aureus* に対してそれぞれ約8倍，*P. aeruginosa* に対しては約16倍の活性上昇を示す。しかし，ヒトRBCに対して幾らか溶血活性を示す。

LFMにおいてE^1（グルタミン酸），N^8（アスパラギン），E^9そしてV^{13}のアミノ酸置換が行われている。LFM類縁体のLFBにおいてW^8は活性発現に必須である。そこでN^8をWに固定し，E^1，E^9のそれぞれの残基をAまたはRで置換し，更にV^{13}をVまたはY（チロシン）で置換して18種類の変異体が作成されている[11]。これら変異体の中で最も強いLFM $R^{1,9}W^8Y^{13}$ は，*S. aureus* と *E. coli* に対してそれぞれ40倍，50倍の活性上昇を示す。

V_{681}のαヘリックスの親水性側面の中心に位置するS^{11}と疎水性側面の中心に位置するV^{13}に注目してアミノ酸置換が行われている[12]。S^{11}或いはV^{13}をL，V，A，S，Kの各L体とD体，そしてGで置換して22種類の変異体が作成されている。$V^{13}A_D$は，*S. aureus* 等のグラム陽性菌に対して約2倍程度の活性上昇を示す。一方$V^{13}K_L$は，*E. coli* 等のグラム陰性菌に対して3～5倍程度の活性上昇を示す。どちらの変異体もヒトRBCに対する活性は，V_{681}の1/10以下に低下するため，細胞選択性は向上する。

2.4 Dアミノ酸による置換

Anoplin-3（L体）は，Anoplinのアミノ酸G^1，I^6そしてT^8をそれぞれW，W，Kで置換する事によりαヘリックスの両親媒性を高めた変異体である。この変異体は，*S. aureus* 等の被検菌に対して4倍の活性上昇を示す[13]。L体の全てのアミノ酸残基をDアミノ酸に置換したAnoplin-4（D体）は，*S. aureus* と *E. coli* に対して2倍の活性上昇を示す。D体のプロテアーゼ（トリプシンと血清）による分解性を検討すると，L体よりも大きく向上した分解耐性を示す。

ヒトB型肝炎ウイルス（HBV）のコアタンパク質（HBc）には，Rに富む4つのドメイン（ARD）が含まれている。HBcに由来するHBcARD（L体）は，広範囲のグラム細菌に対して活性を示す事からHBcARDに含まれる16個のRを全てDアミノ酸で置換して変異体 D-HBcARD（D体）が作られている[14]。*S. aureus*, *P. aeruginosa*, *K. pneumoniae*, *E. coli* に対するL体とD体の殺菌活性を比較すると，D体は *E. coli* に対する活性が約1/4に低下するが，

第4章　ラショナルなデザインによる抗菌ペプチドの特性改変

表3　アミノ酸が欠失されているペプチド

ペプチド	アミノ酸配列	抗菌活性（MIC*）
MSI-78	GIGKFLKKAKKFGKAFVKILKK	0.2-0.4 μM（P. aeruginosa）
MSI-78$^{4-20}$	KFLKKAKKFGKAFVKIL	0.1-0.5 μM（P. aeruginosa）
Fow-3	KRFWPLVPVAINTVAAGINLYKAIRRK-NH$_2$	2 μM（E. coli）
Fow-3$^{1-15}$	KRFWPLVPVAINTVA-NH$_2$	>128 μM（E. coli）
Fow-3$^{20-27}$	LYKAIRRK-NH$_2$	>128 μM（E. coli）
Fow-3$^{(1-15)-(20-27)}$	KRFWPLVPVAINTVALYKAIRRK-NH$_2$	2 μM（E. coli）
NK-2	KILRGV**C**KKIMRTFLRRISKDILTGKK	256 μg/mL（S. aureus）
NK-27	KILRGV**S**KKIMRTFLRRISKDILTGKK	128 μg/mL（S. aureus）
NK-23a	KI----**S**KKIMRTFLRRISKDILTGKK	>256 μg/mL（S. aureus）
NK-23c	KILRGV**S**KKIMRTFLRR----ILTGKK	64 μg/mL（S. aureus）

*最小生育阻止濃度

S. aureus に対しては2～3倍の活性上昇を示す。D体はウシ血清中でL体よりも遙かに安定に存在しプロテアーゼに対する耐性も示されている。

3　アミノ酸の欠失

　親ペプチドのN末端側，或いはC末端からアミノ酸配列を系統的に除去（トランケーション）して最小の活性領域を同定する試みが行われている（表3）。トランケーションにより，ペプチドの溶血活性が劇的に低下する例が報告されている。

　N末端から1残基ずつアミノ酸を欠失し17残基の配列をC末端側へシフトする方法によって，6種類のMSI-78変異体が作られている[15]。変異体のうちMSI-78$^{4-20}$は，S. aureusとP. aeruginosa に対して，MSI-78とほぼ同じ強さの活性を示す。またこの変異体は，ヒトRBCに対して大幅に低下した溶血活性を示し，細胞選択性は向上する。欠失によりペプチドにおけるαヘリックスの割合は大きく減少するが，疎水性は増加するため標的の細胞膜により深く挿入されるようになると考えられる。

　Fow-3は2本のαヘリックスが配列中央のヒンジ領域（AGIN）で結ばれた構造をもつ。このヒンジ領域を欠失させた変異体としてFow-3$^{(1-15)-(20-27)}$が作られている[16]。この変異体は，S. aureus 等の3種類のグラム陽性菌及び，E. coli 等の5種類のグラム陰性菌に対してFow-3と同じ強さの活性を示す。Fow-3はヒトRBCに対して顕著な溶血活性を示すが，変異体は殆ど溶血を起こさない。故にヒンジ領域は抗菌活性の発揮には不要であり，溶血活性発現の原因になる。

　NK-lysin由来の正電荷に富むコアペプチドNK-2は，2本のαヘリックス領域を含む。このペプチドのN末端側，中央のヒンジ領域，C末端側に位置する4残基のアミノ酸（αヘリック

ス約1回転)をそれぞれ欠失した変異体(NK23a～NK23c)が作られている[17]。これら変異体のうち NK23c は，*Yersinia pestis* 等の病原性グラム陰性菌に対して NK27 とほぼ同じ強さの活性を示すが，ヒト RBC に対して幾らか溶血を起こす。

4 オリゴペプチドの付加

W 残基はインドール環を持ち脂質二重層に挿入されるため，ペプチドが膜に結合する際にアンカーとして働く。W(或いは F)を短鎖ペプチド配列のN末端側或いは，C末端に数残基タグとして付加すると抗菌活性が上昇する(表4)。

KNK10 は，kininogen(血漿グロブリン)由来の正電荷に富むペプチドである。KNK10 の C 末端に 5 残基の W を付加した変異体 KNK10-W_5(W_5変異体)が作られている[18,19]。KNK10 は *P. aeruginosa* に対して有意な活性を示さないが，W_5変異体は強い殺菌活性を示す。この変異体は，各種プロテアーゼに対して高い安定性を示すが，幾らか溶血を引き起こす。W タグを付加する事によって短鎖ペプチドの疎水性は高くなり，ほ乳類細胞との選択性が低下すると考えられる。

RRP9 は，PRELP(プロリン/アルギニンリッチ末端ロイシンリッチリピートタンパク質)由来の正電荷に富むペプチドである。RRP9 の C 末端に 4 残基の W を付加した変異体 RRP9-W_4(W_4変異体)が作られている[20]。PRELP の C 末端配列に由来する GRR10 は，*S. aureus*, *P. aeruginosa*, *E. coli* に対して殆ど活性を示さないが，W_4変異体はこれら被検菌に対して強い抗菌活性を示す。この変異体はヒト RBC に対して幾らか溶血活性を示すが，*S. aureus* 或いは *P. aeruginosa* が感染したヒト血液では，溶血を起こす事無くこれら細菌を選択的に殺菌する。

5 キメラペプチドの形成

2種類の天然ペプチドの活性領域を組み合わせてキメラペプチドが作成されている。Cecropin と Melittin に由来する配列を組み合わせたキメラがよく知られているが，他の抗菌ペプチドに

表4 オリゴトリプトファンが付加されているペプチド

ペプチド	アミノ酸配列	抗菌活性(MIC*)
KNK10	KNKGKKNGKH	>80 μM (*P. aeruginosa*)
KNK10-W_5	KNKGKKNGKHWWWWW	20 μM (*P. aeruginosa*)
PRELP	QPTRRPRPGTGPGRRPRPRPRP	/
GRR10	GRRPRPRPRP	>160 μM (*P. aeruginosa*)
RRP9	RRPRPRPRP	/
RRP9-W_4	RRPRPRPRPWWWW	5 μM (*P. aeruginosa*)

*最小生育阻止濃度

第4章　ラショナルなデザインによる抗菌ペプチドの特性改変

表5　キメラ化されているペプチド

ペプチド	アミノ酸配列	抗菌活性（MIC*）
HPA3NT3	FKRLKKLFKKIWNWK	2 μM (*E. coli*)
Hn-Mc	FKRLKKLISWIKRKRQQ	1 μM (*E. coli*)
Pediocin PA-1 (P)	KYYGNGVTCGKHSCSVDWGKATTCIINNGAMAWATGGHQGNHKC	100 μM (*M. luteus*)
Enterocin E50-52 (E)	TTKNYGNGVCNSVNWCQCGNVWASCNLATGCAAWLCKLA	12 μM (*M. luteus*)
EP	TKNYGNGVTCGKHSCSVDWGKATTCIINNGAMAWATGGHQGNHKC	3.1 μM (*M. luteus*)
PE	KYYGNGVCNSVNWCQCGNVWASCNLATGCAAWLCKLA	1.6 μM (*M. luteus*)

*最小生育阻止濃度

ついてもキメラが作成されていて，親ペプチドとは異なる抗菌特性を示す（表5）。

　HPA3NT3（Hn）のN端側の配列とMelittin（Mn）のC端側の配列を組み合わせてキメラペプチドHn-Mcが作られている[21]。このキメラは，4種類の被検菌（*S. aureus*, *P. aeruginosa*, *E. coli*, *Bacillus subtilis*）に対して強い抗菌活性を示し，親ペプチド（Hn或いはMn）と比べて僅かな活性上昇を示す。それぞれの親ペプチドは，ラットRBCに対してかなりの溶血活性を示すが，キメラは殆ど溶血を起こさない。キメラペプチドは，ペプチドの平均的な疎水性が低下し電荷が増加するため，細胞選択性が高くなると考えられる。

　バクテリオシンEnterocin E50-52とPediocin PA-1は，どちらもヒンジ領域（YGNGV）を含む。ヒンジ領域で各ペプチドを切断して互いのペプチドを組み合わせる方法によりキメラが作られている[22]。Enterocin（E）のN末端側の配列とPediocin（P）のC末端側の配列を組み合わせてキメラEPが作られ，PのN末端側の配列とEのC末端側の配列を組み合わせてキメラPEが作られている。これらキメラペプチドは，*Micrococcus luteus*, *Salmonella Enteritidis*, *E. coli*に対して有意な活性を示す。特に*M. luteus*に対して大きな活性上昇を示し，PEはEPの2倍の活性を示す。EPはPEよりも顕著な細胞内ATPの漏出を引き起こす。PEは*M. luteus*の膜電位を完全に喪失させるのに対して，EPは膜電位には影響を与えない。これら2種類のキメラは，標的膜に対する作用機構が異なると考えられる。

6　脂肪酸の付加

　短鎖ペプチドのN末端或いは，C末端のアミノ酸に脂溶性の脂肪酸（アシル鎖）を付加したペプチドコンジュゲートが多数作成されている（表6）。アシル化によりペプチド全体の疎水性が増加し細胞膜への結合が強くなるため，抗菌活性は上昇する。

6.1　ラウリル酸の付加

　LFB由来の正電荷に富むコア配列LFB$^{4-12}$のN末端にラウリル鎖（C_{12}）を付加したC_{12}-LFB$^{4-12}$が作られている[23]。このコンジュゲートは，5種類の被検菌に対して有意な活性を示し，

表6 脂肪酸が付加されているペプチド

	ラウリル酸の付加	
ペプチド	アミノ酸配列	抗菌活性（MIC[*1]）
LFB	FKCRRWQWRMKKLGAPSITCVRRAF	25 μg/mL (S. aureus)
LFB$^{4-12}$	RRWQWRMKK-$_{NH_2}$	/
C$_{12}$-LFB$^{4-12}$	**Lauryl**-RRWQWRMKK-$_{NH_2}$	3 μg/mL (S. aureus)
LF12	FQWQRNIRRVRS	40 μM (E. coli)
LF12-C$_{12}$	FQWQRNIRRVRS-**Lauryl**	0.3 μM (E. coli)
CG$^{117-136}$	RPGTLCTVAGWGRVSMRRGT	>500 mg/L (S. aureus)
C$_{12}$-CG$^{117-136}$	**Lauryl**-RPGTLCTVAGWGRVSMRRGT	16 mg/L (S. aureus)
DS4	ALWMTLLKKVLKAAAKAALNAVLVGANA	/
P	ALWKTLLKKVLKA-$_{NH_2}$	9 μM (S. aureus)
C$_{12}$-P	**Lauryl**-ALWKTLLKKVLKA-$_{NH_2}$	4.5 μM (S. aureus)
NC$_{12}$-P	**Aminolauryl**- ALWKTLLKKVLKA-$_{NH_2}$	0.78 μM (S. aureus)

	他の脂肪酸の付加	
ペプチド	アミノ酸配列	抗菌活性（MBC[*2]）
VG16	VDRGWGNGCGLFGKGG	>100 μM (E. coli)
VG16KRKP	V**A**RGW**KRK**C**P**LFGKGG	8 μM (E. coli)
C$_4$-VG16KRKP	**Butyl**-V**A**RGW**KRK**C**P**LFGKGG	1 μM (E. coli)
βpep-25	ANIKLSVQMKLFKRHLKWKIIVKLNDGRELSLD-$_{NH_2}$	/
SC4	KLFKRHLKWKII-$_{NH_2}$	>2.0 μM (S. pyogenes)
C$_{12}$-SC4	**Lauryl**-KLFKRHLKWKII-$_{NH_2}$	0.066 μM (S. pyogenes)
C$_{18}$-SC4	**Lauryl**-KLFKRHLKWKII-$_{NH_2}$	0.11 μM (S. pyogenes)
HD5	AT**C**Y**C**RTGR**C**ATRESLSGVCEISGRLYRL**CC**R	inactive
D5R	ATYRTGRATRESLSGVEISGRLYRLR	100 μM (P. aeruginosa)
MyD5R	**Myristoyl**-ATYRTGRATRESLSGVEISGRLYRLR	10 μM (P. aeruginosa)

[*1]最小生育阻止濃度, [*2]最小殺菌濃度
Lauryl：ラウリル基, Aminolauryl：アミノラウリル基, Butyl：ブチル基, Myristoyl：ミリスチル基

S. aureus に対しては8倍の活性上昇を示す。

　LF12 の C 末端にラウリル鎖を付加した LF12-C$_{12}$ が作られている[24]。このコンジュゲートは，*E. coli* に対して0.3 μM という極めて低い濃度で活性を示す。LF12-C$_{12}$ は *S. aureus* に対しても顕著な活性を示し，75倍の活性上昇を示す。またラウリル鎖の付加によって，LPS 構成成分のリピド A に対する LF12 の結合力は10倍以上増加する。ラウリル鎖は標的の膜構造を不安定化させる上で重要な役割を果たすと考えられる。

　CG$^{117-136}$ の N 末端にラウリル鎖を付加した C$_{12}$-CG$^{117-136}$ が作られている[25]。CG$^{117-136}$ は *S. aureus* に対して殆ど不活性であるが，コンジュゲートは顕著な活性を示す。このコンジュゲートは，TFE 存在下で α ヘリックス含量が増加する。またリポソーム膜の破壊活性も示す。

第4章 ラショナルなデザインによる抗菌ペプチドの特性改変

C_{12}-$CG^{117-136}$は，標的の細胞膜に結合してαヘリックスを形成し，膜破壊を起こすと考えられる。

DS4に由来のコア配列PのN末端にラウリル鎖を付加したC_{12}-Pが作られている[26]。このコンジュゲートは，S. aureusに対して2倍の活性上昇を示すが，E. coliに対しては不活性である。C_{12}-Pに対してアミノ化されたラウリル鎖をもつNC_{12}-Pは，どちらの被検菌に対しても大幅な活性上昇を示す。NC_{12}-PはヒトRBCに対する溶血活性がC_{12}-Pの4分の1に低下する。アミノアシル鎖の導入によってコンジュゲートの疎水性が低下し，ペプチドどうしの凝集が妨げられ，標的の細胞膜に結合し易くなると考えられる。

6.2 他の脂肪酸の付加

デングウイルス由来のVG16のループ領域にKRKとPを導入したVG16KRKPは，グラム陰性菌に対して顕著な抗菌活性を示す。このペプチドのN末端にブチル基（C_4）を付加したコンジュゲートC_4-VG16KRKPが作られている[27]。このコンジュゲートは，E. coliと植物病原菌 *Xanthomonas campestris* に対して8倍の活性上昇を示す。またVG16KRKPが全く効力がない *P. aeruginosa* と *K. pneumonia* に対しても有意な活性を示す。構造解析によりブチル鎖とLPSのアシル鎖との結合が示唆され，コンジュゲートが標的の表面にあるLPS構造を不安定化し細胞膜を破壊すると考えられる。

ヘリックス形成ペプチドSC4にオクタデシル基（C_{18}）を付加したC_{18}-SC4が作られている[28]。このコンジュゲートは，S. aureus等のグラム陽性菌に対して顕著な活性上昇を示す。特にSC4が殆ど効かない *Streptococcus pyogenes* に対して20倍以上の活性上昇を示す。一方E. coli等のグラム陰性菌に対しては，殆ど活性上昇を示さない。C_{18}-SC4はヒトRBCに対して溶菌を起こす10倍以上の濃度で溶血を起こす。C_{12}鎖よりも長いC_{18}鎖を付加する事により，SC4はグラム陽性菌の厚いペプチドグリカン層に強く結合出来るようになると考えられる。

HD5の分子内に形成されるSS結合は，抗菌活性の発揮に必須ではない。このペプチド配列の6個のS残基を欠失して直鎖状ペプチドD5Rがデザインされている[29]。更にD5RのN末端にミリスチン酸（C_{14}）を付加してアシル体MyD5Rが作られている。D5RはE. coliやS. aureus等に対して，HD5と比べて弱い抗菌活性を示す。興味深い事にHD5は *P. aeruginosa* に対して全く不活性であるが，MyD5RはD5Rを大幅に上回る強い活性を示す。MyD5RはE. coliの細胞内に効率よく導入される事から，ミリスチン酸の付加により細胞膜への結合が強化され，導入効率が高まると考えられる。

7 非タンパク質性アミノ酸による置換

ペプチド配列の鍵アミノ酸をタンパク質性アミノ酸とは異なる構造をもつ非天然アミノ酸により置換する試みが幾つか行われている（表7）。特異な物理化学的性質（高い疎水性等）をもつアミノ酸誘導体を親ペプチドに導入する事によって新規な抗菌特性をもつペプチド分子を作り出

表7 非天然アミノ酸が導入されているペプチド

アルキルアミノ酸による置換		
ペプチド	アミノ酸配列	抗菌活性（MIC*）
FG-1	GL*GKFL*KKAKKFGKAFVKL*L*KK (L* = hFLeu)	16 μg/mL (S. aureus)
BII1	TRSSRAGLQFPVGRVHRLLRK	20 μg/mL (E. coli)
BII1F2	TRSSRAGLQFPVGRVHRL*L*RK (L* = hFLeu)	5 μg/mL (E. coli)
BII10	FPVGRVHRLLRK	>256 μg/mL (E. coli)
BII10F2	FPVGRVHR L*L*RK	40 μg/mL (E. coli)
Th	GSKKPVPIIYCNRRTGKCQRM	2.5 μM (M. luteus)
Th-tBu	GSKKPVPIIYC*NRRTGKC*QRM (C* = t-Bu cysteine)	0.6 μM (M. luteus)

嵩高い芳香族アミノ酸による置換		
ペプチド	アミノ酸配列	抗菌活性（MIC）
LFB15	FKCRRWQWRMKKLGA	48 μM (S. aureus)
LFB15-Dip[6,8]	FKCRRXQXRMKKLGA (X=Dip)	7.0 μM (S. aureus)
LFB15-Bip[6,8]	FKCRRZQZRMKKLGA (Z=Bip)	1.4 μM (S. aureus)
DS1	ALWKTMLKKLGTMALHAGKAALGAAADTISQGTQ	12 μM (E. coli)
DS1-15	ALWKTMLKKLGTMAL-$_{NH_2}$	2.9 μM (E. coli)
(K^{0}Nal^3)DS1-15	K-AL-Nal-KTMLKKLGTMAL-$_{NH_2}$	1.2 μM (E. coli)
S1	Ac-KKWRKWLAKK-$_{NH_2}$	>50 μg/mL (P. aeruginosa)
Nal$_2$-S1	Ac-Nal-Nal-KKWRKWLAKK-$_{NH_2}$	3.1 μg/mL (P. aeruginosa)
K$_4$R$_2$-Nal$_2$-S1	Ac-KKKKRR-Nal-Nal-KKWRKWLAKK-$_{NH_2}$	3.1 μg/mL (P. aeruginosa)
hLz[107-115]	RAWVAWRNR-$_{NH_2}$	206 μM (S. aureus)
KWhLz[107-115]	RKWVVWRNR-$_{NH_2}$	11 μM (S. aureus)
KW(Ar)[109]hLz[107-115]	RKW(Ar)VWWRNR-$_{NH_2}$	5 μM (S. aureus)
KW(Ar)[111]hLz[107-115]	RKWVW(Ar)WRNR-$_{NH_2}$	3 μM (S. aureus)
KW(Ar)[112]hLz[107-115]	RKWVWW(Ar)RNR-$_{NH_2}$	3 μM (S. aureus)

*最小生育阻止濃度
hFLeu：ヘキサフルオロロイシン，t-Bu：tertブチル基，Dip：ジフェニルアラニン，
Bip：ビフェニルアラニン，Nal：βナフチルアラニン，W(Ar)：フェニルトリプトファン

せる可能性がある。

7.1 アルキルアミノ酸による置換

　ヘキサフルオロロイシン（hFLeu，L*）は，Lのイソプロピル基の水素がフッ素で置換された構造をもつ。MSI-78の配列において，4残基のLとIをL*で置換してフッ素修飾体FG-1が作られている[30]。FG-1は，S. aureus に対して4倍の活性上昇を示し，MSI-78が効かないK. pneamoniae に対しても顕著な活性を示す。リポソーム存在下でMSI-78は，プロテアーゼにより速やかに分解されるが，FG-1は分解耐性を示す。MSI-78は脂質存在下で二量体となり，

第 4 章　ラショナルなデザインによる抗菌ペプチドの特性改変

逆平行コイルドコイル構造を形成する事が知られている。フッ素修飾により FG-1 はコイルドコイル構造をとり易くなり，プロテアーゼに対する耐性が高くなると考えられる。

BII1 は細胞膜を破壊する事無く透過するペプチドである。BII1 の両親媒性 α ヘリックス構造の疎水性側面に位置する L^{18} と L^{19} の 2 つの残基を L^* で置換したフッ素修飾体 BII1F2 が作られている[31]。BII1F2 は *E. coli* と *B. subtilis* に対してどちらも 4 倍の活性上昇を示す。しかし，CF_3 基の導入にかかわらず，BII1F2 のプロテーゼに対する安定性は，BII1 と殆ど変わらない。一方 BII1 の N 末端から 10 残基を欠失した変異体 BII10F2 は，プロテーゼに対して BII10 の 2 倍以上の安定性を示す。BII1F2 と BII10F2 の α ヘリックス構造は，TFE 存在下で増加するため，ヘリックス増加と活性向上の相関が示唆される。

Th（タナチン）は，1 本の SS 結合を含み逆平行 β シート構造を形成する。Th の SS 結合は抗菌活性の発揮に必須では無く，非共有結合で置換できる。Th の 2 つの C 残基が嵩高い炭化水素（*tert* ブチル基）で修飾された変異体 Th-tBu が作られている[32,33]。Th-tBu は，*M. luteus* に対して 4 倍の活性上昇を示す。対照的に *E. coli* に対しては，大幅な活性低下を示す。構造解析により Th-tBu は，Th と同様の β シート構造をとる事が示され，tBu 基どうしの疎水相互作用により構造が安定化すると考えられる。C 残基を tBu 基よりも嵩高いオクチル基で修飾すると，*M. luteus* に対する活性は更に 2 倍上昇する。変異体は *E. coli* に対して不活性であり，化学修飾によって Th の作用スペクトルをグラム陰性菌から陽性菌にシフトする事ができる。

7.2　嵩高い芳香族アミノ酸による置換

LFB15 の活性発現において鍵となる W^6 と W^8 の 2 残基を嵩高い非天然芳香族アミノ酸である Bip（ビフェニルアラニン）と Dip（ジフェニルアラニン）で置換した変異体 LFB15-Bip^{6,8} 及び LFB15-Dip^{6,8} が作られている[34]。これら変異体は *S. aureus* と *E. coli* に対して異なる殺菌活性を示す。Dip^{6,8} 変異体は *E. coli* に対して約 7 倍の活性上昇を示し，一方 Bip^{6,8} 変異体は，*S. aureus* に対して 33 倍の活性上昇を示す。故に LFB15 の活性は，インドールよりも嵩高い芳香環の導入によって向上させる事ができる。また Bip と Dip は構造異性体の関係であり，標的細菌の選択性は芳香環のトポロジーの違いにより決まる。

DS1 は 4 残基の K と高度に保存された W^3 をもつ。DS1 のコア配列 DS$^{1-15}$ において，W^3 を Nal（β ナフチルアラニン）で置換した変異体 (Nal^3) DS$^{1-15}$ が作られている[35]。この変異体は，*S. aureus* と *E. coli* に対して DS1 と同程度の活性を示す。この変異体の N 末端に K を付加すると，DS1 と比べて約 2 倍活性が上昇する。DS1 の抗菌作用においてナフチル基による疎水性と K による正電荷が相乗的に働くと考えられる。

PEM-2-W^{5}K/A^{9}W に由来する S1 は，NaCl 濃度の低い培地では *S. aureus* 等の被検菌に対して有意な活性を示すが，高い塩濃度の培地では活性が大きく低下する。生理的塩濃度で活性を保持する変異体として，S1 の N 末端に 2 残基の Nal を付加して Nal$_2$-S1 が作られている[36,37]。100 mM NaCl 存在下で S1 は *P. aeruginosa* に対する活性を失うが，Nal$_2$-S1 の活性は低下しない。

Nal$_2$-S1 はウシ血清中で優れた安定性を示すが,高い溶血活性を示す。正電荷に富む K$_4$R$_2$ 配列を Nal$_2$-S1 の N 末端に付加すると,溶血活性を大幅に下げる事ができる。

ペプチド断片 KWhLz$^{107-115}$ の W 残基をフェニル基(Ar)で選択的に化学修飾して部分的な疎水性を高めた修飾変異体 KW(Ar)^{109}hLz$^{107-115}$～KW(Ar)^{112}hLz$^{107-115}$ が作られている[38]。これら変異体は S. aureus に対して 2～4 倍の活性上昇を示し,活性の強さは修飾 W 残基の位置に依存する。活性上昇の程度は小さいが,同様な依存性は,S. epidermidis に対しても見られる。修飾変異体のヒト RBC に対する溶血活性は,MIC 値の10倍濃度で認められる。

8　おわりに

本稿では紹介できなかったが,他にも多くの興味深い抗菌ペプチドの特性改変が報告されている。最終的には,強力な抗菌活性と標的に限定される作用スペクトルをもち細胞毒性が無く,生体内で活性を保持できるペプチド分子の創製が期待される。天然ペプチドを合理的に改変するためには,構造活性相関や標的細菌との相互作用等の基礎的な情報が不可欠である。最適なペプチド分子をデザインする方法論が確立できれば,将来治療薬として利用可能な抗菌ペプチドも夢ではない。

文　献

1) Findlay, B., Zhanel, GG., Schweizer, F., *Antimcrob. Agents Chemother.*, **54**, 4049-4058 (2010)
2) Brogden, NK., Brogden, KA., *Int. J. Antimicrob. Agents*, **38**, 217-225 (2011)
3) Hashimoto, S., Taguchi, S., *MINI-REVIEWS IN ORGANIC CHEMISTRY*, **7**, 282-289 (2010)
4) Chen, HC., Brown, JH., Morell, JL., Huang, CM., *FEBS Lett.*, **236**, 462-466 (1988)
5) Friedrich, CL., Moyles, D., Beveridge, TJ., Hancock, REW., *Antimcrob. Agents Chemother.*, **44**, 2086-2092 (2000)
6) Ji, SY., Li, WL., Zhang, L., Zhang, Y., Cao, BY., *Biochem. Biophys. Res. Commun.*, **451**, 650-655 (2014)
7) Sato, H., Feix, JB., *Antimcrob. Agents Chemother.*, **52**, 4463-4465 (2008)
8) Zhang, SK., Song, JW., Gong, F., Li, SB., Chang, HY., Xie, HM., Gao, HW., Tan, YX., Ji, SP., *Sci. Rep.*, **6**, 27394 (2016)
9) Sitaram, N., Sai, KP., Singh, S., Sankaran, K., Nagaraj, R., *Antimcrob. Agents Chemother.*, **46**, 2279-2283 (2002)
10) Yu, HY., Huang, KC., Yip, BS., Tu, CH., Chen, HL., Cheng, HT., Cheng, JW., *ChemBioChem*, **11**, 2273-2282 (2010)

第4章　ラショナルなデザインによる抗菌ペプチドの特性改変

11) Strom, MB., Rekdal, O., Stensen, W., Svendsen, JS., *J. Peptide Res.*, **57**, 127-139 (2001)
12) Chen, YX., Mant, CT., Farmer, SW., Hancock, REW., Vasil, ML., Hodges, RS., *J. Biol. Chem.*, **280**, 12316-12329 (2005)
13) Wang, Y., Chen, JB., Zheng, X., Yang, XL., Ma, PP., Cai, Y., Zhang, BZ., Chen, Y., *J. Pept. Sci.*, **20**, 945-951 (2014)
14) Chen, HL., Su, PY., Shih, CH., *Appl. Microbiol. Biotechnol.*, **100**, 9125-9132 (2016)
15) Monteiro, C., Pinheiro, M., Fernandes, M., Maia, S., Seabra, CL., Ferreira-Da-Silva, F., Reis, S., Gomes, P., Martins, MCL., *Mol. Pharmaceutics*, **12**, 2904-2911 (2015)
16) Qu, P., Gao, W., Chen, HX., Li, D., Yang, N., Zhu, J., Feng, XJ., Liu, CL., Li, ZQ., *Antimcrob. Agents Chemother.*, **60**, 2798-2806 (2016)
17) Andra, J., Monreal, D., de Tejada, GM., Olak, C., Brezesinski, G., Gomez, SS., Goldmann, T., Bartels, R., Brandenburg, K., Moriyon, I., *J. Biol. Chem.*, **282**, 14719-14728 (2007)
18) Pasupuleti, M., Schmidtchen, A., Chalupka, A., Ringstad, L., Malmsten, M., *PLoS One*, **4**, e5285 (2009)
19) Schmidtchen, A., Pasupuleti, M., Morgelin, M., Davoudi, M., Alenfall, J., Chalupka, A., Malmsten, M., *J. Biol. Chem.*, **284**, 17584-17594 (2009)
20) Malmsten, M., Kasetty, G., Pasupuleti, M., Alenfall, J., Schmidtchen, A., *PLoS One*, **6**, e16400 (2011)
21) Kim, YM., Kim, NH., Lee, JW., Jang, JS., Park, YH., Park, SC., Jang, MK., *Biochem. Biophys. Res. Commun.*, **463**, 322-328 (2015)
22) Tiwari, SK., Noll, KS., Cavera, VL., Chikindas, ML., *Appl. Environ. Microbiol.*, **81**, 1661-1667 (2015)
23) Wakabayashi, H., Matsumoto, H., Hashimoto, K., Teraguchi, S., Takase, M., Hayasawa, H., *Antimcrob. Agents Chemother.*, **43**, 1267-1269 (1999)
24) Majerle, A., Kidric, J., Jerala, R., *J. Antimicrob. Chemther.*, **51**, 1159-1165 (2003)
25) Mak, P., Pohl, J., Dubin, A., Reed, MS., Bowers, SE., Fallon, MT., Shafer, WM., *Int. J. Antimicrob Agents*, **21**, 13-19 (2003)
26) Radzishevsky, IS., Rotem, S., Zaknoon, F., Gaidukov, L., Dagan, A., Mor, A., *Antimcrob. Agents Chemother.*, **49**, 2412-2420 (2005)
27) Datta, A., Kundu, P., Bhunia, A *J. Colloid Interface Sci.*, **461**, 335-345 (2016)
28) Lockwood, NA., Haseman, JR., Tirrell, MV., Mayo, KH., *Biochem. J.*, **378**, 93-103 (2004)
29) Mathew, B., Nagaraj, R., *Peptides*, **71**, 128-140 (2015)
30) Gottler, LM., Lee, HY., Shelburne, CE., Ramamoorthy, A., Marsh, ENG., *ChemBioChem*, **9**, 370-373 (2008)
31) Meng, H., Kumar, K., *J. AM. CHEM. SOC.*, **129**, 15615-15622 (2007)
32) Imamura, T., Yamamoto, N., Tamura, A., Murabayashi, S., Hashimoto, S., Shimada, H., Taguchi, S., *Biochem. Biophys. Res. Commun.*, **369**, 609-615 (2008)
33) Orikasa, Y., Ichinohe, K., Saito, J., Hashimoto, S., Matsumoto, K., Ooi, T., Taguchi, S., *Biosci. Biotechnol. Biochem.*, **73**, 1683-1684 (2009)
34) Haug, BE., Skar, ML., Svendsen, JS., *J. Peptide Sci.*, **7**, 425-432 (2001)
35) Savoia, D., Guerrini, R., Marzola, E., Salvadori, S., *Bioorg. Med. Chem.*, **16**, 8205-8209 (2008)

36) Chu, HL., Yu, HY., Yip, BS., Chih, YH., Liang, CW., Cheng, HT., Cheng, JW., *Antimcrob. Agents Chemother.*, **57**, 4050-4052 (2013)
37) Chu, HL., Yip, BS., Chen, KH., Yu, HY., Chih, YH., Cheng, HT., Chou, YT., Cheng, JW., *PLoS One*, **10**, e0126390 (2015)
38) Gonzalez, R., Mendive-Tapia, L., Pastrian, MB., Albericio, F., Lavilla, R., Cascone, O., Iannucci, NB., *J. Pept. Sci.*, **22**, 123-128 (2016)

第5章　昆虫由来抗菌ペプチドの進化工学的高活性化

田口精一*

1　はじめに

　2011年のノーベル生理学・医学賞は自然免疫に関する研究で，米国スクリプス研究所のボイトラー（Bruce A. Beutler），仏国ルイ・パスツール大学・分子細胞生物学研究所のホフマン（Jules A. Hoffmann），米国ロックフェラー大学のスタインマン（Ralph M. Steinman）の3氏に贈られた。ホフマンらは1996年，ショウジョウバエがカビの感染から身を守るのに Toll と呼ばれる核膜レセプターが関わっていることを明らかにした。Toll は，元々ショウジョウバエのボディプランに関係するタンパク質として発見されたものである。90年代になって，この Toll がヒトのインターロイキン1受容体の内部領域とよく似ていることがわかり，免疫との関わりが示唆されたが，その具体的な作用は謎のままだった。ホフマンらは，Toll に変異があるショウジョウバエは免疫がうまく働かず，カビに感染して死んでしまうことを見出した[1]。その様子は，国際英文誌 Cell の表紙に写真として掲載され，大きな反響を呼んだ。また，Toll タンパク質が病原性微生物の検知に関与しており，その活性化が免疫活動に不可欠であることを突き止めた。その後，哺乳類もハエと類似の分子によって，病原微生物が侵入してきた場合に Toll が自然免疫機構のスチッチ役として機能していることが明らかになっている。現在，ヒトでも様々な Toll 様受容体が見つかっており，感染に対する抵抗力や慢性の炎症疾患のリスクなどに関わっていることが解明されてきている。

　ちょうど1997年に，筆者はホフマン研に客員研究員としてジョイントしており，非常に熱気に包まれた環境に身を置いていた。自然免疫分子としての抗菌ペプチドを昆虫から単離精製し構造決定することが筆者の研究課題であった。また，微生物側から見た時の，抗菌ペプチドの作用機序と高機能化に関心を持っていた。ホフマン研では，このような生化学研究グループが分子遺伝学や分子細胞生物学の研究グループと強力な連携を図りながら効果的な研究体制を形成していた。一方で，現在も御健在のスウェーデンのボーマンを祖とする多様な抗菌ペプチドの構造と機能の相関研究が，この自然免疫機構に関する研究と絶妙に交差し互いが融合して発展した歴史も見逃せない。分子生物学や微生物工学を専門とする筆者にとって，この交差点に立って抗菌ペプチドの基礎と応用に関する研究を展開することは興味が尽きず，本チャプターではその一端を紹介したい。実例として，ミツバチ由来のアピデシンとカメムシ由来のタナチンを取り上げる。ま

---

*　Seiichi Taguchi　東京農業大学　生命科学部　分子生命化学科
　　　　　生命高分子化学研究室　教授；北海道大学　招聘客員教授，名誉教授

ずそれぞれの研究の歴史を年表にまとめ，どのように高活性化および作用スペクトル変換しているかについて解説する。

2　アピデシン作用機序研究の変遷

　自然免疫を支える生体防御因子である抗菌ペプチドは，天然アミノ酸の小型ポリマーである。従来の抗生物質と異なり，生体内投与後は速やかに分解可能なマイルドな抗菌薬として機能する。ミツバチは，ハチミツやロイヤルゼリーの生産者として多くの人に知られ親しまれている。また行動生態学的にも，アリと同様に興味深い研究対象になっている。そのミツバチからも多くの抗菌ペプチドが単離されており，筆者らはアピデシン（apidaecin）[2,3]という抗菌ペプチドに注目している。アピデシンは，18アミノ酸残基からなるプロリンとアルギニンに富んだユニークな一次構造を持っている（表1）。物理化学的（極端なpHや高温下など）にも安定で，グラム陰性菌に特異的に作用し，その作用効果は殺菌的ではなく静菌的（増殖停止作用）である。その作用機構に関心が持たれているが，いまだその全容は明らかにされていない。

　表1に，これまでのアピデシンの研究経緯についてまとめた。アピデシンは米国のキャスティールらによりミツバチのリンパ液から発見された[2]。1989年のことである。一部異なるアミノ酸配列を有するホモログが存在し，基礎的な構造と機能に関するデータが報告された[3]。プロリン残基に富む塩基性ペプチドから成り，先にも述べたように，大腸菌のようなグラム陰性細菌に静菌的な作用を示すことが大きな特徴である。その後，プロリンに富む構造的特質から類似の抗菌ペプチドはPR-（Pro·Arg-rich）ペプチドと呼ばれるようになった。アピデシンを大腸菌に外から添加したところ，ペリプラズムに存在するβ-ガラクトシダーゼ酵素が漏出しないことから，膜破壊型の作用をしないことが示唆された[5]。

　そこで，作用標的分子の探索に乗り出した米国のオトボスらは，親和性カラムを利用して細胞抽出液からアピデシンに結合性を有する分子シャペロンDnaK分子を単離した[9]。また，アピデシンがDnaKのATP加水分解活性を阻害すること，構造生物学的研究からも支持する結果を得たことから，DnaKが有力な標的分子であると思われた。このように細胞内に標的分子があるとの知見は，トランスポゾン変異によって推定されたトランスポーターを通過して細胞内に流入するという報告[12]と符合する。

　その後，独国のホフマンらは，蛍光標識したアピデシンを作製し，結合性の標的分子としてリボソームを構成する複数のタンパク質があることを報告し，DnaK以外の標的候補を推定した[13,14]。いずれも，インビトロでの実験に基づく作用標的探索のため，インビボでの作用機序を反映しているか？　についての疑問を払拭できないでいる。それぞれの手法から，アピデシンがターゲットとする分子の特定は作用メカニズム解明にとって重要な過程である。標的が単一であるのか，複数存在するのか，さらに他の標的特定のための手法を適用することで精度を上げた絞り込みが必要であろう。筆者らのグループは，分子遺伝学的手法により本目的に迫ろうとしてお

第5章　昆虫由来抗菌ペプチドの進化工学的高活性化

表1　アピデシン研究の経緯

年	概要	文献
1989	大腸菌を感作させたミツバチのリンパ液から単離精製した。化学合成した3種のホモログAP(Ia, Ib, II)は，グラム陰性菌に高い抗菌活性を示した。	2)
1990	アミノ酸分析では34残基であり，グラム陰性菌に対する抗菌活性はAPIaより34残基の方がXantomonas sp.に対して高かった。	3)
1992	APIaが融合タンパクとして放線菌に分泌生産された。また，大腸菌に対して，予想外に抗菌活性を示した。	4)
1994	APを大腸菌に作用させた際，ペリプラズムに局在する酵素が遊離されないことから，膜破壊型ではないことがわかった。また，D体は抗菌活性を示さないことがわかった。	5)
1994	APの発現毒性（抗菌活性）を大腸菌の増殖阻害に反映したモニタリング系を構築し，抗菌活性に必須の部位を簡便迅速に特定できた。	6)
1994	Pro-rich peptideの抗菌活性と構造を比較し，進化的に保存された領域と可変領域を推定した。	7)
1996	インビボモニタリング系を駆使し，APに特徴的なProとArgに変異が集中し低活性化したことから，それら残基の重要性が浮き彫りになった。	8)
2000	APと類似のPyrrhocoricinをビオチン化し，大腸菌の細胞抽出液から親和性を持つタンパクを見出しDnaKと同定した。APIaも同様にDnaKと結合することから細胞内の標的分子と考えられた。	9)
2009	APの可変領域であるN末端3アミノ酸残基をランダム変異し，インビボモニタリング系により高活性体を選抜した。その結果，野生型APの10倍の抗菌活性を持つRVR高活性変異体を取得した。	10)
2010	FAMで蛍光標識したAPとAP高活性変異体の大腸菌細胞内への導入量をフローサイトメトリーによって測定した。その結果，変異体の高活性化は，細胞内への導入率向上に寄与していることがわかった。	11)
2015	トランスポゾン変異により，APに耐性を示す大腸菌変異株を獲得した。変異解析から，SbmAがAP用のトランスポーターであると推定された。実際，蛍光修飾APの細胞内導入効率が大きく低下したことから実証された。	12)
2015	Tyrをp-benzoyl-Pheに置換したAPを大腸菌成分とUVでクロスリンクさせ，結合したタンパク質が34種検出された。その中で，70S ribosomeを構成するタンパク質が5つ同定された。	13)
2015	蛍光標識したAPと70S Ribosomeとの結合をFluorescence polarizationで分析したところ，APは50Sサブユニットのアッセンブリーを阻害していると示唆された。	14)

り，いくつかの重要な情報を得ている。

3　アピデシンの高活性化

3.1　進化工学システムの基盤整備

筆者は，当初アピデシンを大腸菌によって遺伝子工学的に大量合成することを目的としてい

た。しかし，当然抗菌作用を受けるとわかっている大腸菌内での活性発現は，一種の自爆効果をもたらすことが容易に考えられた。そこで，まず放線菌由来プロテアーゼインヒビターSSIのC末端にFactor Xaの切断部位を有するリンカーを介して融合発現しようとした[4]。本設計は，大腸菌細胞内のプロテアーゼ分解からの回避と異種タンパク質と連結することでアピデシン由来の抗菌活性が消失するであろうと思ったからである。実際実行してみると，融合タンパク質の発現誘導時に宿主大腸菌の増殖阻害が起こった[6]。このことから，SSIとの融合体でも抗菌活性が保持されていることが示唆され，やはりインビトロでの活性試験からも微弱な抗菌活性が見出された。「瓢箪から駒」とは，正にこのような現象である。すなわち，抗菌活性の変動を細胞増殖に変換した形で容易にモニタリングできるのではないか？　と直感した。さて，そもそも18アミノ酸残基のみからなる小さなペプチドを高活性化することは可能であろうか？　それまで，タンパク質をはじめとする生体高分子を対象とした進化工学的改変には成功していたが……。サイズ的に最小化していると思われるペプチドの改変に高活性化の余地はあるのか？　結局考えていても，やってみなければわからない！　それがその時の判断であった。そこで，先の「瓢箪から駒」である。

早速，発現誘導剤の濃度を変えたプレートに先の融合遺伝子搭載大腸菌を展開したところ，予想通り濃度依存的に内部発現するアピデシン由来の増殖阻害が観察された。さらに，定量的にモニタリングできるように，液体培養系で菌の増殖を分光学的に測定するとプレート上で観察した

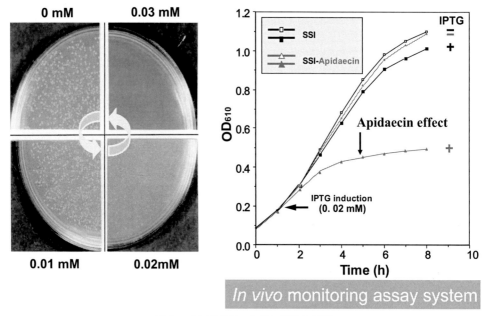

図1　インビボモニタリング系の構築

プレートアッセイ（左）と液体培養による評価系（右）。遺伝子発現誘導剤の濃度に依存して大腸菌の増殖阻害（アピデシンの活性向上）がきれいに生じる。

第5章　昆虫由来抗菌ペプチドの進化工学的高活性化

「抗菌活性⇔増殖阻害」の相関がきれいに再現した（図1）。あとは，アピデシン遺伝子に人工変異を導入したライブラリを作製し，その中から野生型アピデシンよりも増殖阻害を強く起こすものを選択すれば，それが高活性化した変異体候補である。このいわば「自爆装置」を内部設定したスクリーニング系を「インビボアッセイシステム」[8]と命名した。

3.2 進化工学研究に基づく合理的高活性化へ

第一世代の進化分子工学では，活性低下した変異体がザクザク取れた。当然である。やる前から織り込み済みである。さて，全てのアミノ酸置換のデータをみると，N末端3残基（Tag1領域）と6残基〜8残基（Tag2領域）の2つの領域以外に全て変異が導入されていた。この結果を冷静に検証する必要がある。主な変異体について化学合成し，活性測定したところ，インビボアッセイでの結果とよい一致を示した[10]。このことからも，本アッセイ系の妥当性が支持された。高活性化は果たせなかったものの，活性発現に必要な部位・領域（保存領域）の特定をすることができた意義は大きかった（図2）。

第二世代の進化分子工学では，先に述べた活性低下を招かなかった2つの領域に注目した。一見，変異に対してニュートラルな応答を示した領域（可変領域と命名）であるが，これら2つの領域に集中的に変異を導入すれば，高活性に有効な変異が取得できるかもしれないと考え，Tag1領域から着手した。実際，多くの変異体を創出した中には，増殖阻害を野生型よりも強く引き起こす変異体が複数取得できた[10]。N末端の配列が，RVRやVVRに変化すると，それぞれの活性が10倍と3倍に向上していた。塩基性アミノ酸と脂肪族アミノ酸への置換は抗菌活性増大に有効であった。このように，わずか18アミノ酸残基という小型ペプチドでも，一部のアミノ酸置換で高活性化できるというのは正直驚いた。やはり，やってみなければわからなかったし，やっ

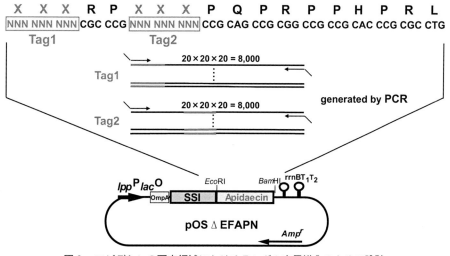

図2　アピデシンの可変領域におけるランダム変異導入のための設計

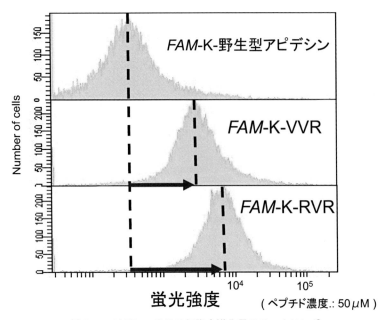

図3 アピデシン分子の細胞内導入量のモニタリング
蛍光試薬をFAMをリジン残基を介して付加したアピデシンについて，野生型と2種のアミノ酸置換体について，フローサイトメーターを用いて測定した。

てみて良かった。機能的に可変な領域を先に特定し，次に集中的に変異を導入した中から目的の変異体を取得する本手法は，他のターゲットにも応用可能なアプローチである。現在は，同様にTag2領域にも集中的な変異を導入して，その効果を測定している。

図3に，N末端に蛍光試薬を付加したペプチドを作製し，細胞導入の割合を，野生型とRVR変異体とで比較した。明らかに，RVR変異体の方が細胞内導入量の大きいことがわかる。この可変領域でのアミノ酸置換効果は，膜透過能力の向上という形で反映していた[11]。細胞内導入量の増加により内部標的への結合が高まったと考えられる。図4に，一連の進化工学研究によるアピデシンの抗菌活性向上の変遷をまとめた。

4 タナチン作用機序研究の変遷

柳の下に二匹のドジョウはいるか？ アピデシンからタナチンに対象を変えた。タナチンは，筆者が滞在したホフマン研で発見された抗菌ペプチドである[15]。渡仏した前の年の1996年のことである。単離した研究者本人から直接聞いた，タナチン＝強く殺傷する（ギリシャ語）の語源は衝撃的であった。グラム陰性菌，グラム陽性菌，糸状菌のどれに対しても最小阻止有効濃度が低い強力なマルチ抗菌ペプチドである。静菌的に効くアピデシンとは対照的に殺菌的に効く。

表2に，タナチン研究の変遷を示す。21アミノ酸残基からなるタナチンは，2次元NMRによる解析から，逆平行β-ストランド構造を形成することがわかった（図5）[16]。さて，タナチンの

第5章　昆虫由来抗菌ペプチドの進化工学的高活性化

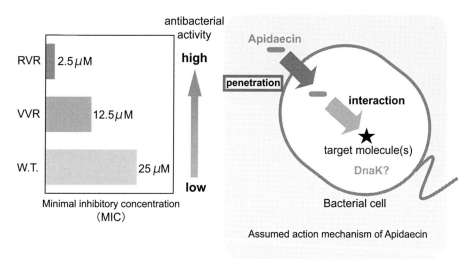

図4　抗菌活性におけるアピデシンの膜透過とターゲッティングと関係

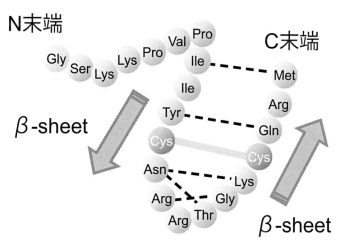

図5　タナチンのNMR溶液構造
逆平行β-ヘアピンモチーフを形成するのが特徴である。

作用点であるが細胞膜中のリン脂質であると言われている。顕微鏡下での観察からも，タナチンを作用させた細胞膜に生じたダメージは明らかである。作用に関する詳細は，表2に記述した引用文献に当たって頂きたい。

5　タナチンの高活性化

筆者らは，アピデシンと全く戦略で進化工学プログラムを組んだ。発現させる遺伝子コンストラクトも同じスタイルを採用した。インビボモニタリングは，アピデシンの時よりも増殖阻害の

表2 タナチン研究の経緯

年	概要	文献
1996	カメムシから21アミノ酸残基の抗菌ペプチドとして単離された。カエル皮膚由来のBrevininと相同性を有し，D体の化学合成Thanatinは抗菌活性を示さないことから立体特異的な作用と考えられた。	15)
1998	タナチンの溶液中の立体構造を2D-NMRにより決定した。分子中に2つのS-S結合を持ち，逆平行β-ストランド構造を持つことがわかった。	16)
2000	インビボモニタリングアッセイによりタナチンの機能マッピングを行った。C末端のループ構造とβ-ストランド構造が抗菌活性に重要であった。	17)
2002	タナチンのS-S結合loop内のアミノ酸1残基削ったものはグラム陽性菌に対する抗菌活性が向上した。またAlaを付加した場合には抗菌活性が低下した。	18)
2003	多剤耐性を獲得した*Enterobacter aerogenes*と*Klebsiella pneumoniae*にタナチンを作用させても抗菌活性を示すことがわかった。	19)
2008	S-S結合を形成するシステインを疎水性保護基で修飾すると，抗菌活性はグラム陽性菌に対し強く，グラム陰性菌に対し弱くなったことから，架橋構造に加えC末端のヘアピン構造や側鎖の疎水性も活性に関与すると推定された。	20)
2008	pH変化やカチオン存在下でのタナチンの抗菌活性を測定した。Na^+/K^+を増加させると活性を失ったが，Ca^{2+}/Mg^{2+}を増加させても活性は保持されたことから，抗菌活性発現に塩（イオン強度）の関与が示唆された。	21)
2009	タナチンのCys残基を各種鎖長アルキル基で化学修飾した中で，オクチル化されたものは野生型の8倍の活性を示した。このことから，Cys残基の疎水性は抗菌活性発現と相関すると考えられた。	22)
2010	タナチンアナログ（S-Than）は，細菌細胞膜中のリン脂質を標的とし，大腸菌細胞膜を破壊している様子がTEMで観察された。	23)
2010	C末端をアミド化させたタナチンをβ-ラクタマーゼ産生大腸菌とそれを感染させたマウスに投与し，TEMと蛍光顕微鏡で観察した。大腸菌に対しては高い抗菌効果を発揮した。マウスに対しても治癒効果が観察された。	24)
2013	R-Thanがメチリシン耐性Sta. epidermidisの増殖とバイオフィルム形成をインビトロとインビボで阻害することが確認された。	25)
2016	化学合成したタナチンが還元型（S-S結合なし）または酸化型（S-S結合あり）の抗菌活性をグラム陽性・陰性細菌を被検菌に調べたところ，抗菌活性に大きな差はなかった，CDによって測定した2次構造も両者に差はなかった。	26)

感度は高く鋭かった[17]。この結果から，構築したインビボモニタリングシステムの妥当性が支持された。基本的には，遺伝子の点変異によるアミノ酸置換が高頻度で発生する条件を設定している。この原理から，作製される変異ライブラリは，タナチン全域に網羅的にアミノ酸置換を有するペプチドの莫大な数の集団となる。網羅的な変異導入によってマッピングした機能解析と対応する配列分析から，タナチンに特徴的な逆平行のβ-ヘアピン構造を形成するS-S結合およびその架橋構造を支援する水素結合ネットワークに負の影響をもたらすものだった。この分子遺伝学

第5章　昆虫由来抗菌ペプチドの進化工学的高活性化

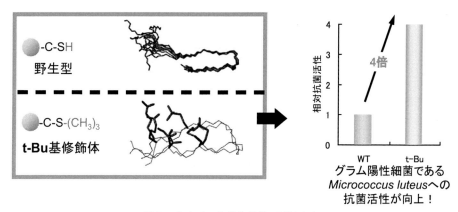

図6　タナチン化学修飾体の活性向上

タナチンのS-S結合を担うシステインをターシャリブチル保護基に置換した化学修飾変異体は，野生型ペプチドに比べて4倍の活性向上が観測された。

的なアプローチは，生細胞をターゲットに"一網打尽"的な機能マッピングと云える。

さて，一連の実験過程で，「怪我の功名」的な場面に出会った。すなわち，S-S結合の形成を担うシステインを化学合成する際使用する保護基の脱保護操作が不十分になった化学修飾体は，4倍の活性向上が観察された（図6）[20]。活性発現に必須の逆平行のβ-ヘアピン構造の形成には，S-Sという共有結合の代わりに疎水性相互作用でも代替可能であることを，NMR構造解析と活性測定から実証された。この結果に基づいて，異なる鎖長のアルキル基を側鎖構造に有した保護基で修飾した化学合成ペプチドによって，本部位における疎水性が重要であることがわかった。最も長い側鎖を有するオクチル体では，8倍の活性向上を示した[22]。

他の研究グループでは，タナチン分子中のS-S結合ループ内にある15番目のスレオニンを欠失させた化学合成変異体は，抗菌活性が野生型と比べてグラム陰性菌に対しては変わらないが，グラム陽性菌に対する抗菌活性が向上した[18]。また，このスレオニンをセリンに置換したS-タナチンは，細菌細胞膜の破壊活性が強化され動物細胞に対する選択毒性が向上する興味深い報告がある[21]。

6　おわりに

自然免疫に基づく生体防御機構研究のメッカであるホフマン研に滞在して思ったことは，真逆の立ち位置である。通常は，受け手である高等生物側の生体防御機構に関心が集中するのが自然である。一方，筆者の関心は，昆虫をはじめとする生物進化の過程で育種された抗菌ペプチドそのものに魅力を感じる。その作用機序研究を通じて，微生物の「生き死に」を理解したい。微生物生理研究のための天然の「低分子プローブ」といえるだろう。

進化分子工学研究の面白みは，対象分子の改変実験を通じて自然の仕組みも同時に理解できる

ということである。オリジナルから少しずつズラしていくことで，生物生産者の設計指針や戦略を学ぶことができる。抗菌ペプチドの人工進化を通じて得た教訓は，活性に致死的な低下をもたらせない可変領域を特定することの重要性である。最初から予測できたことではなく，暗闇を手探りしているうちに掴んだお宝でありノウハウである。アピデシン研究で経験した「瓢箪から駒」とタナチン研究で経験した「怪我の功名」は，試行錯誤の所産であった。随分と多くの時間を費やして辿り着いた金脈だが，すでにあった自然の作品から出発したことを考えると，真のオリジナルを創製した生物自身の神業には脱帽せざるを得ない。何をもって高活性化か，何をもって最適化かは，扱う研究者の目的と意図によって異なり，ましてや本来の生物生産者にとっての評価軸（生理的意義）は違う。著者が考える理想的な抗菌ペプチドは，静菌的に作用するソフトドラッグである。わざわざ殺菌的に効かせて耐性菌を誘発する必要はないと思う。その意味でも，静菌的作用と殺菌的作用の間に明瞭な境界があるのか，それとも延長線上にある現象なのか？　見極めたい。

　著者の対象とする抗菌ペプチドや酵素は産業利用に関連するものが多いので，必然的に進化分子工学の成果は，進化分子のパフォーマンスによって評価されることが多い。同時に生命現象の一部の謎解きという興味本位の側面もある。ここで紹介した２種類の抗菌ペプチドの進化工学のケーススタディが，他の対象に取り組まれている研究者の方々に何らかの参考になれば幸いである。

謝辞
　本チャプターを執筆するにあたり，２種の抗菌ペプチドの研究を年表の形で表を作成いただいた北海道大学大学院工学研究院の大井俊彦准教授に深謝申し上げます。本稿の背骨として機能しています。

文　　献

1) B. Lemaitre *et al.*, Cell, 973-983 (1996)
2) P. Casteels *et al.*, *EMBO J.*, **8**, 2387-2391 (1989)
3) P. Casteels *et al.*, *Eur. J. Biochem.*, **187**, 381-386 (1990)
4) S. Taguchi *et al.*, *Appl. Microbiol. Biotechnol.*, **36**, 749-753 (1992)
5) P. Casteels *et al.*, *Biochem. Biophys. Res. Commun.*, **199**, 339-45 (1994)
6) S. Taguchi *et al.*, *Appl. Environ. Microbiol.*, **60**, 3566-3572 (1994)
7) P. Casteels *et al.*, *J. Biol. Chem.*, **269**, 26107-26115 (1994)
8) S. Taguchi *et al.*, *Appl. Environ. Microbiol.*, **62**, 4652-4655 (1996)
9) L. Otvos Jr *et al.*, *Biochemistry*, **39**, 14150-9 (2000)
10) S. Taguchi *et al.*, *Appl. Environ. Microbiol.*, **75**, 1460-1464 (2009)
11) K. Matsumoto *et al.*, *Biochem. Biophys. Res. Commun.*, **395**, 7-10 (2010)

12) A. Krizsan *et al.*, *Antimicrob. Agents Chemother.*, **59**, 5992-5998 (2015)
13) D. Volke *et al.*, *J. Proteome Res.*, **14**, 3274-3283 (2015)
14) A. Krizsan *et al.*, *Chembiochem*, **16**, 2304-2308 (2015)
15) P. Fehlbaum *et al.*, *Proc. Natl. Acad. Sci. USA.*, **93**, 1221-1225 (1996)
16) N. Mandard *et al.*, *Eur. J. Biochem.*, **256**, 404-410 (1998)
17) S. Taguchi *at al.*, *J. Biochem.*, **128**, 745-754 (2000)
18) M. K. Lee *et al.*, *J. Biochem. Mol. Biol.*, **35**, 291-296 (2002)
19) J. M. Pagès *et al.*, *Int. J. Antimicrob. Agents*, **22**, 265-9 (2003)
20) T. Imamura *et al.*, *Biochem. Biophys. Res. Commun.*, **369**, 609-615 (2008)
21) G. Wu *et al.*, *Curr. Microbiol.*, **57**, 552-557 (2008)
22) Y. Orikasa *et al.*, *Biosci. Biotechnol. Biochem.*, **73**, 1683-1684 (2009)
23) G. Wu *et al.*, *Biochem. Biophys. Res. Commun.*, **395**, 31-35 (2010)
24) G. Wu *et al.*, *Peptides*, **31**, 1669-1673 (2010)
25) Z. Hou *et al.*, *Antimicro. Agents Chemother.*, **57**, 5045-5052 (2013)
26) B. Ma *et al.*, *Antimicrob. Agents Chemother.*, **60**, 4283-4289 (2016)

第6章 乳酸菌由来の抗菌ペプチド（バクテリオシン）による食中毒菌と腐敗細菌の発育抑制

山崎浩司*

1 乳酸菌による食品保蔵

　発酵食品は，腐敗しやすい食品素材に対して微生物の働きを積極的に利用し，独特の風味醸成や長期間にわたる保蔵性をもたせたものと言える。したがって，発酵食品およびその製造工程には，優れた食品保蔵技術が潜んでいるといっても過言ではない。著者らは，水産発酵食品の安全性と微生物の関連性を知るために，食中毒菌の Listeria monocytogenes を人為的にサケいずしとニシン切り込みに接種し，その消長を調べてみた。乳酸菌が多数存在し pH が低くなっているサケいずしでは，L. monocytogenes が短期間の間に検出限界未満まで減少するが，製品に乳酸菌が存在しないニシン切り込みでは，L. monocytogenes が長期間にわたって生残したままになることを経験した（図1)[1]。また，種類の異なるサケいずしでの L. monocytogenes の消長も調べ，いずしの種類によって L. monocytogenes の減少速度が異なり，この現象が菌相を構成する乳酸菌の種類に起因することも見出した。この L. monocytogenes の減少には，乳酸菌による拮抗作用と有機酸の生産が主な要因と考えられるが，その他の抗菌物質，例えば乳酸菌の産生する抗菌ペプチド（バクテリオシン）などの産生菌の存在も考えられた。また，魚醤油中の乳酸球菌

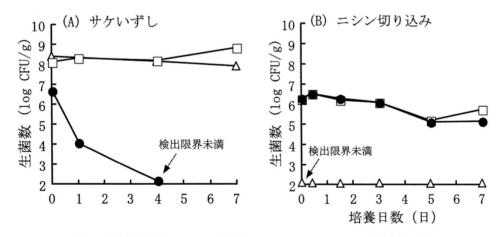

図1　水産発酵食品における一般細菌，L. monocytogenes および乳酸菌の消長
□，一般生菌数；●，L. monocytogenes 数；△，乳酸菌数

---

* Koji Yamazaki　北海道大学　大学院水産科学研究院　海洋応用生命科学部門
　水産食品科学分野　准教授

(*Streptococcus* 属）が多くの腐敗細菌の増殖を抑制することも明らかにされている[2]。

このように，発酵食品では熟成中に存在する乳酸菌が風味の醸成だけでなく保存性や安全性にも大きく貢献していると言える。しかし，昨今ではこれら発酵食品において，長期間の熟成による風味の醸成を行わず，調味料で味を整えた製品も多くなっている。そのため，熟成や保存性に関与するはずの微生物が極めて少ないものも見受けられる。このような製品では，永年の経験によって培われてきた発酵食品での優れた微生物機能を享受することは難しいと考えられる。

2　食品保蔵における非加熱殺菌技術の必要性

生鮮魚介類や Ready-to-eat 食品（RTE 食品）などの加工食品では，消費者の要望を満たすため，素材の持つ風味や食感を損なう過度な調理・加工を可能な限り行わなくなってきた。すなわち，食品添加物量の低減や加熱殺菌条件の緩和などの方策によってこれを達成しているのであるが，食品保蔵学的にみると微生物の発育を抑制する効果を弱くしている（ハードルが低くなる）ことに繋がる。食品における微生物制御は図2に示したようなハードルテクノロジーの概念[3]に基づき，複数の技術を組み合わせて食品の品質と安全性を担保しているため，品質を優先した加工処理法を採用すると食品の安全性を保つことは難しくなる。

品質を保ちながら，現代の消費者ニーズに合う食品製造を行うには，非加熱殺菌技術の利用が必須である。非加熱殺菌技術には物理的，化学的および生物学的な方法があるが，これらのなかで生物学的保存技術（バイオプリザベーション）は，微生物（主に乳酸菌）またはその代謝産物を天然の食品保存料または食品素材として利用するものである。食品に使われるバイオプリザバティブには，従来から食品保蔵に使われてきた有機酸やアルコールをはじめ，その他に乳酸菌の産生するジアセチル，ロイテリン，抗菌ペプチド，過酸化水素などもあり，これら微生物から産

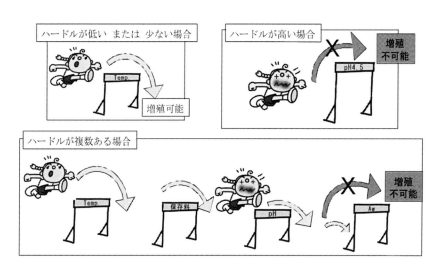

図2　ハードル効果による微生物制御

生されるバイオプリザバティブの積極的な利用による RTE 食品などの非加熱喫食食品の安全性確保に期待が寄せられている。本稿では，これら乳酸菌の産生する抗菌物質のうち，抗菌ペプチドに焦点を当て紹介する。

3 乳酸菌の産生する抗菌ペプチド（バクテリオシン）

乳酸菌の産生する抗菌ペプチドは，一般にバクテリオシン（Bacteriocin）と呼ばれ，通常のタンパク質と同様にリボソームで合成されるペプチドである。バクテリオシンはその構造と性質から表1のような分類が提案されている[4]。

一般にバクテリオシンの抗菌力は，産生菌の類縁菌に対してのみに有効，すなわち抗菌スペクトルが比較的狭いことを特徴とする。したがって，本物質を食品での微生物制御へ応用する場合，ソルビン酸塩などの一般的な食品保存料とは異なり，制御したい対象菌のみの選択的な制御が可能である。バクテリオシンの利用は食品製造および加工において，有用な微生物やヒトに無害な微生物を殺すことなく，食品の安全性を向上させられる可能性を秘めている。

バクテリオシンを産生する乳酸菌は，食経験のある野菜，穀類，畜肉，乳およびそれらの加工品から分離できる。著者らの研究室でも，様々な水産食品や水産発酵食品からのバクテリオシン産生菌の分離を行ってきた。例えば，水産発酵食品であるホッケいずしから Pediocin PA-1/AcH と同一と考えられるバクテリオシン（Pediocin Iz.3.13）を産生する *Pediococcus pentosaceus* Iz.3.13 株の分離に成功し[5]，また，冷凍すり身からはクラス IIa バクテリオシンである Piscicocin CS526 を産生する *Carnobacterium maltaromaticum*（旧種名：*C. pisicicola*）CS526 株[6,7]やその他に冷凍エビ，燻製イカ，生イカなどからもバクテリオシン産生乳酸菌が分離できた。一方，バクテリオシン産生菌は食品からだけでなく，環境からの分離例も多数存在する。園元らの研究グループ[8]は，家庭の台所および河川水などからナイシン A（nisin A）の類縁体であるナイシン Z およびナイシン Q を産生する菌株を分離に成功している。さらに，動物（ヒトを

表1 乳酸菌の産生するバクテリオシンの分類[4]

分類*		性質	代表的なバクテリオシン
I		ランチビオティック：不飽和アミノ酸，ランチオニン，3-メチルランチオニンなどの異常アミノ酸を含む耐熱性低分子ペプチド	Nisin, Lacticin 481 Lactocin S, Lacticin3147
II		ランチオニンを含まない耐熱性低分子ペプチド（＜10K）	
	IIa	N 末端にコンセンサス配列［-YGNG(V/L)XC-］を有する抗リステリア性ペプチド	Pediocin PA-1, Sakacin A Leucocin A, Piscicocin CS526
	IIb	2分子のペプチド複合体を形成して抗菌活性を示す	Lactacin F, Lactpcoccin G
	IIc	異常アミノ酸を含まない環状ペプチド	Gassericin A, Enterocin AS48
	IId	その他の非 Pediociin ペプチド	Lactococcin A, devergicin A

＊以前の分類でクラスIVに分類されていた糖質や脂質と複合体を形成したバクテリイオシンは含んでいない

第6章　乳酸菌由来の抗菌ペプチド（バクテリオシン）による食中毒菌と腐敗細菌の発育抑制

含む）の腸管内容物からの分離例も多い。したがって，バクテリオシンを産生する微生物は，自然界や多くの食品に広く分布しており，古来よりヒトは食品，特に発酵食品などを介してバクテリオシン産生菌と深く関わり続けてきたと考えられ，日常的にバクテリオシン産生菌を食品と共に喫食していると推察できる。

4　食品微生物制御へのバクテリオシン産生乳酸菌の利用

　食品微生物制御にバクテリオシンを利用する利点はいくつか挙げられる。乳酸菌の産生するバクテリオシンは分子量の比較的小さいペプチドであるため，熱安定性やpH安定性に優れている。したがって，缶詰やレトルト食品などの加熱食品で腐敗や食中毒を引き起こす*Bacillus*属や*Clostridium*属などの芽胞形成菌に対しても有効に作用するものが多い。

　次にバクテリオシンには匂い，味や色がほとんどないことである。例えば，植物由来の天然物抗菌物質であるカルバクロール，オイゲノールやチモールなどのスパイス由来の精油成分は，*Salmonella*や*L. monocytogenes*，芽胞形成菌に対して優れた抗菌活性を示すが，有効濃度では成分由来の匂いや味によって食品の風味が大きく損なわれてしまう。また，バクテリオシンは様々な抗菌物質と一緒に使用すると細菌に対して相乗的または相加的に作用する場合が多い。例えば，植物由来の精油成分と併用した場合，微生物制御に必要な精油成分の濃度を著しく低減させられ，食品の風味向上に寄与する[9]。さらに，バクテリオシンはタンパク質性の物質であるため，消化管内のタンパク質分解酵素によって容易に加水分解されてしまう。したがって，バクテリオシンを食品と共に喫食しても，①消化器官のタンパク質分解酵素によって加水分解され活性を消失する，②制御対象の微生物以外には作用しないことから，腸管内のマイクロフローラに悪影響を及ぼす可能性が少ないと考えられ，既存の抗生物質や合成保存料の使用と比べて，安全な食品保存が行えると考えられる。

　食品中の微生物制御へのバクテリオシン利用は，主にGRAS（Generally Regarded As Safe）物質として認められているナイシンAを中心に検討され，現在50カ国以上の国で乳製品や缶詰などで使用されている。日本でも2009年にナイシンAは食品保存料として添加物指定され，食品への利用が可能となった。しかし，その使用可能範囲は表2に示した食品に限られている。その他のバクテリオシンでは，Pediocinを代表とするClass IIaに属するバクテリオシンを利用したものが多く検討されている。なお，ナイシンAは食品保存料としてNisaplin（Danisco）という名称で市販されている。

　食品微生物制御へバクテリオシンを利用する場合を，次の3つの方法が考えられる。①バクテリオシン産生菌の生菌をプロテクティブカルチャー（Protective culture）またはスターターカルチャー（Starter culture）として添加する，②バクテリオシン産生菌によって発酵生産した材料を食品素材（Food ingredient）として添加する，および③バクテリオシン自体を食品保存料（Food additive）として添加することである。以下，著者らがこれまで検討してきたバクテリオ

表2 日本におけるナイシンの使用基準

使用基準食品名	使用基準（mg/kg） *精製ナイシンとして
チーズ（プロセスチーズを除く）	12.5
プロセスチーズ	6.25
卵加工品	5
食肉製品	12.5
ホイップクリーム類[*1]	12.5
洋菓子	6.25
穀類及びでん粉を主原料とする洋菓子[*2]	3
ソース類[*3]，マヨネーズ，ドレッシング	10
味噌	5

[*1] 乳脂肪を主成分とする食品を主原料として泡立てたものをいう。
[*2] ライスプディング，タピオカプディングなどをいい，団子のような和生菓子は含まれないこと。
[*3] 果実ソースやチーズソースなどの他，ケチャップも含まれること。
但し，ピューレ及び菓子類に用いられるフルーツソースのようなものはこれに含まれないこと。

シンとその産生菌を利用した研究例について示す。

5　バクテリオシン産生乳酸菌による食中毒菌の制御

5.1　プロテクティブカルチャーによる制御

　バクテリオシンまたは産生菌の添加で，リステリアなどの食中毒菌の発育を抑制できることは数多く報告されている。特にリステリアの制御についてはナイシンおよびClass IIa バクテリオシンを利用したものが多い。そこで，著者らの見出した Class IIa バクテリオシンの Piscicocin CS526 を産生する *C.maltaromaticum* CS526 をスモークサーモンにプロテクティブカルチャーとして人為的に予め接種したところ，12℃保存においてバクテリオシン非産生 *C.maltaromaticum* の接種では *L. monocytogenes* が乳酸菌非接種試料と同様であったが，バクテリオシン（Piscicocin CS526）産生 *C. maltaromaticum* CS526を接種したものでは *L.monocytogenes* の生菌数が短期間のうちに検出限界未満まで減少した（図3）[6]。なお，*C. maltaromaticum* は，もともとスモークサーモンの乳酸菌叢における優勢種である[10]ことから，バクテリオシン産生 *C. maltaromaticum* を接種しても品質への影響は少ないと考えられる。したがって，バクテリオシン産生乳酸菌のプロテクティブカルチャーとして有用であることが示された。

　また，Weiss と Hammes[11]もスモークサーモン中の *L. monocytogenes* 制御に，バクテリオシンを産生する *Lactobacillus sakei* をプロテクティブカルチャーとして接種することが有効であると報告している。

第6章 乳酸菌由来の抗菌ペプチド（バクテリオシン）による食中毒菌と腐敗細菌の発育抑制

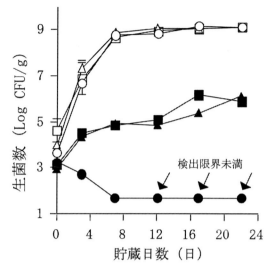

図3 バクテリオシン産生 *C. maltaromaticum* CS526をプロテクティブカルチャーとして接種したスモークサーモンにおける *L. monocytogenes* の消長
バクテリオ産生 *C. maltaromaticum*（○，●）接種，非産生 *C. maltaromaticum*（△，▲）接種および *C. maltaromaticum* 非接種（□，■）時の *L. monocytogenes* 菌数（●，▲，■）および乳酸菌数（○，△，□）
矢印は，検出限界未満を示す。

5.2 バクテリオシンを含有する発酵粉末または培養上清による制御

バクテリオシンまたは産生菌の使用は，バクテリオシン産生菌の培養上清を発酵調味液として使用する方法や，産生菌を使用して乳やトウモロコシなどの食品由来のタンパク質の発酵粉末を調製し，これを利用する方法[12]などが報告されている。著者らも，Piscicocin CS526 産生性 *C. maltaromaticum* CS526 が乳清タンパク質溶液の中で容易に発育可能な性質を持つことから，乳清タンパク質溶液を *C. maltaromaticum* CS526 で発酵し，その粉末を作製して，ミートパテに添加してみた。その結果，バクテリオシンが含有する発酵粉末を添加したミートパテにおいて *L. monocytogenes* の発育が抑制できた（図4）[13]。したがって，バクテリオシン産生乳酸菌によって食品原料を発酵して作製した発酵粉末を巧く利用する方法も食中毒菌の発育抑制に有効な技術となり得る。一方，バクテリオシン産生菌の培養上清によるレタスの表面処理を行うことによって，表面に付着していた *L. monocytogenes* の菌数を瞬時に1.2〜1.6 log Unit 減らすことができることも報告されている[14]。

5.3 精製または粗精製バクテリオシンによる制御

バクテリオシンの精製または粗精製品を直接食品に添加して，*L. monocytogenes* の発育を抑制する方法も検討した。サケ魚卵の加工品であるサケいくらは *L. monocytogenes* による汚染がしばしば見られる RTE 食品であるため，サケいくらにおける *L. monocytogenes* の制御にナイシン

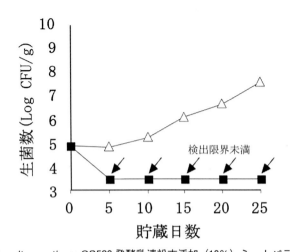

図4 *C. maltaromaticum* CS526 発酵乳清粉末添加（10%）ミートパテにおける
L. monocytogenes の消長（5℃保存）
バクテリオシン非産生 *C. maltaromaticum* CS526 変異株で発酵した乳清粉末
（△），バクテリオシン産生 *C. maltaromaticum* CS526 で発酵した乳清粉末（■）
矢印は検出限界を示す。

Aの利用を試みた。サケ生いくらではナイシンAの添加によって*L. monocytogenes*の発育は完全に阻止できたが，醤油付けサケいくらではナイシンAのみの添加では発育遅延は認められたが，完全に阻止することはできなかった（図5）[15]。これは，ナイシンAの細菌細胞に対する作用機構に起因するものと考えられる。バクテリオシンは，標的細菌の細胞膜に吸着し，極めて短時間のうちに小孔を形成し，細胞内の低分子物質の漏出をもたらすことで殺菌作用を示すものが多い[16,17]。すなわち，抗菌力を発揮するためには細菌細胞へのバクテリオシンの吸着が極めて重要な因子である。一般に，細菌細胞の表面は負電荷を帯びており，ここに正電荷を持つバクテリオシン（ナイシンA）分子が吸着することによって抗菌効果が発揮される。醤油漬けサケいくらでは，サケ生いくらよりも塩分濃度が高い，すなわち陽イオン濃度が高いため，ナイシンAの細菌細胞への吸着が阻害されるためナイシンの抗菌力が低下したと推察される。そこで，いくら醤油漬けに適した有効な併用物質としてペクチン分解物を選択し，ナイシンAとペクチン分解物製剤（ノイペクチンL，アサマ化成）の併用による醤油付けサケいくらにおける*L. monocytogenes*の発育制御の改善を試みたところ，*L. monocytogenes*の発育を完全に阻止できるようになった（図5）[15]。

5.4 乳酸菌産生バクテリオシンのその他の利用方法

精製バクテリオシン利用例としては，バクテリオシンを付着または練り込んだ食品包装用フィルムや可食性フィルムを作製し，これらで食品を包装することによって食品に付着する*L. monocytogenes*などの食品汚染菌の増殖を抑制する方法も考案されている[18,19]。一方，バクテリ

第6章　乳酸菌由来の抗菌ペプチド（バクテリオシン）による食中毒菌と腐敗細菌の発育抑制

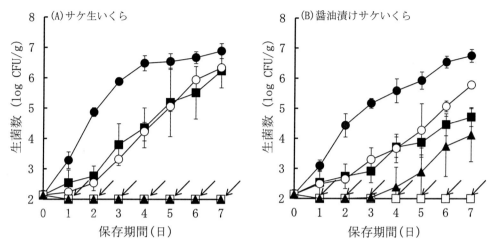

図5　サケ生いくらおよび醤油漬けサケいくらにおけるL. monocytogenesの発育に及ぼすナイシンAとペクチン分解物製剤の影響
●，対照区；▲，0.5 mg/gナイシン；■，3.0 mg/gソルビン酸カリウム；○，0.5%ペクチン分解物製剤（ノイペクチンL）；□，ナイシン＋ペクチン分解物製剤
矢印は検出限界未満を示す。

オシン分子は一般に疎水性が高いため，食品成分，例えば，タンパク質，脂質，糖質などと結合し効力が弱くなる。Benechら[20]は，この問題を，リポソーム内にバクテリオシンを包含させたカプセル化バクテリオシンの利用によってバクテリオシンを食品へ徐々に供給するシステムを作り，長時間に亘る効果の持続を示している。さらに，食品成分からナイシンを保護するため，ナイシンをエマルジョン内に封入することによってL. monocytogenesとS. Typhimuriumに対する抗菌性が増強するとしているものもある[21]。また，バクテリオシンの産生菌の細胞表面への吸着がpHによって変化する性質を利用して，バクテリオシンを産生菌の細胞表面に最大限吸着させ，この細胞をスモークサーモンに添加してL. monocytogenesの発育を阻止できるとする報告もある[22]。

6　バクテリオシンによる腐敗菌の制御

バクテリオシンまたは産生菌の添加によって，食品の品質を低下させる腐敗菌や変敗菌の発育を抑制させることも可能である。その一例として，カマボコでの事例を紹介する。水産練り製品では，原料の冷凍すり身由来，特に副原料として添加されるデンプン由来の耐熱性芽胞形成菌であるBacillus属の細菌によって，保存中に気泡，軟化，斑紋などの腐敗を招くことがある。この芽胞形成菌による腐敗を防止するために合成保存料のソルビン酸塩を添加して腐敗防止を行っている製品も存在する。しかし，食嗜好の変化や食品の安全性に対する意識の高まりから，合成保存料を使用しない方法への転換が望まれている。そこで，芽胞形成菌に対して有効なナイシン

Aを利用した水産練り製品におけるBaciilus属細菌の発育抑制を試みた。その結果，カマボコへのナイシンAの添加によってB. subtilisおよびB. licheniformisの発育を効果的に抑制でき，シェルフライフの延長が可能となることが明らかになった。特に，デンプン不含カマボコでは，ナイシンAとショ糖脂肪酸エステル類の併用添加によってナイシンA単独添加の場合よりもBacillus属を長期にわたって抑制できた（図6）[23]。このナイシンAによるBacillus属の発育抑制効果は既存のソルビン酸塩の添加よりも優れていたことから，練り製品の品質保持にナイシンAの添加が有効な代替法となりうることが明らかになった。

一方，加藤らはナイシンAを産生するL. lactis subsp. lactisをスターターカルチャーとして味噌を醸造した場合，大豆タンパク質の分解に悪影響を及ぼさずB. subtilisの生菌数を熟成期間（28日間）を通じて検出限界未満に抑えることができ，味噌の酸性化も発生しなかったと報告している[24]。RyanらはLacticin 3147を産生するL. lactisとLacticin 3147耐性を示すL. paracasei

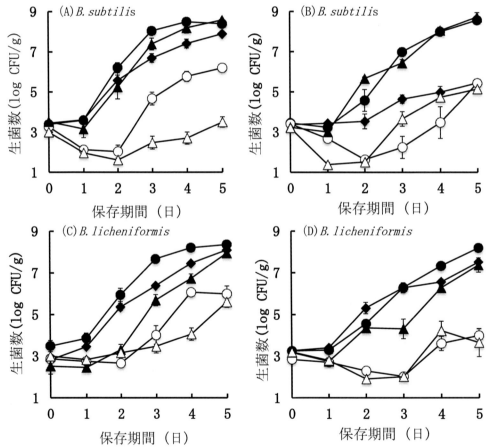

図6 芽胞形成菌を接種したデンプン非含有（A，C）およびデンプン含有（B，D）カマボコの生菌数に及ぼすナイシンとショ糖パルミチン酸エステルの影響
○，対照区；◆，2.68 mg/g ソルビン酸カリウム；●，12.5 μg/g ナイシン；▲，10 mg/g ショ糖パルミチン酸エステル；△，ナイシン＋ショ糖パルミチン酸エステル

第6章 乳酸菌由来の抗菌ペプチド（バクテリオシン）による食中毒菌と腐敗細菌の発育抑制

をスターターカルチャーとして用いることにより非スターターカルチャーである乳酸菌の発育を抑制し，チーズ熟成中の菌叢を安定化できると報告している[25,26]。その他に芽胞形成菌に対するユニークな方法としてナイシンとアラニンの併用による制御法が報告されている。ナイシンは，芽胞形成菌に有効であるが，それは栄養細胞に対してであり，芽胞そのものには殺菌的に作用しない。そこで，ナイシンの作用時に発芽誘発物質のL-アラニンを共存させると芽胞の発芽が誘導されるため，ナイシンが効果的に作用すると報告されている[27]。

また，バクテリオシンは，乳酸菌が好む低 pH でも効力を発揮する。したがって，低酸性食品だけでなく酸性食品（pH4.6 未満）での使用も可能である。実際に，リンゴジュースやオレンジジュースなどの酸性飲料で変敗を引き起こす耐熱性芽胞形成菌の *Alicyclobacillus acidoterrestris*（通称 TAB 菌）の発育もナイシン A の添加によって，芽胞の耐熱性が減衰し，さらに発育も阻止できることが報告されている[28]。このように，バクテリオシンは食中毒菌だけでなく腐敗菌や変敗菌の制御を可能とするとともに食品の品質向上にも寄与する。

7 抗菌ペプチド耐性菌の出現

バクテリオシンの単独使用で長期間に亘って保存した場合に，制御対象菌が再増殖してしまうことも少なくない。この再増殖した細胞では作用させたバクテリオシンに対して抵抗性を獲得している場合もある。これまでに，実際の食品からバクテリオシン耐性株が分離された報告は著者の知る限り存在しないが，試験管レベルでは作出できる。著者らも，*L. monocytogenes* の Piscicocin CS526 に対する耐性獲得頻度を調べたところ，10^{-5}〜10^{-4} の頻度で耐性が出現した。この値は，ナイシン A の 10^{-2}〜10^{-7} [29]，Pediocin PA-1 での 10^{-6} [29]，leuocins や Sakacin での 10^{-4}〜10^{-6} [30]と大きな差はなかった。この Piscicocin CS526 耐性 *L. monocytogenes* の他の抗菌物質に対する交差耐性は同じクラス IIa に属するバクテリオシンに対しては交差耐性を示したが，クラス I に属するナイシン A に対しては交差耐性を示さず，各種抗生物質（11種類）および食品に使用される抗菌物質（32種類）に対する最少発育阻止濃度は耐性株と親株の間で差はなかった。Mazzotta ら[31]も，ナイシン耐性 *L. monocytogenes* および *C. botulinum* の食品用抗菌物質に対する交差耐性について調べ，ナイシン耐性株の各種抗菌物質に対する感受性が親株のそれと同等であることを示している。したがって，今のところバクテリオシン耐性菌が出現したとしても現在食品に使用されている抗菌活性を有する物質での制御が可能と言える。

8 おわりに

本稿では，水産食品における食中毒菌と腐敗細菌に対する乳酸菌の産生する抗菌ペプチド（バクテリオシン）の応用について，特に水産加工食品における食中毒菌と腐敗菌の発育抑制への応用例について紹介した。しかし，生鮮魚介類の腐敗・変敗に関わる微生物の大半はグラム陰性菌

である。現在までのところグラム陽性の乳酸菌の産生するバクテリオシンの中でグラム陰性菌に対して有効なものはほとんど見受けられない。これは，グラム陰性菌の外膜が障壁となり，バクテリオシン分子の作用部位である細胞膜まで到達できないことが主な原因である。しかし，EDTAなどのキレート剤[32]や界面活性剤との併用，高圧処理[33]やパルス電場[34]などの物理的手法によって外膜が損傷を受けるとバクテリオシンはグラム陰性菌に対しても有効に作用することも数多く報告されている。したがって，グラム陰性菌を制御するための今後の研究を期待する。

文　献

1) 山本竜彦ほか，日本食品微生物学会雑誌，**21**, 254 (2004)
2) 藤井建夫，塩辛・くさや・かつお節，p. 9-29，恒星社厚生閣 (1992)
3) L. Leistner, "New methods of food preservation", p. 1-21, Aspen Publishers (1999)
4) P. D. Cotter et al., Nature Rev., **3**, 777 (2005)
5) D. K. Bagenda et al., Fisheries Sci., **74**, 439 (2008)
6) K. Yamazaki et al., J. Food Prot., **66**, 1420 (2003)
7) K. Yamazaki et al., Appl. Environ. Microbiol., **71**, 554 (2005)
8) 善藤威史ほか，バイオサイエンスとバイオインダストリー，**61**, 597 (2003)
9) K. Yamazaki et al., Food Microbiol., **21**, 283 (2004)
10) M. N. Gonzalez-Rodoriguez et al., Int. J. Food Microbiol., **77**, 161 (2002)
11) A. Weiss et al., Eur. Food Res. Technol., **222**, 343 (2006)
12) S. M. Morgan et al., Lett. Appl. Microbiol., **33**, 387 (2001)
13) T. Azuma et al., Lett. Appl. Microbiol., **44**, 138 (2007)
14) A. Allende et al., Food Microbiol., **24**, 759 (2007)
15) S. Yamaki et al., Food Sci. Tech. Res., **21**, 751 (2015)
16) G. N. Moll et al., Antonie van Leeuwenhoek, **75**, 185 (1999)
17) M. Suzuki et al., J. Appl. Microbiol., **98**, 1146 (2005)
18) A. G. Scannell et al., Int. J. Food Microbiol., **60**, 241 (2000)
19) A. Gharsallaoui et al., Crit. Rev. Food Sci. Nutr., **56**, 1275 (2016)
20) R. O. Benech et al., Appl. Environ. Microbiol., **68**, 5607 (2002)
21) P. Sarkar et al., Food Chem., **217**, 155 (2017)
22) H. Ghalfi et al., J. Food Prot., **69**, 1066 (2006)
23) 山﨑浩司ほか，日本食品科学工学会誌，**61**, 70 (2014)
24) T. Kato et al., Biosci. Biotech. Biochem., **63**, 642 (1999)
25) M. P. Ryan et al., Appl. Environ. Microbiol., **62**, 612 (1996)
26) M. P. Ryan et al., Appl. Environ. Microbiol., **67**, 2699 (2001)
27) 善藤威史ほか，生物工学会誌，**80**, 569 (2002)
28) K. Yamazaki et al., Food Microbiol., **17**, 315 (2000)

第 6 章　乳酸菌由来の抗菌ペプチド（バクテリオシン）による食中毒菌と腐敗細菌の発育抑制

29)　A. Gravesen *et al.*, *Appl. Environ. Microbiol.*, **68**, 756 (2002)
30)　D. A. Dykes *et al.*, *Lett. Appl Microbiol.*, **26**, 5 (1998)
31)　A. S. Mazzotta *et al.*, *J. Food Sci.*, **65**, 888 (2000)
32)　K. A. Stevens *et al.*, *Appl. Environ. Microbiol.*, **57**, 3613 (1991)
33)　E. Rodorigues *et al.*, *Appl. Environ. Microbiol.*, **71**, 3399 (2005)
34)　M. Terebiznik *et al.*, *J. Food Prot.*, **65**, 1253 (2002)

第7章　鳥類生殖器の抗菌ペプチドと感染防御システム

吉村幸則*

1　はじめに

　鳥類の卵は卵巣と卵管で形成される（図1）。卵巣には多数の卵胞が存在し，卵黄（卵子）は卵胞の中で発達する。成熟した卵黄が卵胞から排卵されると，卵管に取り込まれて下降し，その間に，卵白，卵殻膜そして卵殻が順次形成され，完成卵として放卵される。卵巣や卵管がサルモネラ菌やウイルス等の微生物に感染すると，微生物は卵の内容に混入して食中毒の原因となり，受精卵であればヒナへの感染をもたらす。また，生殖器での感染は，卵形成機能を低下させたり，産卵を停止させたりする。生殖器の感染防御機能は生殖機能を正常に維持し，食料として安全な卵を生産するために重要である。

　ニワトリの卵巣と卵管には，マクロファージや抗原提示細胞，CD4＋Tリンパ球とCD8＋Tリンパ球，Bリンパ球といった免疫担当細胞が豊富に分布する。これらの組織では雌性ホルモンの作用でリンパ球が増加するという特徴がある。主要な病原体に対するワクチンが開発されて抗原特異的な感染防御の強化に用いられている。一方，野外では多様な微生物に遭遇する可能性があるので，広い範囲の微生物群を制御する自然免疫系の強化も期待される。ニワトリのToll様受容体（Toll-like receptor; TLR）は微生物のパターン認識受容体で，これが微生物関連分子のパターンを認識して，サイトカインや抗菌ペプチドの産生を促進し，免疫系を活性化する。抗菌ペプチドのトリβ-ディフェンシン（avian β-defensin; AvBD），オボディフェンシン（ovodefensin），カテリシジン（cathelicidin）が自然免疫系の液性因子として同定されている。本章では，ニワトリ生殖器の感染防御の観点から卵巣と卵管における抗菌ペプチドの産生機構を述べるとともに，産生された抗菌ペプチドが卵へ移行する可能性にも触れる。AvBDによる産卵鶏生殖器の自然免疫システムについては他の総説でも述べている[1]。

2　鳥類のToll様受容体

　自然免疫系の応答は，パターン認識受容体が微生物関連分子を認識することから始まる。鳥類では他の多くの動物と同じように，パターン認識受容体としてTLRsが同定されている。他のパターン認識受容体である，レチノイン酸誘導遺伝子-I様受容体（RIG-I-like receptors; RLRs）はアヒルで同定されているが，ニワトリでは検出されていない。ニワトリでは，TLR1（1型と

　＊　Yukinori Yoshimura　広島大学　大学院生物圏科学研究科　教授

2型），TLR2（1型と2型），TLR3，TLR4，TLR5，TLR7，TLR15とTLR21のTLRsが同定されており，免疫担当細胞や多くの組織で発現することが知られている[2,3]。TLR2はTLR1とヘテロダイマーを形成し，グラム陽性菌細胞壁のペプチドグリカン，リポタイコ酸，リポ蛋白を認識する（Keestra et al., (2007)）。TLR3は2本鎖RNAウイルスを認識し[4]，TLR4はCD14との共存によりサルモネラ菌や大腸菌等のグラム陰性菌のリポ多糖（LPS）を認識する[5]。TLR5は細菌鞭毛のフラジェリンを認識し，TLR7は一本鎖RNAウイルスを認識する（St Paul et al., (2013)）。TLR15は鳥類固有のTLRで，細菌の熱耐性成分や細菌と菌類のプロテアーゼを認識すると考えられている[6,7]。TLR21は微生物の非メチル化CpGオリゴDNA（CpG-ODN）を認識するので，哺乳類のTLR9と機能的に類似している[2]。TLR下流のシグナル伝達が作動すると，転写因子の核内因子κB（nuclear factor-kappa B；NFκB）やアクチベータータンパク質1（activator protein 1；AP-1）が活性化され，サイトカイン産生や抗菌ペプチド産生等の細胞の応答が起こる。

3 鳥類のディフェンシンとカテリシジン

ディフェンシンは，多くの脊椎動物の生体で産生される陽イオン性のシステイン残基に富む抗菌ペプチドで，抗菌スペクトルは広くグラム陽性菌と陰性菌，エンベロープウイルス，真菌に作用する[8,9]。哺乳類のディフェンシンは，α，βとθの3つのサブグループに分けられるが，鳥類ではβディフェンシン（AvBD）のみが認められている。ニワトリでは14種類のAvBD（AvBD-1からAvBD-14）が同定されている[9]。カテリシジンはディフェンシンと異なる抗菌ペプチドである。カテリシジン1，2，3，B1の4種類が同定されている。カテリシジンは抗菌作用とともに，LPSに結合して中和する作用もあると考えられている[10]。

4 ニワトリ卵巣におけるTLRとAvBDの発現特性

卵巣では，皮質組織に発育前の微小な無数の卵胞，卵巣表面に突出した小さい白色卵胞，数個の発達中の黄色卵胞が存在する。卵胞組織は卵黄を囲む顆粒層と卵胞膜から構成され，さらに黄色卵胞では卵胞膜は内層と外層に分けられる。実験的にサルモネラ菌を腹腔内接種すると，菌は卵胞膜と顆粒層を経て卵黄へ侵入することが認められている。卵巣では，このような微生物の侵入に対して適応免疫系だけでなく，自然免疫による感染防御系が形成されている。卵巣組織ではTLR1，2，3-5，7，15と21が発現する[11,12]。我々は，卵胞膜でTLR2，4，5と7を検出し，顆粒層ではTLR4と5の発現を認めた[13]。さらに，卵巣と黄色卵胞でのAvBDsの発現を解析すると，卵巣全体では11種類のAvBDsが検出され[14]，卵胞膜では6種類のAvBDs，顆粒層では4種類の発現が認められる[13]。このうち，卵胞膜では卵胞膜内層細胞がAvBDを産生する主要な細胞である。

産卵鶏にサルモネラ菌やLPSを接種すると，卵巣組織と卵胞膜組織でAvBDsの発現が増加する[13,14]。一方，卵胞膜を培養し，LPSで刺激するとIL1β（IL1B）とIL6の発現は増加するが，AvBDsの発現への影響は認められない。さらに卵胞膜をIL1Bで刺激するとAvBD12の発現が増加した。このことから，卵胞膜にグラム陰性菌が感染すると，卵胞膜細胞のTLR4がLPSを認識してIL1Bを産生させ，これがAvBDs産生を促進するものと考えられる[15]。すなわち，TLRによるパターン認識についで，炎症性サイトカインIL1Bが産生され，これが抗菌ペプチドAvBDの産生を誘導するという，一連の感染防御系が卵胞で形成されているものと考えられる。

5　ニワトリ卵管におけるTLRとAvBDの発現特性

卵管は卵巣側の頭側から尾側に向かって，漏斗部，膨大部，峡部，子宮部そして膣部により構成される（図1）。膨大部，峡部と子宮部では，それぞれ卵白，卵殻膜と卵殻が形成される。卵管の粘膜ではTLR1-1型を除くすべてのTLRが検出されている。このうち，TLR4発現はLPS刺激で増加し，TLR5と15の発現はサルモネラ菌で増加するので，いくつかのTLRの発現はリガンド刺激で増加するものと考えられている[16,17]。卵管では11種類のAvBDsが発現するが，これらを産生する主な細胞は粘膜上皮である[18,19]。卵管のAvBDsの発現性は，卵管を発達させる

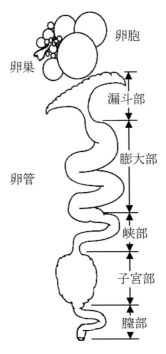

図1　ニワトリの卵巣と卵管

雌性ホルモンの作用で増強される[20]。また，AvBD 発現は，加齢によっても高まるが，休産期に卵管が退縮すると低下する[21]。これらのことから AvBD 発現は卵管の発達や性ホルモンの影響を受けるものと思われる。

ニワトリ生体へのサルモネラ菌や LPS 接種により卵管粘膜の AvBDs, IL1B, IL6 の発現は高まる[18,21,22]。しかし，培養膣部細胞を TLR3, 4, 5, 21 のリガンドである poly（I:C），LPS，フラジェリン，CpG-ODN で刺激すると，LPS は膣部で発現する AvBD1, 3, 4, 5, 10 と 12 のうち，AvBD10 と AvBD12 の発現を高めた（図2）。他の TLR リガンドは AvBD 発現に影響せず，IL1B と IL6 の発現を高めた[23,24]。図3は膣部粘膜細胞の IL1B 発現が TLR3, 4, 5, 21 のリガンドで高まることを示す。さらに，培養膣部細胞を IL1B で刺激すると，AvBD4, 5, 10 と 12 の発現には影響しなかったが，AvBD1 と 3 の発現が増加した（図4）[23]。このことから，卵胞膜組織と同じように膣部でも，TLR による微生物パターン認識により IL1B が産生され，これが AvBD の産生を促すという間接的な誘導と，LPS は AvBD 産生細胞を刺激して直接的に AvBD 産生を促すことがあるという，AvBD 産生制御系が形成されていると考えられる（図5）。

一方，卵管粘膜には，TLRs 下流の転写因子である NFκB と AP-1（cfos と cjun）の発現も認められる[25]。私達は，膣部細胞が TLRs リガンドに応答して IL1B, IL6, CXCLi2 の発現を誘導する過程に関わる転写因子の同定を試みた[26]。培養膣部細胞を poly I:C, LPS, フラジェリン，R848（TLR7 リガンド），または CpG-ODN とともに，NFκB インヒビター（BAY11-7085）または AP-1 インヒビター（tanshinone IIA）で刺激した。その結果，poly I:C, LPS, CpG-ODN による IL1B, IL6, CXCLi2 の発現の増加と，フラジェリンによる IL1B の発現の増加が認められ，これらの増加は NFκB インヒビターで抑制されたが，AP-1 インヒビターには影響されなかった。このことから，膣部細胞において，TLR 刺激で IL1B が発現するが，この過程に NFκB が転写因子として関わると考えられる。

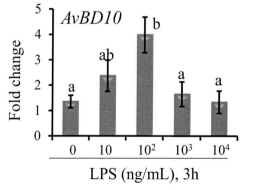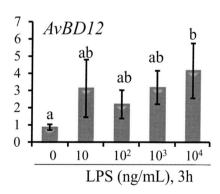

図2　ニワトリ膣部粘膜細胞のトリβディフェンシン（AvBDs）発現に及ぼすリポ多糖（LPS）の影響
膣部粘膜細胞を培養し，異なる濃度の LPS で3時間刺激し，リアルタイム PCR で解析した。膣部で発現する AvBD1, 3, 4, 5, 10 と 12 のうち，AvBD10 と 12 の発現の増加が認められる。数値は平均値 ± SE。
a,b 異文字間に有意差あり（$P<0.05$）[23]。

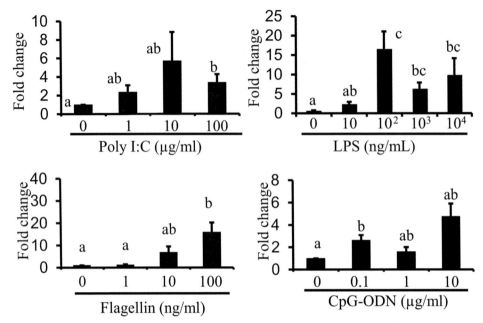

図3　ニワトリ膣部粘膜細胞のインターロイキン(IL)1B発現に及ぼすTLRリガンドの影響
膣部粘膜細胞を培養し，Poly I: C, LPS, フラゲリン, CpG-ODN（それぞれTLR3, 4, 5, 21のリガンド）で3時間刺激し，IL1B発現をリアルタイムPCRで解析した。数値は平均値±SE。[a,b]異文字間に有意差あり（$P<0.05$）[23,24]。

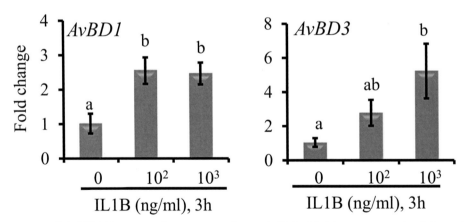

図4　ニワトリ膣部粘膜細胞のトリβディフェンシン（AvBDs）発現に及ぼすインターロイキン(IL)1Bの影響
膣部粘膜細胞を培養し，異なる濃度のIL1Bで3時間刺激し，膣部で認められるAvBD1, 3, 4, 5, 10と12の発現をリアルタイムPCRで解析した。AvBD4, 5, 10と12への作用は認められなかったが，AvBD1とAvBD3の発現は増加した。数値は平均値±SE。[a,b]異文字間に有意差あり（$P<0.05$）[23]。

第7章　鳥類生殖器の抗菌ペプチドと感染防御システム

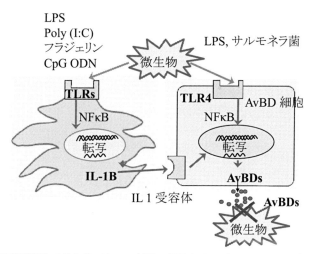

図5　ニワトリ膣部粘膜細胞の微生物パターン刺激に伴うトリβディフェンシン（AvBDs）発現の過程
リポ多糖（LPS）はAvBD産生細胞を直接刺激してAvBD産生を促進する一方で，LPSと他のTLRリガンドはIL1Bの産生を促し，IL1BがAvBD産生を促進すると推定される。

産卵鶏の卵管各部の粘膜組織では，AvBDs以外にも，3種類のカテリシジン（CATH1, -2, -3）が検出される。膣部粘膜片を培養し，ウイルス関連パターンのTLRリガンドがカテリシジンの発現に及ぼす影響を追究した。その結果，2本鎖RNAウイルスのPoly I:CはCATH1, -2, -3の発現を抑制するが，一本鎖RNAウイルスのR848はCATH1とCATH3の発現を増強し，DNAウイルスや細菌のCpG-ODNはCATHs発現に影響しないという，TLRリガンドによって異なる発現制御が見られた[27]。これらのウイルスパターン分子に対するCATH発現の応答性の違いは，ニワトリ卵管のウイルス感染に対する抵抗性に関わるかもしれない。

6　卵管の抗菌ペプチド分泌

卵管で産生された抗菌ペプチドが卵の卵白，卵殻膜や卵殻へ移行することも報告されている。子宮部粘膜上皮細胞にはAvBD3, -11と-12蛋白が検出される。卵管内の卵の形成過程では，卵が子宮部に入った当初のステージでは，卵白の表面が卵殻膜に包まれているのみで，子宮部での滞在中に卵殻が形成される。放卵された卵を解析すると，卵殻膜の線維表面にAvBD3が検出され，卵殻マトリクスにAvBD3, -11と-12蛋白が検出される。図6は卵殻膜と卵殻に検出されるAvBD3を示している。これらのことから，子宮部で産生されるAvBD3, -11と-12は，卵殻が形成される過程で分泌され，卵殻膜線維表面と卵殻マトリクスに取り込まれるものと思われる[19]。

一方，鳥類の卵管で，AvBDsとは別に，オボディフェンシンと呼ばれる，新規のβディフェンシンファミリーの分子が同定され，卵へ移行すると考えられている。この分子はニワトリ，七面鳥，アヒル等で見られるが，鳥類以外に爬虫類でも存在する可能性が示唆されている。ニワト

図6 鶏卵(A)の卵殻膜(B)と卵殻(C)に検出されるトリβディフェンシン3(AvBD3)
卵殻膜は内層と外層に区別され，外層を構成する線維の表面にAvBD3陽性反応が検出される(B)。卵殻マトリクス抽出物にAvBD3陽生産物が検出される(C)[19]。

リと七面鳥では，オボディフェンシンの大腸菌や黄色ブドウ球菌に対する抗菌活性も示されている[28]。

卵殻マトリクス抽出物は，大腸菌やサルモネラ菌（SE菌）への作用は弱いが，黄色ブドウ球菌や緑膿菌に対する抗菌性を持つことが示されている[29]。卵白には従来から，リゾチーム等の抗菌成分が含まれていることも知られている。卵黄を囲む外套の卵白，卵殻膜，卵殻にAvBDsやオボディフェンシン，その他の抗菌因子が含まれることは，卵の感染防御に欠かせない生理的意義があるものと考えられる。一方で，これらのうちで，有効な抗菌ペプチドを効果的に抽出する技術が開発されたり，合成できたりすれば，卵と卵の成分の利用に新しい展開が見込まれる。

7 オス生殖器と精子におけるAvBDsの特性

14種類のAvBDのうち，精巣では9種類のAvBD（AvBD3から-5，-7および-9から-13），精巣上体では10のAvBD（AvBD1から-5，-7および-9から-12）の発現が認められる[30]。AvBD3蛋白の局在を解析すると，精巣の精細管では，精上皮細胞の分化過程の最終段階である伸長精細胞と精子に認められる。この精子が保有するAvBD3は射出後に精子が卵管に入っても検出される[31]。鳥類では精子は卵管の精子細管に2～3週間にわたって貯蔵されるので，この間に精子が自己を防御する因子の1つとして機能するかもしれない。

8 おわりに

鳥類の卵が形成される卵巣と卵管の抗菌ペプチドによる感染防御システムを述べた。卵巣ではAvBDsが産生され，卵管ではAvBDsのほかにオボディフェンシン，カテリシジンが産生される。これらの発現はTLRが微生物パターンを認識することにより，直接的または炎症性サイト

第7章　鳥類生殖器の抗菌ペプチドと感染防御システム

カインを介して間接的に高まると考えられる。産生された抗菌ペプチドは生殖器の局所免疫系を形成し、感染防御に機能するものと考えられる。産卵鶏の生殖器には適応免疫系も発達しており、生体の適応免疫機能を強化するためにワクチンも利用されている。一方で、抗菌ペプチドによる感染防御系は、想定していない微生物を含めて、多様な微生物に対して作用すると期待される。感染防御機能を高める新たな戦略として、抗菌ペプチド産生機能を適応免疫機能と併せて強化していくことが望まれる。また、卵管で産生された抗菌ペプチドが卵へ移行する可能性も述べた。鳥類の抗菌ペプチドの分子構造と機能が解明されれば合成産物を得ることができるが、さらに卵が抗菌ペプチドを蓄えた天然資源として利用されていくことも期待したい。

文　　献

1) Y. Yoshimura, *Poult. Sci.*, **94**, 804 (2015)
2) R. Brownlie et al., *Cell Tissue Res.*, **343**, 121 (2011)
3) N. D. Temperley et al., *BMC Genomics*, **9**, 62 (2008)
4) L. Alexopoulou et al., *Nature*, **413**, 732 (2001)
5) M. St Paul et al., *Vet. Immunol. Immunopathol.*, **152**, 191 (2013)
6) J. R. Nerren et al., *Vet Immunol Immunopathol.*, **136**, 151 (2010)
7) M. R. de Zoete et al., *Proc. Natl. Acad. Sci. U. S. A.*, **108**, 4968 (2011)
8) Y. Xiao et al., *BMC Genomics*, **13**, 56 (2004)
9) A. van Dijk et al., *Vet. Immunol. Immunopathol.*, **15**, 1 (2008)
10) A. van Dijk et al., *Vet. Microbiol.*, **153**, 27 (2011)
11) D.C. Woods et al., *Reproduction*, **137**, 987 (2009)
12) G.A. Michailidis et al., *Anim. Reprod. Sci.*, **122**, 294 (2010)
13) K. Subedi et al., *J. Reprod. Dev.*, **53**, 1227 (2007)
14) G.M. Michailidis et al., *Res. Vet. Sci.*, **92**, 60 (2012)
15) M. Abdelsalam et al., *Poult. Sci.*, **91**, 2877 (2012)
16) A. Ozoe et al., *Vet. Immunol. Immunopathol.*, **127**, 259 (2009)
17) G. Michailidis et al., *Anim. Reprod. Sci.*, **123**, 234 (2011)
18) A.M. Abdel-Mageed et al., *Poult. Sci.*, **87**, 979 (2008)
19) A.M. Abdel-Mageed et al., *Reproduction*, **138**, 971 (2009)
20) W. Lim et al., *Mol. Cell. Endocrinol.*, **366**, 1 (2013)
21) Y. Yoshimura et al., *J. Reprod. Dev.*, **52**, 211 (2006)
22) A.M. Abdel-Mageed et al., *J. Poult. Sci.*, **48**, 73 (2011)
23) Y. Sonoda et al., *Reproduction*, **145**, 621 (2013)
24) A.M. Abdel-Mageed et al., *Vet. Immunol. Immunopathol.*, **162**, 132 (2014)
25) B. Ariyadi et al., *Poult. Sci.*, **93**, 673 (2014)

26) T. Kamimura *et al.*, *Poult. Sci.*, in press
27) A.M. Abdel-Mageed *et al.*, *J. Poult. Sci.*, **53**, 240 (2016)
28) N. Whenham *et al.*, *Biol. Reprod.*, **92**, 154 (2015)
29) Y. Mine, Y *et al.*, *J. Agric. Food Chem.*, **51**, 249 (2003)
30) Y. Watanabe *et al.*, *J Poult Sci.*, **48**, 275 (2011)
31) M. Shimizu *et al.*, *Poult. Sci.*, **87**, 2653 (2008)

第8章 抗菌ペプチドの遺伝子組換え微生物を用いた高効率生産技術

相沢智康*

1 はじめに

　細菌などの微生物に対して抗菌活性を持つペプチド性の分子である抗菌ペプチドは，幅広い動物や植物の自然免疫の主要な因子の1つとして生体防御において重要な役割を担っている。抗菌ペプチドの抗菌活性発現機構は，微生物の膜構造の破壊が主要とされるがその詳細には未知の点が多く残されている。さらに膜破壊以外にも，膜を透過したペプチドが細胞内分子を標的とした作用を持つ例も明らかになってきたことから，抗菌ペプチドの活性発現機構を目指した基礎分野での精力的な研究が数多く進められている。また，基礎研究にとどまらず，抗菌ペプチドはその抗菌活性の応用利用を目指した研究においても注目され，近年，耐性菌の出現などが問題となっている既存の抗生物質に代わる新たな創薬分野のシーズとしても期待されている。

　このような背景から基礎・応用の両方の側面で，抗菌ペプチドの効率的な生産技術が求められている。一般に抗菌ペプチドの天然からの精製は効率や収量が悪く，また配列改変も容易ではないことから，これらの目的には適していない。また，ペプチドの合成に広く用いられる固相化学合成は有効な生産手法であるが，比較的長い鎖長のペプチドの合成においては必ずしも効率的とはいえず，合成コストなどの問題が生じる。特に，NMR法での構造解析や相互作用解析に有用な安定同位体標識試料の調製においては，抗菌ペプチド全長を標識した試料を固相化学合成により生産することは合成コストの面から現実的ではない。

　そのため，抗菌ペプチドの遺伝子組換え微生物による生産が広く検討されている。本章では，著者の取組んできた遺伝子組換え微生物による抗菌ペプチドの生産技術を中心に，その課題と応用について述べる。

2 大腸菌を宿主とした可溶性での抗菌ペプチドの生産

　大腸菌を宿主とした発現系は長い歴史と共に種々の改良が重ねられ，遺伝子の組込みから蛋白質精製までの段階を効率的に進められる発現ベクターが多く市販されており，早い成長速度，取扱いの簡便さ，培養コストなど多くの利点を有することから，抗菌ペプチドの生産においても最も報告が多い宿主である。

---

　*　Tomoyasu Aizawa　北海道大学　大学院先端生命科学研究院，
　　　　　　　　　　国際連携研究教育局ソフトマターグローバルステーション　准教授

抗菌ペプチドの機能解明と技術利用

　大腸菌を宿主として抗菌ペプチドを生産する際に問題となる点としてまずあげられるのは，抗菌ペプチドが有する抗菌活性が宿主に与える毒性である（図1）。また，抗菌ペプチドは微生物表面との相互作用に有利なように正電荷に富んだ一次配列を持つことが多いため，発現宿主内のプロテアーゼによる分解を受けやすいことも問題となる。例えばαヘリックス型に分類される抗菌ペプチドの多くは，標的微生物の膜と相互作用して初めて安定な立体構造を形成するものが多く，水溶液中では特定の立体構造を有せず，プロテアーゼ耐性が低いと考えられる。また，天然状態ではジスルフィド架橋により安定化された構造を有する抗菌ペプチドを宿主内で発現させた場合も，同様に菌体内では安定な立体構造を有しないため分解を受けやすいと考えられる。そこで，大腸菌を宿主とした発現系で抗菌ペプチドを生産する場合には，単独発現ではなくキャリア蛋白質との融合発現により生産する方法が一般的に用いられる。キャリア蛋白質の付加による安定化の効果と同時に，抗菌ペプチドそのものの活性を阻害し宿主への毒性を低減する効果が期待できる。Li らは遺伝子組換え生産による抗菌ペプチドのデータベースを構築し，どのようなキャリア蛋白質が抗菌ペプチドの生産に頻用されるかを分析している[1~3]。それによると，遺伝子組換え大腸菌を宿主とした発現系において抗菌ペプチドの生産の報告が最も多いキャリア蛋白質は thioredoxin（Trx）であり，大腸菌を宿主とした融合発現抗菌ペプチド生産のおよそ20％に用いられていることが報告されており，次によく用いられている glutathione S-transferase（GST）と比較すると約2倍の割合で利用されている。

　Trx は，約12 kDa の非常に可溶性の高い蛋白質であり，大腸菌を宿主として発現した際に高い発現量が得られることから，大腸菌融合発現系でのキャリア蛋白質として一般に広く用いられている[4]。抗菌ペプチドの高発現の成功例が多い理由はいくつか考えられるが，キャリア蛋白質

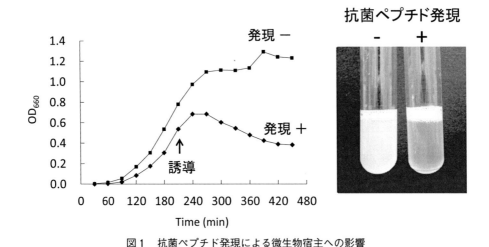

図1　抗菌ペプチド発現による微生物宿主への影響

大腸菌を宿主とした発現系を用いて抗菌ペプチドを発現し，その培養液の濁度を測定した。発現誘導を行わなかった場合は大腸菌の増殖が継続しているが，誘導を行い抗菌ペプチドが発現した場合には増殖が停止し，その後細胞の破壊による濁度の減少が観察された。

第 8 章　抗菌ペプチドの遺伝子組換え微生物を用いた高効率生産技術

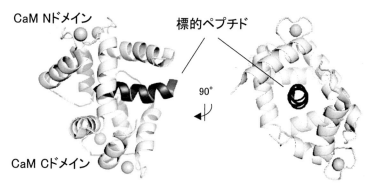

図 2　CaM の標的ペプチド認識状態での立体構造

CaM（白）が Ca^{2+} 存在下で標的ペプチド（黒）を認識する際には，N 末端側ドメインと C 末端側ドメインの両者で包み込むような立体構造を形成する。

としての分子量が小さいため融合蛋白質に占めるキャリア部分の割合が低く抑えられるため小ペプチドを効率的に発現することができること，低い等電点を持つため，塩基性の抗菌ペプチドの毒性を打ち消す効果があることなどが寄与している可能性がある。我々も Trx をキャリア蛋白質として用いることで，ブタの小腸に寄生する線虫由来抗菌ペプチドである cecropin P1（CP1）を効率よく生産することに成功している[5]。

　Trx や GST は抗菌ペプチド以外の蛋白質の発現においても，キャリア蛋白質として広く用いられているが，最近我々は Vogel らのグループと共同で，calmodulin（CaM）が抗菌ペプチドの可溶性発現のためのキャリア蛋白質として特に有用であることを報告した[6]。CaM は，真核生物に広く存在する約 17 kDa の酸性の Ca^{2+} 結合蛋白質で，Ca^{2+} 結合部位を持つ相同性の高い 2 つの球状ドメインが，フレキシブルな領域でつながれたダンベル様の構造を有している。Ca^{2+} の濃度変化に応答し構造変化を起こした CaM は，図 2 に示すように 2 つの球状ドメインに存在する標的結合部位で，多様なターゲット蛋白質に含まれる標的配列を包み込むような構造を形成することが知られている。標的配列は特定のコンセンサス配列は持たないが，抗菌ペプチドと類似した塩基性に富み両親媒性構造を有するという特徴を有しており，表面プラズモン共鳴法を用いた実験でも CaM が多様な抗菌ペプチドに対して高いアフィニティーを有することが確認できた。そこで，CaM と抗菌ペプチドの相互作用による毒性や分解の回避を期待して，大腸菌を宿主とし T7 プロモーターを用いて N 末端側に CaM をキャリア蛋白質として付加する融合発現系を構築した。この発現系を用いることで，melittin, fowlicidin-1, indolicidin, tritrpticin, puroA, magainin II F5W, lactoferrampin B, MIP3α_{51-70}, human β-defensin 3 といった極めて多様な抗菌ペプチドの効率的な生産に成功しており，CaM が広範な抗菌ペプチドの生産に活用可能な可溶性キャリア蛋白質であることが明らかになった。

3 　大腸菌を宿主とした不溶性での抗菌ペプチドの生産

　可溶性の高い蛋白質をキャリア蛋白質として利用し発現の安定化を図る手法は，一般の蛋白質の生産にも広く用いられるが，抗菌ペプチドの生産では，逆に封入体形成能の高い不溶性のキャリア蛋白質を積極的に用いて，抗菌ペプチドとの融合蛋白質を不溶化し毒性と分解の両方の抑制を狙う手法も多く用いられている。封入体を形成するキャリア蛋白質としては，PurF の N 末端フラグメントや発現用ベクターに組込まれ市販もされている ketosteroid isomerase，TAF12 などを利用した抗菌ペプチドの生産が多く報告されている[3]。不溶性キャリア蛋白質を用いることのもう1つの利点として，破砕した大腸菌から遠心分離のみで簡便に精製できる点もあげられ，これは産業応用などでの生産コスト上も有利と考えられる。封入体内に含まれる蛋白質の種類は可溶性画分と比較すると圧倒的に少なく，この点でも精製の過程を簡素化できる利点がある。

　可溶性，不溶性に係らず，キャリア蛋白質を用いてペプチドの発現を進めた場合は，次のステップとしてキャリア蛋白質の切断が必要となる場合が一般的である。可溶性発現では，factor Xa，thrombin，TEV protease，enterokinase といった酵素による選択的切断が一般に用いられるが[7]，不溶性発現では，可溶化のために用いる変性条件下での酵素を用いた切断が困難なことから，化学的切断が用いられることが多い[8]。臭化シアン処理によるメチオニンC末端側での切断やギ酸によるアスパラギン酸-プロリン間の切断，ヒドロキシルアミンによるアスパラギン-グリシン間の切断などが用いられるが，これらの反応は望まない種々の副反応による修飾などが起きることがしばしば問題となる。

　そこで我々のグループでは，抗菌ペプチドを始めとする各種ペプチドの発現の際にキャリア蛋白質の切断の問題を回避し，より簡便に調製する方法として，封入体形成能の高い蛋白質を融合はせずに共発現をすることにより，ターゲットとなるペプチドの封入体形成を促進する手法の検討を進めてきた[9,10]。まず封入体を形成しやすい蛋白質として，種々の α-lactalbumin（LA）及び lysozyme（LZ）を選択した。これらの蛋白質は，共通の祖先から進化した蛋白質であり高い相同性を有するが，ヒト及びウシ由来 LA は pI4.8，pI4.7 で酸性側に等電点を持つのに対して，ウシ由来 LZ は pI6.5 の中性，ヒト由来 LZ は pI9.3 の塩基性であり，共発現する蛋白質（パートナー蛋白質）の電荷の影響を検証するのに適当であると期待した。線虫 *Caenorhabditis elegans* 由来の67残基の塩基性の抗菌ペプチド ABF-2 を用いて，共発現の効果の検討を行った。大腸菌を宿主として T7 プロモーターを用いて ABF-2 と各パートナー蛋白質を共に誘導発現させる発現系を構築した。誘導発現後の封入体を電気泳動で解析したところ，酸性の等電点の LA を共発現させた場合には，ABF-2 単独発現と比較して顕著な発現量の増加が確認された（図3）。これに対して，中性，塩基性の LZ の共発現では LZ の封入体形成は確認されたが，酸性のパートナーほどの ABF-2 の封入体の増加への効果は確認できなかった。この結果から，正電荷を有する抗菌ペプチドに対しては，負の電荷を持つパートナー蛋白質の選択が効率的な封入体形成に有効であると考えられる。多くの抗菌ペプチドは正電荷に富むことが多いため，もし可溶性画分

第8章 抗菌ペプチドの遺伝子組換え微生物を用いた高効率生産技術

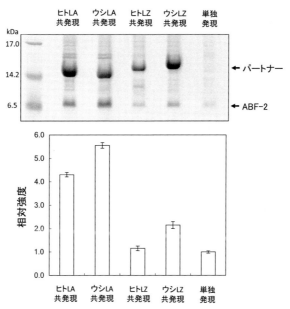

図3 不溶性顆粒形成能の高いパートナー蛋白質と抗菌ペプチドの共発現
各種のパートナー蛋白質と抗菌ペプチドABF-2の共発現を行い，不溶性画分を電気泳動により分析し定量を行った。

に存在し，立体構造を形成しなければ，宿主のプロテアーゼにより容易に分解が進行すると考えられるが，負電荷を有するパートナー蛋白質の発現による静電的な相互作用が抗菌ペプチドの封入体形成を促すことで安定化し発現量が増加すると推定される。

他の塩基性の抗菌ペプチドに対してもパートナー蛋白質の効果について確認を行い20種類以上の抗菌ペプチドで発現量増加を確認することができた。また，オステオカルシンなど酸性ペプチドを用いた検証では，塩基性のパートナー蛋白質であるLZを共発現した際に封入体形成促進の効果が確認されたことから，この手法はパートナー蛋白質の選択により，塩基性，酸性いずれのペプチドに対しても応用可能であると考えられる。

このように逆電荷のパートナー蛋白質が，ペプチドの封入体形成の増加に寄与することは抗菌ペプチドの精製過程においても有利に働く。封入体からの抗菌ペプチドの精製過程におけるパートナー蛋白質の分離では，両者が大きく異なった等電点を持つため，イオン交換クロマトグラフィーにより簡便に分離が可能である。この際に融合蛋白質では必要となるキャリア蛋白質からの切断が不要となることが大きなメリットである。ABF-2の精製では，陽イオン交換樹脂を用いてLAを素通り画分に分離後に，吸着したABF-2を塩により溶出し，LB培地1L当たり50 mgを超える粗ペプチドを効率良く得ることに成功した（図4）。前述のように封入体は，純度の高い蛋白質の凝集体であることから，この時点でも比較的純度の高いペプチドを得ることが可能である。しかしABF-2は，4組のジスルフィド結合を有する抗菌ペプチドであるため，その後のリフォールディングが必要となる。リフォールディングの後，最終的な逆相HPLC精製

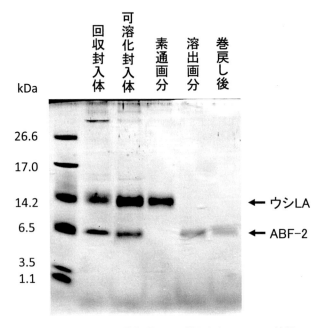

図4 ウシ LA との共発現により得られた ABF-2 の精製
回収した封入体に含まれるパートナー蛋白質であるウシ LA は，変性剤存在下の陽イオン交換クロマトグラフィーで素通りするため，容易に抗菌ペプチド ABF-2 からの分離が可能であった。

ABF-2 の収量は LB 培地 1 L 当たり約 10 mg となり，安定同位体標識ペプチドの調製にも応用することで良好な NMR スペクトルを得て，立体構造解析を行うことにも成功した。

　ABF-2 の例で明らかなように，この手法でジスルフィド結合を有する抗菌ペプチドを得た場合には，リフォールディングが必要となる。しかし，この手法を利用したマウス由来抗菌ペプチド cryptdin-4（Crp-4）の生産において，可溶化過程でのジスルフィド結合の形成という興味深い方法で天然型構造を有するペプチドの調製に成功した[11]。Crp-4 はマウスの消化管で発現する 6 種類のアイソフォームの 1 つで，強い抗菌活性を有している。6 個のシステインがジスルフィド結合を形成した構造をもつ α-defensin に分類される。封入体として得たジスルフィド結合を有する組換え蛋白質のリフォールディングでは，一般に，変性剤存在下で完全還元したペプチドから，透析などにより変性剤と還元剤の両者を除去し立体構造を形成させる手法が良く用いられる。しかし，Crp-4 の場合にはパートナーとの共発現により得た封入体に還元剤を加えずに酸化的条件下において単に尿素により可溶化するのみで，この可溶化の過程で正しくフォールディングした Crp-4 を得ることに成功した（図 5）。菌体内から可溶化した直後の Crp-4 では，まだジスルフィド結合は形成していないことが確認されたことから，ジスフィド架橋は変性剤存在下の可溶化の過程で進んだと推定された。Crp-4 と同じ α-defensin ファミリーに属する抗菌ペプチドである human neutrophil peptide-1 でも，化学合成したペプチドのフォールディングの際に分子間相互作用などを低減する効果が期待される変性剤存在下でのフォールディングが適している

第8章　抗菌ペプチドの遺伝子組換え微生物を用いた高効率生産技術

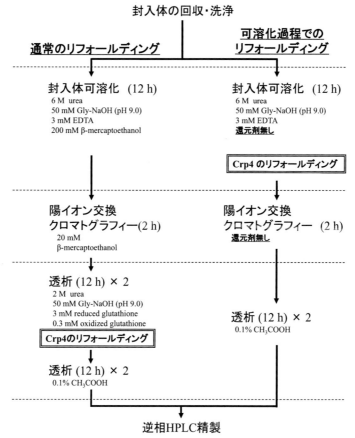

図5　通常のリフォールディングと可溶化過程でのリフォールディングの比較
通常は封入体を可溶化後，イオン交換クロマトグラフィーによる粗精製後にリフォールディングを行うが，Crp4では可溶化過程で還元剤を加えないことで，この過程でリフォールディングが効率的に進むことが確認された。

ことが報告されている[12]ことなどから，Crp-4においても変性剤存在下においても天然型の立体構造を形成しやすい性質があるため，このようなリフォールディング工程が可能となると考えられる。Crp-4ではこの方法を利用することで，通常の精製後にフォールディングを行う手法と比較して約2倍程度の効率で最終精製ペプチドを得ることに成功している。

4　酵母を宿主とした抗菌ペプチドの生産

ジスルフィド結合を複数組有する抗菌ペプチドの生産については，リフォールディングの問題を回避するため，高い翻訳後修飾の機能を有すると考えられる酵母を宿主として用いた分泌型での報告例も多い。一般の蛋白質の生産において，*Saccharomyces cerevisiae* と比較して高効率での発現の報告が多いメタノール資化性酵母 *Pichia pastoris* を宿主とすることで，抗菌ペプチドの

生産においても多くの成功例が報告されている[13]。P. pastoris はメタノールの資化に必要なアルコール酸化酵素遺伝子（AOX1）の強力なプロモーターが利用可能であることや，高密度培養法の利用により，組換え蛋白質の効率な生産が期待できることが特徴であり，市販のベクターも入手可能で比較的容易に取扱うことができる[14]。また，安定同位体標識用の培地も簡便に調製可能であることから，NMR用の安定同位体標識試料の調製も容易である[15]。

　分泌型での発現を行う場合には，膜透過のためのシグナル配列をN末端に付加させて翻訳をさせる必要がある。シグナル配列としては，目的の抗菌ペプチドがもつ固有のシグナル配列を使用する方法のほか，酵母由来のシグナル配列などを利用する方法が広く用いられている。我々のグループでも溶菌活性を有する種々の生物由来のリゾチーム[16,17]や線虫由来抗菌ペプチド[18,19]の生産などに P. pastoris を用いてきた。

　植物由来抗菌ペプチド snakin-1（SN1）の発現例を紹介する。SN1 はジャガイモから発見された抗菌ペプチドであり，全長63アミノ酸残基のペプチドでありながら，12個ものシステインを含み，それらがジスルフィド結合を形成しているという特徴を持つ。抗真菌活性も有し，幅広い植物から相同性の高いペプチドが発見されていること，植物で過剰発現させることで耐病性が向上することなどから注目されている。SN1 については，大腸菌発現系や固相化学合成による生産の報告はあったが，より効率的な生産の可能性を検討して P. pastoris を宿主とした分泌系での発現を試みた[20]。AOX1 遺伝子のプロモーターと酵母由来の分泌シグナルであり分泌発現の成功例の多い α-ファクタープレプロ配列を利用し，分泌型での発現を検討した。バッフルフラスコを用いた試験培養でメタノールによる発現誘導を行うことで，培養上清中への目的ペプチドの分泌が確認できたため，5Lのジャーファーメンターを用いた高密度培養を行い，48時間のメタノールでの誘導を行った（図6）。最終的な菌体の湿重量は 300 g/L 程度に到達した。等電点 8.97 の SN1 を陽イオン交換クロマトグラフィーにより培地上清より回収し，逆相クロマトグラフィーにより最終精製を行い，培地 1L あたり約 40 mg の SN1 を得た。得られた SN1 が天然と同様のジスルフィド結合をにより正しい立体構造を形成しているかを確認するために，天然から精製した SN1 と P. pastoris で発現した SN1 の NMR スペクトルの比較を行った（図7）。この結果，両者の間で良い一致が見られたことから，得られた組換えペプチドは天然型の構造を有していると判断した。SN1 は抗真菌活性を有し，P. pastoris に対しても活性を有するが，培地中に分泌されている濃度が MIC 以下であることや培地中に含まれる高濃度の塩などが活性を阻害することなどから活性による悪影響を受けずに生産に成功していると考えられる。

5　組換え抗菌ペプチドの NMR 解析への応用

　組換え発現による抗菌ペプチド生産技術の価値は，はじめにも述べたようにコストを抑えた生産技術にとどまらず，作用機構の解明を目指した基礎研究への利用でも発揮される。特に安定同位体標識試料を調製することで，NMR 分野での研究の大きな進展が期待できる。一例として，

第8章 抗菌ペプチドの遺伝子組換え微生物を用いた高効率生産技術

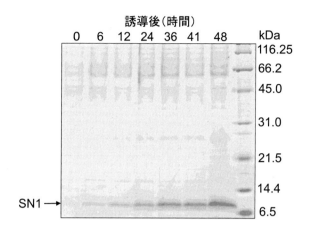

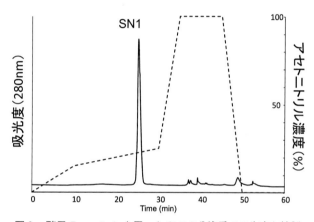

図6 酵母 P. pastoris を用いた SN1 の分泌系での生産と精製
ジャーファーメンターでの培地の電気泳動により，メタノールでの誘導後に SN1 が培地中に分泌されていることが確認された。逆相 HPLC によりジスルフィド結合を有した SN1 の最終精製を行った。

微生物の検出技術への応用研究[21,22]などが進められている抗菌ペプチド CP1 について，組換え発現により得られた安定同位体標識抗菌ペプチドを用いたリポ多糖（LPS）との相互作用に関する我々の研究例を紹介する[5]。

抗菌ペプチドの標的となる微生物のうち，グラム陰性細菌は外膜と内膜を持つため，抗菌ペプチドがグラム陰性菌に作用する際には，まず外膜を透過しその後内膜に作用する必要があるが，その透過機構には不明な点が多い。外膜の外側はポーリンなどの蛋白質以外は，リピド A と呼ばれる脂質部分とコア糖鎖と末端の O 抗原部分から成る LPS で構成されている。抗菌ペプチドが LPS に結合した複合体形成時の情報を直接 NMR 法で解析することは，LPS は水溶液中で会合しミセル分子量が数十万以上の構造を形成するため，分子量増大に伴う NMR シグナルのブロードニングにより困難となる。このため，LPS 結合状態の抗菌ペプチドの NMR 解析には転移

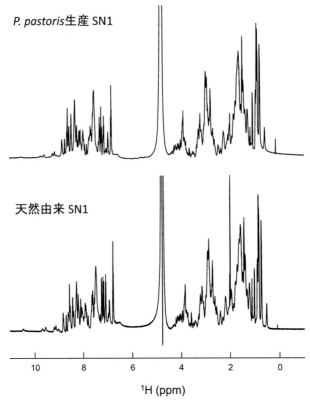

図7　組換え及び天然由来 SN1 の ^{1}H-NMR スペクトルの比較
アミド領域での低磁場シフト信号の特徴などが両者で一致しており，組換えペプチドも天然と同様のジスルフィド結合と立体構造を形成していると推定された。

NOE 法が応用されてきた。この手法では，NMR で観測可能な濃度の抗菌ペプチドの水溶液に LPS ミセルを加えた試料を用意し，LPS 遊離の抗菌ペプチドと LPS 結合状態の抗菌ペプチドが平衡で存在した状態で NMR 測定を行う。このような混合状態で2つの状態の交換速度が遅い場合には，遊離のシグナルは観測されるが結合のシグナルはブロードニングして観測されない。しかし，遊離と結合の2つの状態の交換速度が充分に速い場合には，観測される1つのシグナルに2つの状態の情報が平均化して含まれる状態となる。このような速い交換速度を持つ場合に，LPS ミセルと抗菌ペプチドの比を1：100 程度にすることで，溶液中には遊離の抗菌ペプチドが大過剰に含まれた状態となり，観測されるシグナルの化学シフトは，ほぼ遊離の抗菌ペプチドのものとなり，ブロードニングの影響をあまり受けずに，複合体形成時の NOE などの情報を転移 NOE として得ることが可能となる。

　実際，この手法を利用して多くの抗菌ペプチドの LPS ミセル結合状態の構造解析が報告されている[23]。さらに転移 NOE 法の一般的なメリットの1つとして，遊離状態のシグナルを利用して解析を行うため，結合状態での帰属が不要な点があげられる。しかし逆に，水溶液中ではラン

第8章 抗菌ペプチドの遺伝子組換え微生物を用いた高効率生産技術

ダム構造をとるαヘリックス型の抗菌ペプチドでは，シグナルの重なり合いのため水溶液中での帰属や解析が非常に困難となる．実際，CP1は，水溶液中ではランダム構造であり，固相合成ペプチドを用いた未標識試料の ¹H NMR 測定では，シグナルの重なり合いが激しく，信号帰属や転移 NOE の正確な解析は困難であった．そこで前述の Trx を用いた発現系により安定同位体標識試料を調製し，信号帰属の困難な高分子量の蛋白質の解析に用いられる三重共鳴実験を行うことで，水溶液中での CP1 の信号帰属と転移 NOE の解析を行った（図8）．その結果，過去に疎水性溶媒を用いた膜模倣環境中で解析された CP1 の立体構造は，ペプチド全長に渡ってαヘリックス構造を形成していたのに対して，LPS との相互作用時には全長の約半分の C 末端側

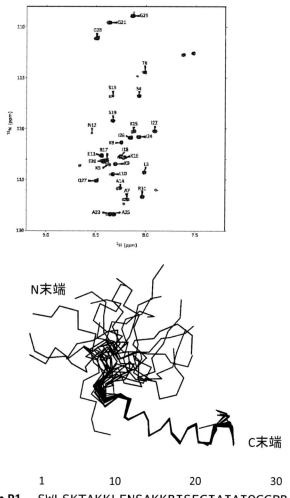

| | 1 | 10 | 20 | 30 |
cecropin P1　SWLSKTAKKLENSA<u>KKRISEGIAIAIQGG</u>PR

図8　CP1 の水溶液中での ¹H-¹⁵N HSQC スペクトルと LPS 結合状態での立体構造
CP1 の水溶液中での信号帰属は ¹⁵N，¹³C 安定同位体標識組換えペプチドを用いて行い，同試料を用いた転移 NOE 実験により LPS 結合状態の立体構造を得た．一次配列の下線は，LPS 結合状態でαヘリックス構造を形成している領域を示している．

の15残基のみがαヘリックス構造を形成することが明らかになった。この領域のN末端側には3残基の塩基性残基が連続する領域が，また中央部には6残基の疎水性残基が連続する領域があり，それぞれ，リピドAのリン酸基及び脂肪酸のアシル基と相互作用することで，外膜に対して作用すると予想された。CP1と同じcecropinファミリーに属するsarcotoxin IA[24]やpapiliocin[25]においてリピドAやLPSとの相互作用解析結果が他のグループから報告されているが，いずれもN末端側が相互作用部位とされている。そのためこれらのペプチドは同一のファミリーに属しながら異なる機構で外膜と相互作用すると考えられ，抗菌ペプチドの相互作用様式の多様性という点から興味深い。なお，sarcotoxin IAの解析例も安定同位体標識ペプチドを活用したNMRによる解析例であり，DPCミセル中のリピドAとの相互作用を明確に解析している。

6　おわりに

　抗菌ペプチドの様々な分野での応用への期待を背景に，生産コストの低減や作用機構の解明などの課題の重要性は益々高まっているといえる。現在，抗菌ペプチドが登録されるデータベースがいくつか公開されているが，配列解析からのデータを含むCAMP$_{R3}$（http://www.camp.bicnirrh.res.in/）で10247件[26]，天然由来で活性が実験的に確認されたもののみが登録されるAPD3（http://aps.unmc.edu/AP/）でも2798件[27]が登録されておりこの数は増え続けている。新たな抗菌ペプチドの応用を切り開く技術として，抗菌ペプチドの微生物による生産技術の重要性はますます高まっていくものと考えられる。

文　献

1) Y. Li and Z. Chen, *FEMS Microbiol. Lett.*, **289**, 126 (2008)
2) Y. Li, *Biotechnol. Appl. Biochem.*, **54**, 1 (2009)
3) Y. Li, *Protein Expr. Purif.*, **80**, 260 (2011)
4) K. Terpe, *Appl. Microbiol. Biotechnol.*, **60**, 523 (2003)
5) M. H. Baek *et al.*, *J. Pept. Sci.*, **22**, 214 (2016)
6) H. Ishida *et al.*, *J. Am. Chem. Soc.*, **138**, 11318 (2016)
7) D. K. Yadav *et al.*, *Arch. Biochem. Biophys.*, **612**, 57 (2016)
8) P. M. Hwang *et al.*, *FEBS Lett.*, **588**, 247 (2014)
9) 相沢智康ほか，組み換え蛋白質の製造方法，特開2007-201532（2007）
10) S. Tomisawa *et al.*, *AMB Express*, **3**, 45 (2013)
11) S. Tomisawa *et al.*, *Protein Expr. Purif.*, **112**, 21 (2015)

12) Z. Wu et al., *J. Am. Chem. Soc.*, **125**, 2402 (2003)
13) N. S. Parachin *et al.*, *Peptides*, **38**, 446 (2012)
14) M. Ahmad *et al.*, *Appl. Microbiol. Biotechnol.*, **98**, 5301 (2014)
15) A. R. Pickford and J. M. O'Leary, *Methods. Mol. Biol.*, **278**, 17 (2004)
16) N. Koganesawa *et al.*, *Protein Eng.*, **14**, 705 (2001)
17) Y. Nonaka *et al.*, *Proteins*, **72**, 313 (2008)
18) H. Zhang *et al.*, *Antimicrob. Agents Chemother.*, **44**, 2701-2705 (2000)
19) Y. Kato *et al.*, *Biochem. J.*, **361**, 221-230 (2002)
20) M. R. Kuddus *et al.*, *Protein Expr. Purif.*, **122**, 15 (2016)
21) S. Arcidiacono *et al.*, *Immunology*, **487**, 29 (2008)
22) T. Yonekita *et al.*, *J. Microbiol. Meth.*, **93**, 251 (2013)
23) S. Bhattacharjya, *Curr. Top. Med. Chem.*, **16**, 4 (2016)
24) M. Yagi-Utsumi *et al.*, *Biochem. Biophys. Res. Commun.*, **431**, 136 (2013)
25) J. Kim *et al.*, *J. Biol. Chem.*, **286**, 41296 (2011)
26) F. H. Waghu *et al.*, *Nucleic Acids Res.*, **44**, D1094 (2016)
27) G. Wang *et al.*, *Nucleic Acids Res.*, **44**, D1087 (2016)

【第Ⅱ編　機能評価・臨床試験】

第1章　病原微生物を標的とした抗菌ペプチドの生体防御に関する多機能性評価

谷口正之[*1]，落合秋人[*2]

1　はじめに

近年，抗生物質の乱用によって，それらに対する耐性菌の出現が大きな社会に問題となっており，抗生物質の利用を制限する動きがある。一方，抗菌ペプチドは，グラム陰性菌，グラム陽性菌，真菌，原虫，ウイルスなどに広く作用し，宿主（ヒトを含む）に対して毒性が低い，耐性菌を生じにくいなどの特徴から，耐性菌の出現と蔓延が危惧される従来の抗生物質に代わる医薬品として注目され，国内外で研究されている[1]。これらの抗菌ペプチドは，それらの構造から，主にβ-sheet，α-helical，loop，および extended の4種類の type に分類され，その多くは分子中に塩基性アミノ酸（アルギニン，リジン）を多く含んでおり，負に帯電した生体膜と静電的相互作用によって結合する[2]。これらの抗菌成分は，生体膜の損傷・破壊作用によって殺菌効果を示す場合とタンパク質合成システムや特定の酵素などを阻害する場合が報告されているが，後者の場合の作用メカニズムはほとんど解明されていない[3]。

病原微生物に対して抗菌活性を有するペプチドなどのタンパク質性成分として，乳タンパク質である lactoferrin およびその分解物である lactoferricin B が報告されており，これらは，最近，サプリメントやガムなどの健康食品の成分として国内で実用化されている。特に，lactoferrin は lactoferricin B に比べて抗菌活性は低いが，多様な生理活性（鉄結合活性，免疫調節活性，抗酸化活性など）を有することが報告されている。このように lactoferrin は多機能なことから化粧品にも応用されている。また，抗菌成分としてミルクカゼインの酵素加水分解分解物，卵白の cystatin や lysozyme（分解産物に抗菌活性がある），ヒト唾液中の cystatin S や histatin などが報告されている。Histatin は，口内炎などに対する感染防御用の医薬品として国外で治験が実施されている。さらに，ブタ白血球由来ペプチド（protegrin-1），カエル粘膜由来ペプチド（magainin II），ウシ好中球由来ペプチド（indolicidin）などについて，主に感染症の治療を目的とした治験が国外において実施されている[4]。一方，ヒトのペプチド（LL-37，β-defensin，integrin など）も，抗菌作用ばかりでなく，多くの生体防御機能（免疫調節，抗炎症，創傷治癒，細胞増殖促進など）を有しており，それらの多機能性に着目した医薬品開発が進められている[5,6]。

現在，分子標的医薬として多くの抗体が生産されているが，その抗原性，ジスルフィド結合や

[*1] Masayuki Taniguchi　新潟大学　大学院自然科学系（工学部　機能材料工学科）教授
[*2] Akihito Ochiai　新潟大学　大学院自然科学系（工学部　機能材料工学科）助教

糖鎖を有する複雑な構造，巨大分子であるため細胞内導入が困難，生産のための膨大なコストなどが問題となっている。そこで，標的分子に対して抗体と同等の結合活性を有する低分子のペプチド医薬が注目されており，ファージディスプレイ法などによって探索されている。著者らは，日本人には長い食経験があるコメのタンパク質を中心に抗菌ペプチドを探索した結果，α-amylase（Amyl-1）由来の18残基のアミノ酸からなるペプチド（Amyl-1-18）を見出した[7]。また，Amyl-1-18は抗菌活性ばかりでなく，プロテアーゼ阻害作用，抗炎症作用[8]，血管新生促進作用，細胞遊走促進作用などの多機能性を発揮することを明らかにした。さらに，各生体防御活性に対する構成アミノ酸の寄与を解明する研究，およびアミノ酸置換によって生体防御活性を高めたペプチドを開発する研究を進めてきた。コメタンパク質由来の複数の生理活性を有する（単一の）ペプチドは，感染症などの疾病の予防や治療のための医薬品ばかりでなく，多様な生体防御機能を有する成分として，化粧品，ヘルスケア製品などの多方面で応用できると期待される。本章では，これまでのAmyl-1-18とそのアミノ酸置換体の多機能性の解析，およびそれらの作用メカニズムの解明に関する研究成果について解説する。

2　コメα-amylase由来ペプチド（Amyl-1-18）のアミノ酸置換体の設計

著者らのグループでは，コメタンパク質の部分配列から，タンパク質表面に分布していること，α-helix構造を有すること，正味の正電荷を有すること，塩基性アミノ酸と疎水性アミノ酸が含まれていること（両親媒性であること）を条件として，抗菌ペプチド候補を探索した。その結果，これまでにコメの3種類のタンパク質（cyanate lyase[9], heat shock protein 70[10]，Amyl-1[7]）から6種類の抗菌ペプチド（CL-12, Hsp70-13, Hsp70-17, Hsp7-18, AmyI-1-17，およびAmyI-1-18）を見出しており，既に報告している。これらの6種類のペプチドのうち，Amyl-1-18は最も抗菌スペクトルが広く，抗菌活性も高かった。すなわち，10種類のヒト病原微生物に対するAmyl-1-18の抗菌活性を測定した結果，*Eikenella corrodens*（歯周病や内心膜炎の原因菌）を除いて，*Porphyromonas gingivalis*（歯周病原因菌），*Candida albicans*（日和見感染真菌），*Streptococcus mutans*（う蝕菌），*Propionibacterium acnes*（アクネ菌），*Aggregatibacter actinomycetemcomitans*（侵襲性歯周炎原因菌），*Pseudomonas aeruginosa*（緑膿菌）などに対して抗菌活性を示した[7]。

これまでに得られたペプチドは類似した特性を有しているにもかかわらず，それらの抗菌スペクトルや50%増殖阻害濃度（IC_{50}）の値は，大きく異なっていた。したがって，ペプチドのアミノ酸配列や2次構造は，抗菌活性に大きく影響することがわかる。しかし，2残基のペプチドは400（20^2）種類，3残基のペプチドは8000（20^3）種類，10残基のペプチドは10兆2400億（20^{10}）種類となり，18残基のアミノ酸からなるAmyl-1-18のアミノ酸置換体を網羅的に合成し，それらの活性とアミノ配列や2次構造の関係を解明することは不可能である。そこで，著者らは，塩基性アミノ酸（アルギニンなど）および疎水性アミノ酸（ロイシンなど）の抗菌活性への寄与の

第1章　病原微生物を標的とした抗菌ペプチドの生体防御に関する多機能性評価

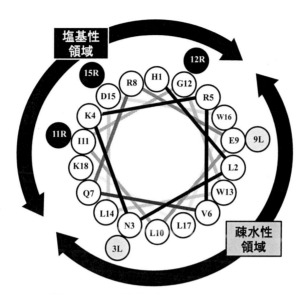

図1　AmyI-1-18 の helical wheel projection
（文献11）より改変）

解明に焦点を当てて，図1に示す helical wheel projection（http://rzlab.ucr.edu/scripts/wheel/wheel.cgi?sequence）に基づいて，AmyI-1-18のアミノ酸置換体を化学合成した。すなわち，α-helix 構造を有する AmyI-1-18 は，helical wheel projection からわかるように，塩基性領域と疎水性領域に分けることができる。しかし，塩基性領域には中性もしくは酸性のアミノ酸が存在するため，これらを塩基性のアルギニンに置換した3種類の変異体を設計した（表1）。また，疎水性領域には親水性のアミノ酸が存在するため，これらを疎水性のロイシンに置換した2種類の変異体を設計した（表1）。また，これらを組み合わせた6種類の2残基アミノ酸置換体を設計した（表1）。さらに，3残基，および4残基アミノ酸置換体を1種類ずつ設計した（表1）。AmyI-1-18および設計した13種類のアミノ酸置換体の分子量，平均疎水性，正味の電荷，および等電点を表1に示す[11〜13]。

3　AmyI-1-18とそのアミノ酸置換体の抗菌活性

AmyI-1-18およびそのアミノ酸置換体のグラム陰性菌である P. gingivalis[12]，グラム陽性菌である S. mutans[13]，および真菌である C. albicans[11] に対する抗菌活性について，それぞれ検討した。また，AmyI-1-18のアミノ酸置換の溶血活性に及ぼす影響についても検討した。各ペプチドの病原微生物に対する抗菌活性と溶血活性を表2に示す。

1残基のアミノ酸をアルギニンに置換した3種類の置換体のうち，AmyI-1-18（G12R）の P. gingivalis に対する抗菌活性（IC_{50}：4.6 µM）は，親ペプチド（IC_{50}：13 µM）に比べて，2.8倍高くなった。また1残基のアミノ酸をロイシンに置換した2種類の置換体は，AmyI-1-18

表1 AmyI-1-18 とそのアミノ酸置換体のアミノ酸配列と特徴

No.	ペプチド	アミノ酸配列	分子量(Da) 測定値[a]	平均疎水性[b]	正味電荷	等電点
1	AmyI-1-18	HLNKRVQRELIGWLDWLK	2304.99	11.3	+2	9.99
2	AmyI-1-18 (I11R)	HLNKRVQRELR GWLDWLK	2347.58	10.2	+3	10.90
3	AmyI-1-18 (G12R)	HLNKRVQRELIR WLDWLK	2403.67	11.4	+3	10.90
4	AmyI-1-18 (D15R)	HLNKRVQRELIGWLR WLK	2345.43	11.3	+4	11.72
5	AmyI-1-18 (N3L)	HLL KRVQRELIGWLDWLK	2303.16	12.7	+2	9.99
6	AmyI-1-18 (E9L)	HLNKRVQRL LIGWLDWLK	2288.60	12.5	+3	11.00
7	AmyI-1-18 (N3L, G12R)	HLL KRVQRELIR WLDWLK	2402.58	12.7	+3	10.90
8	AmyI-1-18 (N3L, D15R)	HLL KRVQRELIGWLR WLK	2344.73	12.6	+4	11.72
9	AmyI-1-18 (E9L, G12R)	HLNKRVQRL LIR WLDWLK	2387.65	12.5	+4	11.72
10	AmyI-1-18 (E9L, D15R)	HLNKRVQRL LIGWLR WLK	2329.93	12.3	+5	12.31
11	AmyI-1-18 (N3L, E9L)	HLL KRVQRL LIGWLDWLK	2287.79	13.8	+3	11.00
12	AmyI-1-18 (G12R, D15R)	HLNKRVQRELIR WLR WLK	2444.67	11.3	+5	12.01
13	AmyI-1-18 (E9L, G12R, D15R)	HLNKRVQRL LIR WLR WLK	2429.54	12.5	+6	12.48
14	AmyI-1-18 (N3L, E9L, G12R, D15R)	HLL KRVQRL LIR WLR WLK	2427.95	13.7	+6	12.48

[a] MALDI-TOF MS によって測定した分子量を示す。
[b] 平均疎水性は,Shang et al. の方法 (*Appl. Microbiol. Biotechnol.*, **98**, 8686 (2014)) に従って計算した。

(文献11〜13) より改変)

第1章 病原微生物を標的とした抗菌ペプチドの生体防御に関する多機能性評価

表2 AmyI-1-18 とそのアミノ酸置換体の抗菌活性と溶血活性

No.	ペプチド	抗菌活性：IC$_{50}$（μM）			溶血活性[a]（%）
		P. gingivalis	S. mutans	C. albicans	
1	AmyI-1-18	13±3	77±5	64±2	−(0.15)[a]
2	AmyI-1-18 (I11R)	10±2	126±4	62±2	1 (2)
3	AmyI-1-18 (G12R)	4.6±1.1	41±4	61±8	2 (5)
4	AmyI-1-18 (D15R)	11±1	16±2	31±4	2 (4)
5	AmyI-1-18 (N3L)	2.5±0.7	46±0.3	58±22	3 (10)
6	AmyI-1-18 (E9L)	3.7±1.5	73±8	>160	5 (7)
7	AmyI-1-18 (N3L, G12R)	2.9±0.2	13±0.4	−[b]	14 (31)
8	AmyI-1-18 (N3L, D15R)	−[b]	4.7±0.5	60±9	12 (23)
9	AmyI-1-18 (E9L, G12R)	4.9±0.5	−[b]	−[b]	9 (10)
10	AmyI-1-18 (E9L, D15R)	−[b]	−[b]	−[b]	11 (13)
11	AmyI-1-18 (N3L, E9L)	4.2±0.5	−[b]	−[b]	14 (17)
12	AmyI-1-18 (G12R, D15R)	−[b]	6.5±0.7	−[b]	10 (14)
13	AmyI-1-18 (E9L, G12R, D15R)	3.3±0.3	−[b]	25±9	29 (63)
14	AmyI-1-18 (N3L, E9L, G12R, D15R)	1.8±0.1	−[b]	46±5	94 (91)

[a] 50 μM のときの溶血活性を示す。（ ）内の値は100 μM のときの溶血活性を示す。
[b] −：測定していない。

（文献11〜13）より改変）

(G12R) に比べて P. gingivalis に対して高い抗菌活性を示した。特に，AmyI-1-18 (N3L) の抗菌活性（IC$_{50}$：2.5μM）は，親ペプチドに比べて5.2倍高くなった。しかし，2残基のアミノ酸をアルギニンとロイシンを組み合わせて置換したペプチド［AmyI-1-18 (N3L, G12R) と AmyI-1-18 (E9L, G12R)］，および2残基のアミノ酸をロイシンに置換したペプチド［AmyI-1-18 (N3L, E9L)］の抗菌活性は，親ペプチドに比べて高くなったが，AmyI-1-18 (N3L) よりも低くなった。3または4残基のアミノ酸をアルギニンとロイシンを組み合わせて置換したペプチド［AmyI-1-18 (E9L, G12R, D15R) と AmyI-1-18 (N3L, E9L, G12R, D15R)］は，どちらも AmyI-1-18 (G12R) に比べて P. gingivalis に対して高い抗菌活性を示した。特に，AmyI-1-18 (N3L, E9L, G12R, D15R) の抗菌活性（IC$_{50}$：1.8μM）は，設計したペプチド置換体の中で最も高い抗菌活性を発揮した[12]。P. gingivalis を被験菌とした場合と同じように，各置換体の S. mutans[13] および C. albicans[11] に対する抗菌活性を測定した。S. mutans に対する抗菌活性は，1残基アミノ酸置換体の中では AmyI-1-18 (D15R) が最も高く（IC$_{50}$：16μM），親ペプチド（IC$_{50}$：77μM）に比べて4.8倍高くなった。また，2残基アミノ酸置換体の中では AmyI-1-18 (N3L, D15R) が最も高く（IC$_{50}$：4.7μM），親ペプチドに比べて16.3倍高くなった[14]。一方，C. albicans に対する抗菌活性は，1残基のアミノ酸置換体の中では AmyI-1-18 (D15R) が最も高く（IC$_{50}$：31μM），親ペプチド（IC$_{50}$：64μM）に比べて2.1倍高くなった。さらに，3残基のアミノ酸をアルギニンとロイシンを組み合わせて置換したペプチド［AmyI-1-18 (E9L, G12R, D15R)］の抗菌活性は，アミノ酸置換体の中で最も高く（IC$_{50}$：2.5μM），親ペプチドに比べて2.6倍高くなった[11]。

　AmyI-1-18 のヒツジ赤血球に対する溶血活性は，既に報告しているように，抗菌活性を発揮する500μM以下の濃度範囲では検出できなかった[7]。しかし，AmyI-1-18 のうちの1残基のアミノ酸をアルギニンまたはロイシンに置換した場合には，溶血活性がわずかに高くなった。また，2残基のアミノ酸をアルギニンまたはロイシンに置換した場合には，溶血活性が高くなり，その値は10〜15%になった。さらに，AmyI-1-18 (E9L, G12R, D15R) は C. albicans に対して，AmyI-1-18 (N3L, E9L, G12R, D15R)］は P. gingivalis に対して，それぞれ最も高い抗菌活性を発揮したが，溶血活性も著しく高くなり，実用的ではないことがわかった。

4　AmyI-1-18 とそのアミノ酸置換体の抗菌作用の機構

4.1　細胞膜損傷作用

　AmyI-1-18 とそのアミノ酸置換体の P. gingivalis に対する抗菌作用のメカニズムを解明するために，蛍光プローブ（diSC$_3$-5）を用いた細胞膜脱分極アッセイを実施した[12]。その結果，図2に示すように，AmyI-1-18 による diSC$_3$-5 の放出量は濃度依存的に増加したが，ポジティブコントロールとして用いたハチ毒由来の melittin の場合に比べて，最大でも10%であった。また，P. gingivalis に対する抗菌活性が増大した1残基アミノ酸置換体［AmyI-1-18 (G12R)，

第1章　病原微生物を標的とした抗菌ペプチドの生体防御に関する多機能性評価

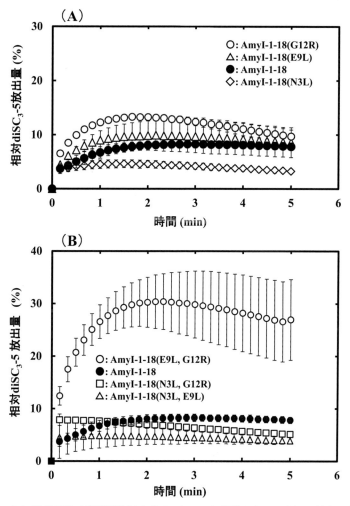

図2　AmyI-1-18のアミノ酸置換体による P. gingivalis 細胞からの diSC$_3$-5 放出の時間経過
（文献12）より改変）

AmyI-1-18（N3L），および AmyI-1-18（E9L）］による diSC$_3$-5 の放出量は，AmyI-1-18に比べて，大きな変化はなかった［図2(A)］。また，2残基アミノ酸置換体［AmyI-1-18（N3L, G12R）と AmyI-1-18（N3L, E9L）］による diSC$_3$-5 の放出量も，AmyI-1-18と比べて，大きな変化はなかった。一方，AmyI-1-18（E9L, G12R）による diSC$_3$-5 の放出量は約30％であり，細胞膜損傷作用が増大したことがわかった［図2(B)］。表1に示すように，これらの3種類の2残基アミノ酸置換体の特性に大きな相違はないことから，AmyI-1-18（E9L, G12R）の細胞膜への作用が増大した詳細な理由は，現時点では不明である。

次に，フローサイトメーターを用いて核酸染色蛍光色素（propidium iodide，PI）によって染色される細胞数を測定する細胞膜損傷アッセイを実施し，AmyI-1-18とそのアミノ酸置換体のS. mutans[13]およびC. albicans[11]の細胞膜に対する作用を検討した。AmyI-1-18とそのアミノ酸

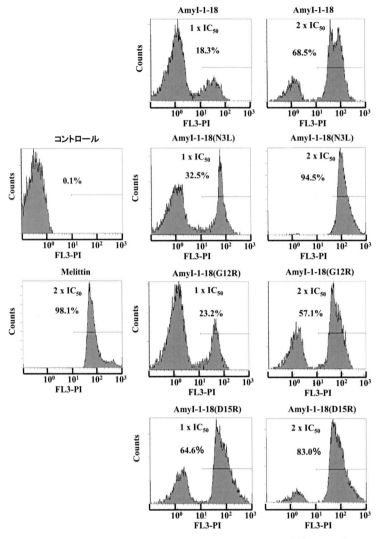

図3 フローサイトメトリーを用いた Amyl-1-18 の1残基アミノ酸置換体による *S. mutans* の細胞膜損傷の解析
(文献13)より改変)

置換体の *S. mutans* および *C. albicans* の細胞膜への作用を検討した結果をそれぞれ図3と図4,および図5に示す。Amyl-1-18 は *S. mutans* に対して,作用は弱いがポジティブコントロールとして用いた melittin と同じように,細胞膜を損傷することがわかった。また,*S. mutans* に対する抗菌活性が増大した1残基アミノ酸置換体〔Amyl-1-18 (N3L),Amyl-1-18 (G12R),および Amyl-1-18 (D15R)〕を用いて処理したとき,PI によって染色される細胞の割合は増加した(図3)。さらに,2残基アミノ酸置換体〔Amyl-1-18 (N3L, D15R),Amyl-1-18 (N3L, G12R),および Amyl-1-18 (G12R, D15R)〕を用いて処理したとき,PI によって染色される細

第1章 病原微生物を標的とした抗菌ペプチドの生体防御に関する多機能性評価

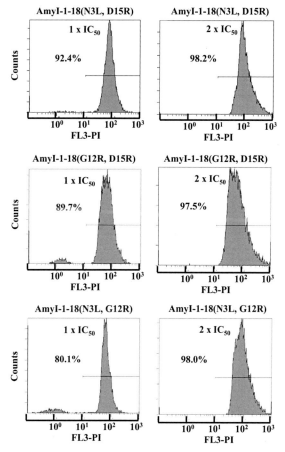

図4 フローサイトメトリーを用いた Amyl-1-18 の 2 残基アミノ酸置換体による *S. mutans* の細胞膜損傷の解析
(文献13)より改変)

胞の割合は低濃度おいても大幅に増加した（図4）。したがって，各アミノ酸置換体の *S. mutans* に対する抗菌活性が増大したのは，程度の差はあるが細胞膜損傷作用が増大したためであることが明らかとなった[13]。一方，Amyl-1-18 を用いて処理したとき，*C. albicans* 細胞は PI によって染色されず，細胞膜が損傷されないことを報告している[7]。しかし，*C. albicans* に対する抗菌活性が増大した Amyl-1-18（D15R）を用いて処理したとき，PI によって染色される細胞の割合は増加した（図5）[11]。したがって，特定部位のアミノ酸をアルギニンで置換することによって，塩基性を高めた場合に Amyl-1-18 の細胞膜損傷作用が増大し，*C. albicans* に対する抗菌活性を高められることが明らかとなった。被験菌によって，Amyl-1-18 のアミノ酸置換体の抗菌作用が異なるのは，被験菌の細胞膜の構造およびそのリン脂質の組成の差異によると考えられるが，この点に関しては，今後，詳細に検討する必要がある。

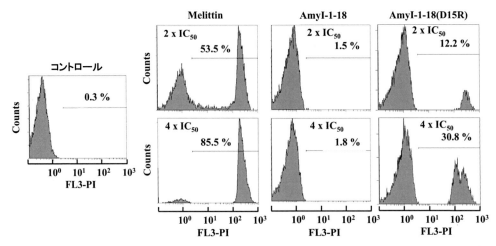

図5 フローサイトメトリーを用いたAmyI-1-18とそのアミノ酸置換体による *C. albicans* の細胞膜損傷の解析

(文献11)より改変)

4.2 タンパク質合成阻害作用

上述したように，AmyI-1-18とそのアミノ酸置換体の *P. gingivalis* の細胞膜への作用（図3）[12]および AmyI-1-18 の *C. albicans* の細胞膜への作用（図5）[11]は弱いことから，他の作用メカニズム（標的が細胞内分子であるメカニズム）によって主に殺菌していると考えられる。細胞内におけるタンパク質合成はDNAからmRNAへの転写，mRNAからポリペプチドへの翻訳，およびポリペプチドの成熟タンパク質へのフォールディング（折りたたみ）の各ステップから構成されている。ペプチドが細胞膜を通過して，これらのステップのうちいずれかを阻害すれば，抗菌効果を発揮することができる。これまでにbuforin II は DNA と RNA に結合すること，pyrrhocoricin は，分子シャペロンによるフォールディングを阻害することなどが報告されている[14]。そこで，著者らは大腸菌の無細胞タンパク質合成システム（Rapid Translation System: RTS）を用いたアッセイ系，および分子シャペロンによるフォールディングプロセスを用いたアッセイ系を利用して，AmyI-1-18のタンパク質合成阻害作用について検討した[15]。

最初に，AmyI-1-18によるタンパク質合成の阻害について検討した。すなわち，RTSキットにモデルタンパク質として緑色蛍光タンパク質（GFP）のDNAが組み込まれたGFP control vectorとペプチドを添加し，GFPの発現を行った。GFPの発現量は，立体構造を有するGFPの蛍光強度を測定することによって成熟型GFPとして定量した。AmyI-1-18を添加したときのGFPの蛍光強度を図6(A)に示す。AmyI-1-18の濃度が高くなるにつれて，509 nm におけるGFPの蛍光強度は，徐々に低下した。また，ネガティブコントロールとして細胞膜破壊作用を有するmagainin IIを添加したときの結果を図6(B)に示す。magainin IIを添加した場合には，その濃度が非常に高いときに，509 nm における GFP の蛍光強度はわずかに低下した。RTSキットを用いて合成したGFP量を比較するために，ペプチドの濃度を横軸に，蛍光強度の相対値を

第1章 病原微生物を標的とした抗菌ペプチドの生体防御に関する多機能性評価

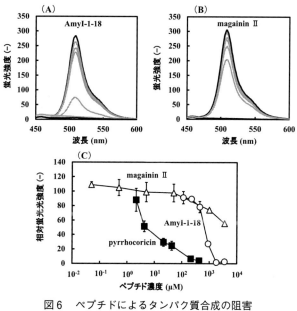

図6 ペプチドによるタンパク質合成の阻害
(文献15)より改変)

縦軸にそれぞれとった結果を図6(C)に示す。ポジティブコントロールとして用いたpyrrhocoricinは，濃度に依存してGFP合成を阻害した。また，magainin IIを添加したときには，高濃度においてもGFPの合成を完全に阻害しなかった[14,15]。一方，AmyI-1-18は，pyrrhocoricinと同じように，濃度に依存してGFP合成を阻害した[14,15]。

次に，DNAからmRNAへの転写ステップ，およびmRNAからポリペプチドへの翻訳ステップに対するAmyI-1-18の阻害作用について，それぞれ検討した。転写ステップの阻害は，RTSキットを用いてGFPの発現を行い，1, 3, および6時間目に生成したGFPのmRNAを，RT-PCRを用いて定量することによって評価した。ペプチドを添加したときのGFPのmRNA発現量を図7に示す。ネガティブコントロールとして用いたpyrrhocoricinと同じように，RTSキットにおいてGFP合成を阻害する濃度のAmyI-1-18を添加しても，mRNA発現量はいずれの時間においても低下しなかった。さらに，翻訳ステップの阻害は，RTSキットにあらかじめ調製したGFPのmRNAを添加し，合成したGFPをSDS-PAGEで分離し，ImageJを用いてバンド強度を解析することによって評価した。AmyI-1-18を添加したときのGFPのSDS-PAGE分析の結果を図8(A)に示す。また，GFPのバンド強度をImageJを用いて定量した結果を図8(B)に示す。SDS-PAGEにおけるGFPのバンド強度は，AmyI-1-18の濃度が増加するにつれて低下した。したがって，AmyI-1-18は，pyrrhocoricinと同じように，翻訳ステップを阻害することがわかった。本実験において，pyrrhocoricinはフォールディングステップばかりでなく，翻訳ステップも阻害することを見出した[14,15]。

さらに，酵素luciferaseを用いて，フォールディングステップに対するペプチドの阻害作用を

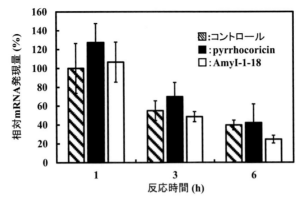

図7 ペプチドによる転写ステップの阻害
（文献15）より改変）

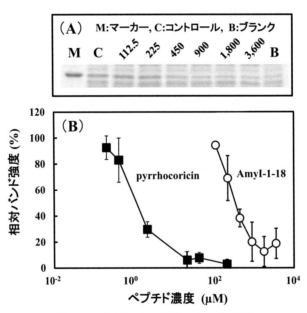

図8 ペプチドによる翻訳ステップの阻害
（文献15）より改変）

検討した[14,15]。まず，グアニジン塩酸塩を用いて luciferase を変性させ，その後に分子シャペロンとして DnaK と DnaJ を添加すると同時にペプチドを添加した。リフォールディング反応により回復した luciferase の酵素活性を測定して，ペプチドの阻害活性を評価した。AmyI-1-18 を添加したときの結果を図9(A)に示す。縦軸は変性前のネイティブな luciferase の活性に対する相対値を，横軸は添加濃度をそれぞれ示す。AmyI-1-18 を添加せずにリフォールディングを行った場合には，約40%の活性が回復したが，添加する AmyI-1-18 の濃度をあげるにつれて活性の回復は低下した。ペプチドを添加しないときに回復した活性を100%として，ペプチドの添加濃

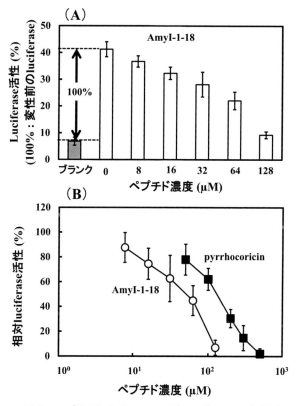

図9　ペプチドによるフォールディングステップの阻害
（文献15）より改変）

度の影響を検討した結果を図9(B)に示す。AmyI-1-18はリフォールディングステップを阻害することが知られているpyrrhocoricinよりも低い濃度において，リフォールディングステップを阻害することがわかった[14,15]。

以上の結果から，AmyI-1-18は，pyrrhocoricinと同じように，翻訳ステップとフォールディングステップを阻害することによって，タンパク質合成を阻害することがわかった。また，アガロースゲル遅延電気泳動と分子間相互作用解析の結果から，AmyI-1-18は，翻訳ステップにおいてRNAに，フォールディングステップにおいてDnaKにそれぞれ作用して，タンパク質合成を阻害している可能性が示唆された[15]。

5　AmyI-1-18とそのアミノ酸置換体の抗炎症活性

AmyI-1-18とその1残基アミノ酸置換体の抗炎症作用を，グラム陰性菌の外膜に存在する内毒素であるリポ多糖（lipopolysacchride; LPS）で刺激した細胞を用いて検討した[16]。すなわち，LPSによって刺激したマウスマクロファージ（RAW264）による細胞傷害性の一酸化窒素（NO）

抗菌ペプチドの機能解明と技術利用

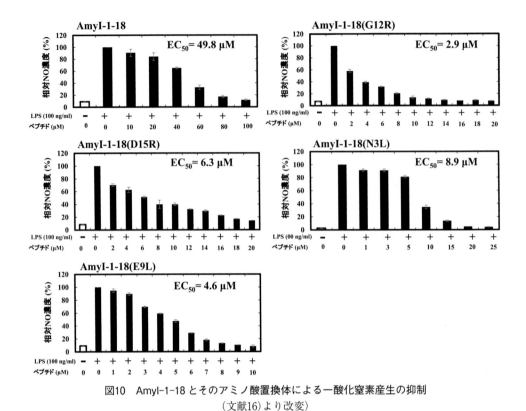

図10 AmyI-1-18とそのアミノ酸置換体による一酸化窒素産生の抑制
(文献16)より改変)

の産生に対する各ペプチドの影響を検討した。その結果を図10に示す。LPSによって刺激した場合に，NO産生量は大幅に増加したが，添加するAmyI-1-18の濃度に依存して，その産生量は徐々に減少した。また，予備実験の結果，NO産生抑制作用が強くなった4種類の1残基アミノ酸置換体 [AmyI-1-18 (G12R), AmyI-1-18 (D15R), AmyI-1-18 (N3L), およびAmyI-1-18 (E9L)] は，いずれを添加しても，AmyI-1-18と同じように，濃度を上げるにつれてNO産生を徐々に抑制することがわかった。そこで，NOの産生量を半分に減少させるために必要な50％有効濃度（EC_{50}）を算出した結果，4種類の1残基アミノ酸置換体は，AmyI-1-18に比べて，NO産生抑制作用が5〜17倍強くなったことが明らかとなった[16]。

6　AmyI-1-18とそのアミノ酸置換体の抗炎症作用の機構

LPSを特異的に検出することができるLAL試薬を用いて，各ペプチドとLPSの結合に伴う405 nmにおける吸光度の減少を測定した[16]。AmyI-1-18およびNO産生抑制作用が強くなった4種類の1残基アミノ酸置換体のLPS中和（結合）活性を図11に示す。4種類の置換体は，AmyI-1-18と同じように，濃度に依存して発色反応を阻害した。結合によって発色反応を半分に抑えるために必要な50％有効濃度（EC_{50}）を算出した結果，AmyI-1-18 (G12R)，AmyI-1-18

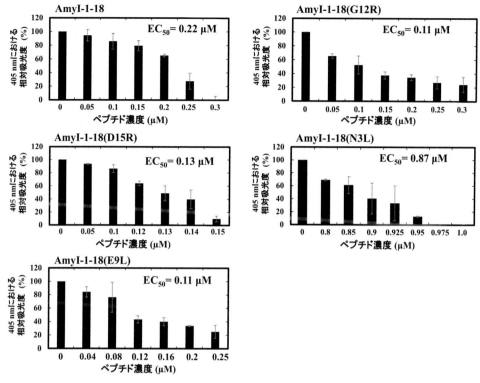

図11　AmyI-1-18とそのアミノ酸置換体のLPS中和活性
（文献16）より改変）

(D15R)，および AmyI-1-18（E9L）は，AmyI-1-18に比べて，1.4〜2.3倍LPSに強く結合することが明らかとなった。一方，AmyI-1-18（N3L）だけは，NO産生抑制作用が強くなったが，LPS中和活性は低下した[16]。次に，生体分子間相互作用解析装置としてBiacore X（GE Healthcare）を用いて，AmyI-1-18および4種類の1残基アミノ酸置換体とLPSの親和性（相互作用）を検討した。Biacoreとは，表面プラズモン共鳴（SPR）を応用した装置であり，センサーチップに固定化した物質Aと，その表面上に流す物質Bの相互作用および結合の強さを，リアルタイムで測定できる装置である。また，解析結果から物質間の結合の強さを解離定数（K_D）として算出し，それらを比較することができる。そこで，N末端にシステインを付加した各ペプチドをジスルフィド結合によってセンサーチップに固定化し，LPSを添加して親和性（相互作用）を解析した。得られたセンサーグラムを図12に示す。いずれのペプチドの場合でも添加するLPS濃度をあげるにつれて，応答は徐々に大きくなり，LPSはペプチドに強く結合することがわかった。AmyI-1-18と各アミノ酸置換体について算出したK_Dの値はほぼ同じであり，LPSとの親和性に大きな差がないことがわかった[16]。

以上の結果より，4種類の1残基アミノ酸置換体のNO産生抑制作用，すなわち抗炎症作用はAmyI-1-18に比べて，強くなったが，そのメカニズムはLPS中和活性や親和性の差異だけで

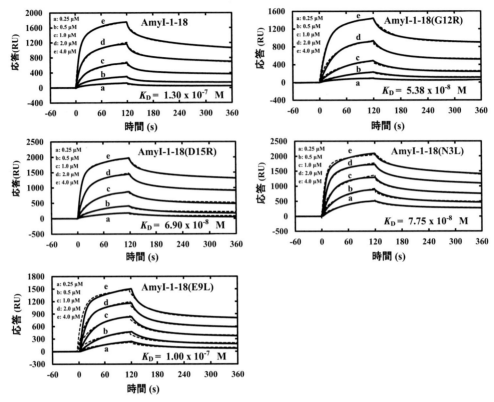

図12 AmyI-1-18とそのアミノ酸置換体のLPSとの相互作用の解析
(文献16) より改変
実線は測定した結果を，破線はフィティングした結果をそれぞれ示す。

は説明できないことがわかった。特に，LPS 中和活性が低い AmyI-1-18（N3L）は，他の3種類の1残基アミノ酸置換体とは異なるメカニズムによって，抗炎症作用を発揮することが示唆された。

7　AmyI-1-18とそのアミノ酸置換体の創傷治癒作用

AmyI-1-18とその1残基アミノ酸置換体の創傷治癒作用を，ヒト臍帯静脈血管内皮細胞（HUVEC）の血管新生（管腔形成）促進作用と細胞遊走促進作用に基づいて評価した。創傷治癒作用を有するヒトの生体防御ペプチドとして知られている LL-37 をポジティブコントロールとして，AmyI-1-18 および5種類の1残基アミノ酸置換体の血管新生促進作用を検討した。その結果，AmyI-1-18 と AmyI-1-18（N3L）は，LL-37 と同じように，血管新生促進作用を発揮した。すなわち，細胞懸濁液に0.1，1.0，および10 μM の各ペプチドを添加した後，15時間培養し，マトリゲル内で管腔構造を有する HUVEC を，顕微鏡を用いて40倍の倍率で観察し，その細胞の長さを計測した。その結果，AmyI-1-18 と AmyI-1-18（N3L）は，LL-37 と同じ濃度

範囲（1～10μM）において血管新生促進作用を示し，その作用は添加した濃度に依存していた。また，スクラッチ法を用いた細胞遊走アッセイにおいても，AmyI-1-18 と Amyl-1-18（N3L）は，LL-37 とほぼ同じ濃度範囲において細胞遊走促進作用を発揮した。したがって，AmyI-1-18 と Amyl-1-18（N3L）は，LL-37 と同じように，HUVEC の血管新生と細胞遊走を促進する作用を有することから，創傷治癒作用を示すことがわかった。現在，特異的な阻害剤などを用いて，各ペプチドの創傷治癒作用の発現メカニズムを検討している。

8　まとめと今後の課題

　本研究において，コメα-amylase 由来のペプチド AmyI-1-18 とそのアミノ酸置換体がヒト病原微生物に対する抗菌活性，抗炎症活性，および創傷治癒活性を兼ね備えていることを明らかにした。また，抗菌作用のメカニズムを細胞膜への作用とタンパク質合成阻害作用に分けて，それぞれ検討した。特に，AmyI-1-18 は，歯周病菌と日和見感染真菌に対する細胞膜損傷作用が弱かったことから，細胞内分子を標的とした抗菌作用メカニズムを有する可能性があった。そこで，抗菌ペプチドのタンパク質合成阻害作用を定量的に測定できる無細胞システムを用いたアッセイ法，および分子シャペロンを用いた酵素のリフォールディングを評価するアッセイ法によって，AmyI-1-18 のタンパク質合成の各ステップ（転写，翻訳，フォールディング）に対する阻害作用を，作用メカニズムが既に報告されている他の抗菌ペプチドと比較しながら，定量的に評価した。その結果，AmyI-1-18 は翻訳とフォールディングのステップを阻害することがわかった。さらに，AmyI-1-18 のアミノ酸置換体は，多くの場合に細胞膜に対する損傷作用が強くなり，それらの病原微生物に対する抗菌活性は増大した。また，AmyI-1-18 のアミノ酸置換体は，LPS 中和活性が高くなり，AmyI-1-18 に比べて，LPS で刺激したマクロファージによる NO 産生をより強く抑制した。したがって，アルギニンとロイシンで置換した場合には，AmyI-1-18 の塩基性と疎水性が増大し，その抗菌活性や抗炎症活性は高くなることがわかった。

　ペプチドを構成する各アミノ酸のそれぞれの生理活性に対する寄与は複雑であり，本章で解説したように，各アミノ酸の寄与は今のところわずかしか解明されていない。今後，特定のアミノ酸を欠失した変異体や特定のアミノ酸を置換した変異体を用いた研究データを蓄積することによって，構造（アミノ酸配列と立体構造）と活性（各種生理活性）の相関が解明されることを期待したい。また，ペプチドの創傷治癒作用のメカニズムを，① apotosis に関与する caspase-3 活性の抑制作用，②増殖促進因子レセプター（VEGFR-2）の活性化作用，③レセプター活性化に関与するリン酸化酵素（MAPK/ERK1/2，P13K/Akt など）の発現調節作用などについて，アミノ酸配列と活性の関係を考慮しながら，今後それぞれ検討する必要がある。

文　　献

1) G. Diamond *et al., Current Pharm. Design*, **15**, 2377 (2009)
2) J. P. Powers & Robert E. W. Hancock, *Peptides*, **24**, 1681 (2003)
3) C. Auvynet & Y. Rosenstein, *FEBS J.*, **276**, 6497 (2009)
4) E. F. Haney & Robert E. W. Hancock, *Peptide Sci.*, **100**, 572 (2013)
5) E. G. Findlay *et al., Biodrug*, **27**, 479 (2013)
6) E. de S. Cándido *et al., Peptides*, **55**, 65 (2014)
7) M. Taniguchi *et al., Peptide Sci.*, **104**, 73 (2015)
8) M. Taniguchi *et al., Peptides*, **75**, 101 (2016)
9) N. Takei *et al., Peptides*, **42**, 55 (2013)
10) M. Taniguchi *et al., Peptides*, **48**, 147 (2013)
11) M. Taniguchi *et al., Peptide Sci.*, **106**, 219 (2016)
12) M. Taniguchi *et al., J. Biosci. Bioeng.*, **122**, 652 (2016)
13) M. Taniguchi *et al., J. Peptide Sci.*, **23**, in press (2017)
14) M. Taniguchi *et al., J. Biosci. Bioeng.*, **121**, 591 (2016)
15) M. Taniguchi *et al., J. Biosci. Bioeng.*, **122**, 385 (2016)
16) M. Taniguchi *et al., J. Peptide Sci.*, **23**, in press (2017)

第2章 天然物由来抗菌ペプチドの同定および機能性評価

加治屋勝子[*1], 南 雄二[*2]

1 抗菌ペプチドの位置づけ

　ペプチドは，20種類のアミノ酸の組み合わせでできたポリマーであり，膨大な数の多様性が存在することになる。これらのペプチドの中には，構成するアミノ酸の種類や配列の違いにより，生理活性や触媒活性，凝集性などの様々な機能を持つものがあり，機能性ペプチドと呼ばれている。それぞれの機能性ペプチドに関する分子認識など詳細な機構が明らかになると，その研究成果をもとに目的のペプチドが人工的に合成され，臨床，材料，エネルギー分野などに応用されてきた。一方，機能性ペプチドの中でも，栄養機能以外の生体調節機能を持つ，いわゆる生理活性ペプチドについては，人工合成ではなく，天然物由来の報告が依然として多く，抗菌活性を持つグラチシンの構造決定[1]をはじめとして，抗がん作用を持つユンナニンの合成[2]，脂肪蓄積抑制作用のあるテルナチンの構造決定[3]など多岐に渡る。最もよく研究されている生理活性ペプチドは血圧降下ペプチドで，代表的なものにアンジオテンシン変換酵素（angiotensin-converting enzyme；ACE）阻害ペプチドがある。ACE はアンジオテンシン I（Asp-Arg-Val-Tyr-Ile-His-Pro-Phe-His-Leu）の端を切断して，昇圧作用のあるアンジオテンシ II（Asp-Arg-Val-Tyr-Ile-His-Pro-Phe）に変換する酵素で，この ACE 活性を阻害することで血圧を調節することができる。これまでに牛乳，小麦，大豆，豚肉，イワシ，鰹節など，多くの食品由来タンパク質の分解物から ACE 阻害ペプチドが見つかっており，「高血圧者用」特定保健用食品として市販されているものもある。天然物由来の ACE 阻害ペプチドの研究がピークを迎えると，新しい活性ペプチドを見出す研究が盛んになり，抗菌ペプチド，抗酸化性ペプチド[4]，血栓抑制ペプチド[5]，血管拡張ペプチド[6]等が続々と報告され，一部については実用化されているものもある。

　抗菌ペプチドは，微生物を静菌または殺菌する作用を持つペプチドで，ヒトを含む哺乳類や植物，昆虫などの多細胞生物において生体防御の機能として備わっている。ペニシリンに代表される抗生物質が菌の DNA 合成やタンパク質の生成を阻害するのに対し，抗菌ペプチドは菌の細胞膜を直接攻撃することで殺菌作用を発揮する。その作用は，抗生物質のような耐性菌を生み出しにくいことから，有用性が着目されている。ヒトでは，皮膚や口腔，消化器，泌尿器など外界と接する部分で抗菌ペプチドが産生されており，菌の増殖を抑制することで生体と菌との共生関係が維持されている[7]。乳中のラクトフェリン（タンパク質）は，細胞増殖活性や免疫調節活性を

[*1] Katsuko Kajiya 鹿児島大学　農学部　食料生命科学科　講師
[*2] Yuji Minami 鹿児島大学　農学部　食料生命科学科　准教授

持つが，ラクトフェリンをペプシン処理すると，強力な抗菌作用を持つラクトフェリシン（ペプチド）が生成する。また，バクテリオシンと総称される抗菌性のタンパク質やペプチドも，多くの細菌により産生されている。これらの抗菌ペプチドの多くはタンパク質分解によって生じるペプチドであることから，タンパク質は生理活性ペプチドの宝庫なのである。なお，抗菌性を持つ天然物としては，ニンニク由来のアリシンや緑茶由来のカテキン類など，ペプチド以外の低分子化合物も報告されている[8]。

2 特徴

抗菌ペプチドは，十～数十アミノ酸残基から成るものが多く，分子中に塩基性アミノ酸残基を多く含んでいるため生理的条件下では正電荷を帯びる。そのため，負に帯電した細菌の膜表面に静電的相互作用により近づくことができる。また，膜の透過処理は，ペプチドを構成している多くの疎水性アミノ酸残基を含む両親媒性によるもので，細胞膜へのポア形成による細胞内成分溶出と細胞膜の溶解および破壊がおこなわれる。近年，メチシリン耐性黄色ブドウ球菌（methicillin-resistant staphylococcus aureus；MRSA）やバンコマイシン（vancomycin resistant enterococci；VRE）など抗生物質や消毒薬に対する耐性菌の出現に伴い，従来の抗生剤あるいは抗真菌剤に代わる抗菌物質の必要性が非常に高まっている。特に，従来の抗真菌剤が抱える副作用あるいは細胞毒性という大きな問題点を解決できる抗菌物質が望まれている。抗菌ペプチドは，多細胞生物が生体防御（免疫）のために自ら産生しているものであるため，生体に対しての副作用あるいは細胞毒性は極めて小さく，また，細菌に対する抗菌性の作用点が，酵素やタンパク質とは異なり，突然変異の起こりにくい細胞膜であるという点で，既存の抗生物質と比べて耐性を獲得しにくいと考えられることから，抗生物質の代わりになり得るものとして期待されている。

抗菌ペプチドは，分子構造や抗菌活性の類似性に基づいて以下の3つのグループに分類される。①システイン残基のジスルフィド結合により安定化した高次構造を構築するもの。②αヘリックスから構成されるもの。③1～2種類のアミノ酸残基が分子内に多く含まれるもの。中でも，抗菌ペプチドの活性発現においては，ジスルフィド結合が重要な役割を担っているものがある[9]。齧歯類βディフェンシンは酸化型に比べて還元型で著しく活性が低下する。ヒトαディフェンシンは，酸化型と還元型どちらも大腸菌に対しては同等の活性を示すが，黄色ブドウ球菌に対する活性は野生型の構造を必要とする[10]。ヒト好中球ディフェンシンの直鎖型変異体は酸化型の10分の1の活性である。還元型のヒトβディフェンシン2の膜透過処理能力は野生型より低い。このように，ペプチド分子内のジスルフィド結合が抗菌活性を示すのに必要だということが示されている。その他，カブトガニから単離された抗菌ペプチドであるタキプレシンは，直線化することで活性が低下するということが示されている。なお，ジスルフィド結合が抗菌活性に影響を与えない抗菌ペプチドとしては，ヒトβディフェンシン，ウシβディフェンシン2，ウシ好

中球βディフェンシンがある。ヒトβディフェンシン3に関しては，還元型と酸化型のどちらも低濃度のNaCl存在下で活性があり，還元型の方がより高い耐塩性を持つ。このように，抗菌ペプチドの分子内ジスルフィド結合の重要性に関する研究の多くは，動物由来の抗菌ペプチドを対象にしたものが多く，植物由来抗菌ペプチドについての報告は少ない。

3 植物由来抗菌ペプチドの分子内ジスルフィド結合の重要性

当研究室で分離・精製したアメリカヤマゴボウ（Phytolacca americana）種子由来抗菌ペプチド（Pa-AMP）は，グラム陽性菌および陰性菌，真菌などの幅広い細菌に対して抗菌・抗真菌作用を示した[11]。Pa-AMP分子内に6個のシステイン残基をもち，これら全てが分子内ジスルフィド結合を形成している（図1）。また，Pa-AMPは他の多くの植物ディフェンシン型抗菌ペプチドと同様に，キチン結合部位を持っている。キチンは真菌の細胞壁に必須の構成成分であるため，抗真菌活性を示す抗菌ペプチドにはキチンをターゲットにしているものが多い。さて，Pa-AMPなどの植物ディフェンシン型抗菌ペプチドのような分子内に多くのジスルフィド結合をもつ抗菌ペプチドは，生産するのが難しくコストがかかることから実用化が難しい。そこで，植物ディフェンシン型抗菌ペプチドの実用化に向けて，より高収量で高い活性を持った抗菌ペプチドの開発を目的とし，Pa-AMPの6個のシステイン残基全てを除去した直鎖型変異体（Pa-C.omit）を発現・精製し，諸性質を調べた。

独自に構築した発現系を用いて，形質転換した大腸菌JM109株により目的タンパク質の過剰発現を行った結果，グリシンSDS-PAGEによりリコンビナントPa-AMP（rPa-AMP）およびPa-C.omitを可溶性ペプチドとして発現していることを確認した。続いて，目的とするGlutathione S-transferase（GST）融合タンパク質を精製するため，発現誘導を行った形質転換大腸菌株由来の可溶性画分を，グルタチオンセファロース4Bカラムに供した。グルタチオンセファロース担体である4Bは，湿潤状態の粒径分布が45〜165μmであり，高い化学安定性と結合能を兼ね備えている。ゲル1mlあたり5mg以上のGSTを結合することができる。カラム内でトロンビンによるGSTタグの切断を行った後，C18逆相HPLCカラムに供し，単一に精製したペプチドをPa-C.omitとした。rPa-AMPとPa-C.omitの最終精製物の収量は，それぞれ0.6 mg/L，2 mg/Lであり，この収量の違いはシステイン残基を除去することで封入体の形成が抑えられたためだと考えられる。Pa-C.omitの分子量はMALDI-TOF/MSを用いて確認し，計

図1　Pa-AMPの配列とジスルフィド結合の位置
直線はジスルフィド結合を示す

算上の分子量と一致した。2次構造解析は，Pa-AMP と rPa-AMP，Pa-C.omit の円二色性（circular dichroism；CD）スペクトルの測定を行った。Pa-AMP や rPa-AMP は親水および疎水環境のいずれにおいても β シート構造を保持していた。一方，Pa-C.omit は，親水環境でランダムコイル，疎水環境で規則的な構造（α ヘリックス構造）を示しており，環境により構造が変化していることから，Pa-AMP や rPa-AMP と比較して，β シート構造や α ヘリックス構造などの規則正しい構造が減少していることが示唆された。

　続いて，Pa-C.omit の抗菌活性を各種病原性真菌，細菌に対して測定した。抗菌活性は，試験菌の成長を50％阻害する濃度を IC_{50} として評価した。Pa-C.omit の IC_{50} はグラム陽性菌および陰性菌においては Pa-AMP と同程度，真菌においては Pa-AMP および rPa-AMP に比べてやや高い活性を示した（表1）。また，キチン結合能は，SDS-PAGE により，rPa-AMP および Pa-C.omit のいずれにおいても溶出画分に目的ペプチドのバンドを確認し，キチン結合能を保持していることが示された。キチン結合ドメイン内にあるシステイン残基を除去した Pa-C.omit も，Pa-AMP と同様にキチン結合能を保持しており，真菌に対する抗菌活性には差が見られなかった。そのため，Pa-AMP においてキチン結合ドメインは，本質的には重要でない可能性が高い。また，Pa-C.omit をトリプシン消化後に SDS-PAGE を行ったところ，バンドの消失が見られ，Pa-C.omit はプロテアーゼ耐性を持っていないことが示唆された。これらのことから，Pa-AMP のジスルフィド結合は構造安定性やプロテアーゼ耐性など，Pa-AMP の安定性を保持する役割があると考えられる。Pa-AMP のように種子に多く含まれる抗菌ペプチドは，貯蔵ペプチドとして安定性を保つためにジスルフィド結合により構造を強固にしている可能性がある。すなわち，Pa-AMP において，ジスルフィド結合は構造を安定化するために必要であるが，抗菌活性を示すためには必要がないということを明らかにした。当研究室では先行研究において，Pa-AMP は分子量約4kDa の小さなポアを形成することを示していることから，Pa-AMP は「barrel-stave」「toroidal pore（worm hole）」モデルのようなポアを形成し，Pa-C.omit は「carpet」モデルのように膜に結合し負荷を与え，膜破壊（膜透過）を誘発していると考えられる（図2）[12]。なお，「barrel-stave」モデルは，両親媒性の α ヘリックスを形成したペプチドがヘリックスを介して脂質二重層に入り込み，細胞膜にイオンチャネル様のポアを形成

表1　アメリカヤマゴボウ由来抗菌ペプチドの抗菌活性

細菌		IC_{50} (μM)		
		Pa-AMP	rPa-AMP	Pa-C.omit
グラム陽性菌	Lactococcus lactis	1	0.7	1
	Streptococcus mutans	1.5	1.3	1.7
	Clavibacter michiganesis	1.5	1.2	2.2
グラム陰性菌	Enterobacter cloacae	1.4	1	1.9
真菌	Fusarium oxysporum	0.6	0.5	1.7
	Geotrichum candidum	1	0.5	2.3

第2章　天然物由来抗菌ペプチドの同定および機能性評価

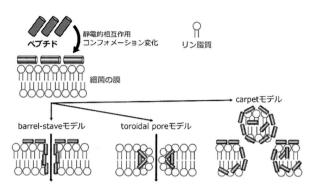

図2　抗菌ペプチドによる膜透過のモデル

し，内容物の流出を引き起こすメカニズムである。「toroidal pore」モデルは，ペプチドと脂質の相互作用で細胞膜の脂質鎖同士を集積させて膜の内側から強引にポアを形成させるような複雑な膜穿孔法である。「carpet」モデルは，ペプチドが疎水性に富んだ面を介して細胞膜と相互作用し，多量のペプチド分子の集積により細菌の細胞膜を分断してポアを形成する界面活性剤のような作用であるが，このモデルではαヘリックスの形成は必須ではない。

さらに，当研究室では，ソテツ（Cycas revoluta）種子由来抗菌ペプチド（Cy-AMP）として，ソテツ種子の胚乳部から分離・精製した分子量4583.2 Da（Cy-AMP1），4568.9 Da（Cy-AMP2），9275.8 Da（Cy-AMP3）の3種類を同定した[13,14]。これらは，リジルエンドペプチダーゼ，アルギニルエンドペプチダーゼにより Cy-AMP の構造を酵素消化後，アミノ酸配列を決定した。Cy-AMP1と2の一次構造は類似しており，8個のシステインを持ち，これらのシステインはジスルフィド結合をしていると考えられた。抗菌ペプチドはいくつかのファミリーに分類されるが，これらの一次構造は，既に報告されている Hevein，Knottin 型の植物ディフェンシンの両方の特徴を併せ持っており，新規のディフェンシンであった。Cy-AMP3は8個のシステインを持ち，植物の非特異的脂質輸送タンパク質（nsLTP）と高い相同性を示した。いずれのペプチドもグラム陽性菌および陰性菌，真菌の生育を阻害したが，IC_{50}を比較すると Cy-AMP3 は Cy-AMP1と2に比べて1/30程度の活性であった（表2）。Cy-AMP1の発現系を構築し，リコンビナント Cy-AMP1（rCy-AMP1）を得た。rCy-AMP1 は，N末端側に2残基アミノ酸が付加しているが，二次構造および抗菌活性ともに Cy-AMP1 との差は見られなかった。Cy-AMP1 は Hevein，Knottin 型と同様にキチン結合部位を持つが，この部分の抗菌活性における役割が不明であったため，31～42番目のいくつかのアミノ酸残基の変異体を作製し，キチン結合能と抗菌活性の関係を検討した。その結果，変異体ではいずれもキチン結合能を失い，抗真菌活性は低下した。一方，グラム陽性菌および陰性菌に対する活性は上昇する場合も見られたことから，キチン結合能は抗真菌活性において重要な役割を果たしていることを明らかにした。このことは，裸子植物にも抗菌ペプチドが含まれていることを示したものである。

表2　ソテツ種子由来抗菌ペプチドの抗菌活性

細菌		IC_{50} (μg/ml)		
		Cy-AMP1	Cy-AMP2	Cy-AMP3
グラム陽性菌	Clavibacter michiganesis	7.3	7.6	235
	Curtobacterium flaccumfaciens	8.9	8.3	195
グラム陰性菌	Agrobacterium radiobacter	8.3	7.8	260
	Agrobacterium rhizogenes	8.5	8.2	235
	Erwinia carobora	8.0	8.1	230
真菌	Fusarium oxysporum	6.0	7.1	250
	Geotrichum candidum	7.4	7.0	200

4　今後の展開

ヒトをはじめとする様々な生物種の遺伝子の塩基配列が決定され，対応するアミノ酸配列に関するデータが蓄積されている。これらのアミノ酸配列の中には，未知の機能性を持つ生理活性ペプチドの存在が予想される。今後，バイオインフォマテックス技術の進展により，既知の機能性ペプチド配列を基に，アミノ酸配列データベースから新規配列の生理活性ペプチドや未知の機能性ペプチドを同定することが可能になるかもしれない。

また，抗菌ペプチドは，医薬品のみならず，環境や生体にやさしい食品保存剤，農薬といった広い範囲における応用が期待されることから，将来の人間社会において必要不可欠なものになることが予想される。

文　　献

1) G. G. Zharikova et al., Vestn. Mosk. Univ. Biol. Pochvoved., **27**, 110-112 (1972)
2) G. Xu et al., Planta Med., **72**, 84-86 (2006)
3) R. Miller et al., Int. J. Pept. Protein. Res., **42**, 539-549 (2006)
4) H-M. Chen et al., J. Agric. Food Chem., **44**, 2619-2623 (1996)
5) H. Sumi et al., Comp. Biochem. Physiol., **102**, 159-162 (1992)
6) T. Kimura, Yamaguchi Igaku, **64**, 101-107 (2015)
7) K. Shida et al., Clinical and Vaccine Immunology, **13**, 997-1003 (2006)
8) K. Kajiya et al., J. Agric. Food Chem., **52**, 1514-1519 (2004)
9) Y. Q. Tang et al., J. Biol. Chem., **268**, 6649-6653 (1993)
10) H. Nita et al., Nature, **422**, 522-526 (2003)
11) Y. Minami et al., Biosci. Biotechnol. Biochem., **62**, 2076-2078 (1998)
12) N. A. Lockwood et al., Drugs Fut., **28**, 911 (2003)
13) S. Yokoyama et al., J. Pept. Sci., **15**, 492-497 (2009)
14) S. Yokoyama et al., Peptides, **29**, 2110-2117 (2008)

第3章 新規抗菌性ペプチドによる難治性皮膚潰瘍治療薬の臨床試験

中神啓徳*

1 はじめに

　抗菌ペプチドとは，病原性細菌に対する防御機構として植物，昆虫，両生類，哺乳類などにおいて保存されているペプチドであり，現在1000以上の抗菌ペプチドが同定されている[1]。非常に広い抗菌スペクトラムを有する特徴があり，ヒトの場合，皮膚，口腔内，呼吸器，尿路などに抗菌ペプチドが分布している[2]。上皮組織由来の抗菌ペプチドとしては，β-defensin，cathelicidinとそのC末端断片 LL-37，dermcidin，psoriasin などが知られている[3~7]。ヒト由来の抗菌ペプチドとして知られている LL-37 は，上皮細胞から産生される cathelicidin がプロテアーゼにより分解されてC末端の37アミノ酸残基が遊離したものである。LL-37 には抗菌活性に加えて，単球，T細胞，好中球，肥満細胞といった炎症性細胞の遊走活性，肥満細胞からのヒスタミン遊離作用，血管新生作用，ケラチノサイト遊走作用及びケラチノサイトからのサイトカイン，ケモカイン産生誘導作用などがある[8]。LL-37 は皮膚の受傷時に高濃度で産生され，創傷治癒，上皮化にともなって減少する。また，慢性潰瘍において産生が低下していることが報告されており，創傷治癒，皮膚疾患への関与が明らかとなっている[9]。

　近年，抗菌ペプチドを用いた創薬開発を目指し，外用薬や局所投与による臨床試験が試みられている。カエル皮膚由来の抗菌ペプチドである magainin を改変した，22個のアミノ酸からなる抗菌ペプチド pexiganan（Genaera Corporation, Plymoouth Meeting, PA, USA）を外用薬として製剤化し，糖尿病性皮膚潰瘍の患者853人に対して，オフロキサシン経口投与とのランダム比較試験を行い，オフロキサシンと同等の改善率を認めている[10]。また，HIV 患者に対し抗菌ペプチド histatin をうがい薬として用いたカンジダ感染予防試験では Phase I/II を終了している[11]。臨床応用に向けて，安定性の向上，細胞毒性の低減，活性の向上，などの課題が挙げられる。

2 新規機能性ペプチド AG30/5C

　我々は，血管新生関連因子の遺伝子探索研究として，遺伝子機能スクリーニングの過程にて，30個のアミノ酸からなり血管内皮細胞増殖活性を有するペプチドを発見した[12]。このアミノ酸配列は新規なものであり，50%以上の相同性を有する分子はなかったため，このペプチドを AG

　＊　Hironori Nakagami　大阪大学　大学院医学系研究科　健康発達医学　寄附講座教授

(angiogenic peptide) 30 と命名した。このペプチドをヒト大動脈由来の血管内皮細胞に添加すると，濃度依存的に細胞増殖能の増加，細胞遊走能の亢進，管腔形成の増加が認められた。さらにマウスの皮下にマトリゲルに封入したAG30を投与したところ，対照群に比し著明な血管新生が確認された。また，京都大学再生研の田畑教授らとの共同研究でカチオニックリポソームを用いたAG30の徐放化システムを作成し，マウスの下肢虚血モデルに投与した結果，血流の増加が認められた。

このペプチドの構造予測解析では，alpha-helix 構造を呈しながら Hydrophobic なアミノ酸と positive charge のアミノ酸がそれぞれ偏在するユニークな構造が予想され，興味深いことにこれらは抗菌ペプチドに極めて特徴的な構造であった。実際に円二色法による検討では，特に細胞膜に疑似したようなリポソームを付加したときにより特徴的にアルファヘリックスの波形が得られている。構造から抗菌ペプチドであることが予想されたため，我々は様々な細菌に対する抗菌活性の評価を試みた。すると，緑膿菌，黄色ブドウ球菌，大腸菌，さらには真菌（カンジダ）などグラム陰性・グラム陽性・真菌など異なる細菌に対しても抗菌活性を有し，極めて広範囲の活性を有することが判った。その抗菌機序としては，一般に知られている positive charge のアミノ酸を前面に出した構造に起因する細菌膜破壊が考えられる[6]。以上の結果から，AG30 は前述の抗菌ペプチド LL-37 と同様に多様な活性を有し，創傷治癒薬としての応用が期待された。

現在，創に対する治療法として，治癒促進のための湿潤環境を作る湿潤療法が提唱されている。他方，創部では皮膚のバリアー機構が破綻しているために種々の細菌が繁殖することが多く，創の治りに関与しない汚染あるいは繁殖（コロニゼーション）の状態か，または創の治癒を遅延させる感染の状態かを正確に見極めて，適切な治療を行うことが重要とされる。難治性皮膚潰瘍では局所感染兆候（発熱・発赤・腫脹・疼痛）の判定が困難なことが多く，その感染に至る前段階（クリティカルコロニゼーション）での見極めが難しいという臨床的課題がある。このように難治性潰瘍の増悪要因の一つは細菌感染による創傷治癒の遅延であるが，既存の消毒・抗菌作用をもつ薬剤は創傷治癒を遅らせる作用があり，創傷に対して治療の促進と感染の防御との間で最適環境を整えることは難しい課題である。そのため，創傷治癒も感染防御も妨げることのない薬剤の開発は，未だに誰も着手していない領域である。そこで抗菌活性と創傷治癒作用を併せ持つAG30 の特性を生かした新規皮膚潰瘍治療薬は，局所感染とコントロールしながら創修復を促進する新しい治療薬として開発できるのではないかと考え，外用薬としての開発を進めることとした（図1）。

臨床試験に向けて AG30 の改変型の作成を行い，AG30 の5個のアミノ酸をさらに陽性荷電アミノ酸に置換して，化学合成したものが改変型 AG30/5C である[13]。AG30 は抗菌活性と血管新生作用の2つの作用を有していたが，改変型 AG30 は抗菌活性をさらに約4倍，血管新生作用を約4倍増強したものである。円二色法による解析で改変型 AG30/5C は AG30 と同様にアルファヘリックス構造を呈することが分かった。次にその機能について解析した。

薬効薬理試験では，ヒト大動脈由来血管内皮細胞に対する改変型 AG30 ペプチドの遊走能の評

第3章　新規抗菌性ペプチドによる難治性皮膚潰瘍治療薬の臨床試験

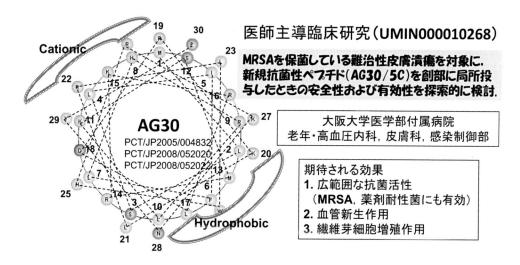

- 難治性皮膚潰瘍の現状
    - ✘ 皮膚にできた創に血流不全や感染が起こり，治りにくい潰瘍状態になったもの。
    - ✘ 消毒剤は創傷治癒の遅延，不適切な抗生物質の使用は耐性菌を出現させる。
    - ✘ 湿潤療法は細菌増殖も促進するため感染が生じた場合には一旦中断し感染治療を優先させる必要があるが，糖尿病，膠原病では免疫応答が低下しているため，感染の徴候（発熱・発赤・腫脹）での見極めが困難である。

図1　AG30/5Cを用いた難治性皮膚潰瘍を対象とした臨床研究

価において，改変型AG30は遊走能を亢進させた。また，ヒト線維芽細胞と血管内皮細胞の共培養系を用いて，改変型AG30は管腔形成能の亢進が認められた。各種細菌を用いた抗菌作用においても，黄色ブドウ球菌に対してはMIC 50 μg/ml，緑膿菌に対してはMIC 5 μg/ml，カンジダに対してはMIC 12.5 μg/mlといずれも抗菌活性を示した。また，メチシリン耐性黄色ブドウ球菌（MRSA）に対してもMIC 50 μg/ml，各種耐性緑膿菌に対してもMIC 5〜20 μg/mlと同様に抗菌活性を示した。さらに，マウス皮膚損傷モデルとして，糖尿病マウス（db/dbマウス）の背部に創を作成したモデルにおいて，創修復に要する時間を約2日間短縮することができた。また，創部での血管新生作用を抗CD31抗体による免疫染色で確認したところ，改変型AG30投与群で有意な血管の増加が認められた。

次に安全性評価を主眼とした各種非臨床試験を実施した。本試験物の臨床投与経路は経費投与であるが，安全性薬理試験，毒性試験では全身暴露時の影響も検討するため，代替投与経路として皮下投与を選択した。AG-30/5Cを最大2000 μg/kgの用量でラットに単回皮下投与しても，一般症状及び行動，中枢神経系に影響を及ぼさなかった。イヌへのAG-30/5Cを最大2000 μg/kgの用量での反復投与においても，呼吸器系・循環器系に影響はなかった。ラット2週間反復皮下投与の毒性試験では，AG30/5Cの20, 200, 2000 μg/kgの用量にいずれにおいても一般状態，体重推移，摂餌量及び尿検査項目に関して異常は認められなかった。また，血液学的検査，血液生化学的検査及び器官重量測定の結果，被験物質に起因した変化はないと考えられた。

器官・組織の肉眼的観察の結果，投与部位（背部皮下）の発赤が，雄の 20 μg/kg，200 μg/kg 投与群に少数例，2000 μg/kg 投与群に多数例，さらに雌の 200 μg/kg 投与群に少数例，2000 μg/kg 投与群に多数例認められた。病理組織学的検査では，2000 μg/kg 投与群の投与部位（背部皮下）において出血，浮腫，炎症性細胞浸潤及び結合組織増生が認められた。以上の結果から，皮膚局所症状に関しては雄雌ともに 200 μg/kg/日以上から認められたものの，全身性の変化に対する無毒性量は雌雄ともに 2000 μg/kg/日と考えられた。イヌ 2 週間皮下反復投与の毒性試験においてもほぼ同様の所見であった。細菌を用いた復帰突然変異試験及び哺乳類培養細胞を用いた染色体異常試験では，AG30/5C に遺伝毒性は認められなかった。ウサギを用いた眼一次刺激性試験では AG30/5C に対する刺激性は認められなかった。また，光毒性試験においてもモルモットでの皮膚に対して光毒性は認めらなかった。

3 皮膚潰瘍を標的とした探索的な臨床研究計画

我々は AG30/5C の医薬品としての応用を目指して，皮膚潰瘍を対象とした臨床研究を計画，実施した[14]。本臨床研究の目的は，これまで治療法に苦慮していた MRSA あるいは MSSA を保菌している難治性皮膚潰瘍を対象に，新規抗菌性ペプチド（AG30/5C）を創部に局所投与したときの安全性及び有効性（創サイズ・抗菌活性）を探索的に検討することにより，first in human として臨床治験に進むための判断情報とすることである。

3.1 評価項目

［主要評価項目］安全性の検討

　設定根拠

　　本研究は first in human の試験のため，安全性を主眼としたプロトコールを設定した。

［副次評価項目］創傷評価（創傷縮小効果）・抗菌効果

　設定根拠

　　創傷評価（創部縮小効果）；本試験物は血管新生作用を有するために，血流増加による創部の縮小効果が期待できる。

　　抗菌評価；一般に創部に対して密封療法による湿潤環境を保つことは，創部感染のリスクは高いと想定される。本試験物は抗菌活性を有することから，湿潤環境による局所細菌の増殖を抑制できたか否かを調べるために，投与前と投与後の菌量を定性化する。

3.2 選択基準

① 糖尿病，閉塞性動脈硬化症，ビュルガー病による末梢循環不全を伴う病態に起因した皮膚潰瘍患者

② 発症後 1 ヶ月以上経過し，標準治療を行っても治癒が得られない潰瘍（対象病変）を有す

第3章　新規抗菌性ペプチドによる難治性皮膚潰瘍治療薬の臨床試験

　　る患者
③　スクリーニング時に潰瘍面からMRSAあるいはMSSAが検出された患者
④　対象病変に局所感染がない患者
⑤　対象病変以外の潰瘍に局所感染がない患者
⑥　全身性の感染のない患者
⑦　同意取得時に20歳以上の患者
⑧　患者本人の文書による同意が得られている患者

3.3　除外基準
①　アルコール中毒症・薬物中毒の既往または合併のある患者
②　悪性腫瘍を有する患者（過去5年以内に既往がある患者を含む）
③　創傷部位に明らかな腫瘍増殖病変がある患者。ただし，肉眼的に判断が困難な場合には病理学的な診断により判断する。
④　感染症のある患者（HIV，HBV，HCV，HTLVのいずれかが陽性の患者）
⑤　妊娠中もしくは妊娠している可能性がある患者または授乳中の患者及び本臨床研究中に妊娠を希望する患者
⑥　皮膚潰瘍による骨髄炎を合併している患者
⑦　その他，本臨床研究への参加を責任者または分担者が不適当と判断した患者

3.4　試験方法
　　試験物：AG30/5C（試験用AG30/5C液：AG30/5C，100 μg/生理食塩水1 mL）
　　診療区分：入院

　大阪大学医学部附属病院病室において，創部を生食で洗浄し滅菌ガーゼで創部を軽くふき取った後で，褐色容器のキャップを取り，創部全体に溶液が行き届くように滴下する（最大1 mL）。
・投与後，創部は透明フィルム（テガダーム）で密封する。
・投与は1日2回（6時間以上間隔），11日間連続投与する。
・投与後12日目に創部の評価を行い，その後の後観察期間（投与後29日目まで）は外来で潰瘍に対する標準治療を行う。

試験治療計画の設定根拠

　投与回数（1日2回）については，AG30/5Cの半減期が数分間と短いことが予想されることから，1日2回投与とした。非臨床試験では100 μg/mL AG30/5C水溶液にて創修復効果が確認されており，またMRSAあるいはMSSAに対するMICが25～50 μg/mLであることを考慮して濃度を設定した。初期投与量の妥当性に関しては，「医薬品の臨床試験及び製造販売承認申請のための非臨床安全性試験の実施についてのガイドライン（改正平成22年2月19日　0219号第4

号)」の「7.早期探索的臨床試験」の項目で推奨されている反復投与(アプローチ4)での無毒性量の50分の1(4μg/kg/日)からも体重50kg計算から200μg/日と設定した。反復投与期間は同じくアプローチ4で最大14日間までの投与を支持していることから11日間の連日投与を行うこととした。

3.5 併用治療

本試験物は外用剤であり血中での半減期が極めて短時間と予想されるため,他薬剤との代謝相互作用などは考えにくい。従って,本試験物の薬効に影響を与える可能性のある薬剤に対して以下に記載する。

(a) 併用禁止薬／治療

以下の治療法(又は薬剤)は,本臨床研究の有効性／安全性評価に影響を与えると考えられること,及び被験者の安全性確保のため,治療開始1週前より,併用を禁止する。

- プロスタグランディンE1注射薬(アルプロスタジルアルファデクス)
- リポプロスタグランディンE1注射薬(アルプロスタジル)
- 抗トロンビン注射薬(ノバスタン)

(b) 併用制限薬／治療

以下の治療法(または薬剤)は,本臨床研究の有効性／安全性評価に影響を与えると考えられるため,(被験者の安全性確保のため),以下の制限を加える。

- ヒトFGF2製剤(トラフェルミン)

  対象病変となる潰瘍以外の他潰瘍部位への投与する場合のみ併用を認める。

- 抗生剤(内服薬・注射薬)

  試験物投与終了後の後観察評価期間で投与する場合のみ使用を認める。

- 創傷治癒・抗菌作用を有する外用剤(アズノール,リフラップ,レフトーゼ,オルセノン,アクトシン,ソルコセリル,ユーパスタ,ソアナース,カデックス,デクラート,ヨードコート,プロスタンディン,亜鉛華軟膏,ボチシート)

(c) 併用注意薬／治療

以下の治療法(または薬剤)を併用する場合には,研究参加中に原則用法・用量の変更を行わないこととする。

経口末梢循環改善薬

- プロスタサイクリン誘導体(PGI2)
- プロスタグランジン誘導体(PGE1)

抗血小板薬

- PDE3(ホスホジエステラーゼ3)阻害薬
- セロトニン(5HT)2受容体拮抗薬
- 高純度EPA製剤

第3章　新規抗菌性ペプチドによる難治性皮膚潰瘍治療薬の臨床試験

3.6　解析手法
［解析対象集団］
① 安全性解析対象集団：登録例のうち，以下の被験者を除いた集団とする。
- 未投与例
- 試験物投与後の安全性に関する情報が全くない被験者

ただし，除外した症例については除外理由とともに一覧で示す。

② 有効性解析対象集団：登録例のうち，以下の被験者を除いた集団とする。
- 未投与例
- 試験物投与後の創部縮小効果ならびに抗菌効果に関する観測値が全くない被験者

［解析項目・方法］
① 被験者背景及びベースラインの特性

被験者特性を一覧し，記述統計量を用いて要約する。連続変数については要約統計量を算出する。カテゴリー変数については，頻度を記述する。ベースラインとして用いるデータは試験物投与前のデータとする。

② 主要評価項目

有害事象の事象別及び重症度別に発現例数，発現件数を集計する。これについては試験治療期間，後観察期間に分けた集計も行う。試験物との因果関係が否定できない有害事象についても同様な集計を行う。

③ 副次評価項目

(1) 有効性に関する主要評価項目

抗菌効果について，有効例数を示し，被験者別に投与開始前，投与終了翌日，投与開始後29日目の各時点の菌量の定性（−，+1，+2，+3）の経時変化を示す。

(2) 有効性に関する副次評価項目

創部縮小効果について，被験者別に投与開始前，投与終了翌日，投与開始後29日目の各時点の潰瘍面積の値の経時変化を示す。

4　皮膚潰瘍を標的とした探索的な臨床研究結果

4.1　有効性評価
有効性の解析には，登録された2症例全例を対象にした。

4.1.1　潰瘍面積（cm^2）
2症例の潰瘍面積（cm^2）の各測定時点の結果を表1に示した。
潰瘍面積は，2症例とも，経時的な縮小が認められた。

表1 被験者別各時点での潰瘍面積（cm^2）の値一覧

被験者登録番号	初回投与前	12日目（投与終了翌日）	29日目（後観察）
1	0.65	0.36	0.17
2	13.49	12.11	11.61

4.1.2 潰瘍面積の縮小率（%）

潰瘍面積の縮小率（%）を表2に示した。症例1の縮小率は，投与前に比較し投与開始12日目は44.62%，29日目は73.85%の縮小率であった。同様に，症例2の縮小率は，投与前に比較し投与開始12日目は10.23%，29日目は13.94%の縮小率であった。

4.1.3 菌量

2症例の各測定時点の菌量（定性）を表3に示した。11日間のAG30/5C投与終了翌日の判定（投与開始後12日目）で，2症例とも菌量の低下が認められた。

症例1は，菌量は，投与開始前は「1＋」であったが11日間投与の翌日の判定で，菌量は「－」であった。しかし，後観察の29日目の判定（投与終了から18日目後）では，菌量は「2＋」に増加した。症例2では，菌量が投与前の「3＋」であったが11日間投与の翌日の判定で「2＋」に減少し，投与後29日目も菌量は「2＋」を持続した。

4.2 有効性の結論

2症例の右下肢の難治性皮膚潰瘍にAG30/5Cの1日2回，11日間連続投与した結果，潰瘍面積の縮小が認められた。

潰瘍面積の縮小率は症例1では，12日目及び29日目の観察ではそれぞれ44.62%，73.85%であり，症例2では，12日目及び29日目の観察ではそれぞれ10.23%，13.94%であった。症例1と症例2の潰瘍縮小率に隔たりがあったが，AG30/5C投与により，潰瘍の縮小が認められたことは，AG30/5Cの血管新生作用による血流増加が関与していることが推測された。

AG30/5Cは，抗菌作用を有することから，皮膚潰瘍部位の菌量の測定（定性）を行った。そ

表2 症例別各時点での潰瘍面積の縮小率（%）

被験者登録番号	12日目（投与終了翌日）	29日目（後観察）
1	44.62	73.85
2	10.23	13.94

表3 各測定時点における菌量（定性）

被験者登録番号	初回投与前	12日目（投与終了翌日）	29日目（後観察）
1	「1＋」	「－」	「2＋」
2	「3＋」	「2＋」	「2＋」

第3章　新規抗菌性ペプチドによる難治性皮膚潰瘍治療薬の臨床試験

の結果は，11日間のAG30/5Cの投与翌日の観察（投与開始後12日目）で，症例1及び症例2ともに1段階の菌量の減少が認められた（それぞれ「1+」から「－」へ，及び「3+」から「2+」へ減少）。しかし，29日目の菌量の観察では，症例1では菌量は「3+」に，症例2では「2+」となった。すなわち，AG30/5Cに抗菌作用は認められたが，今回の臨床研究では，抗菌作用の持続性は認められなかった。

4.3　安全性評価
4.3.1　有害事象
　本臨床研究期間中に観察された有害事象は全9件であった。このうち重篤なものはなかった。また，因果関係の有無については，「関連あり（因果関係が否定できない場合を含む）」が3件，「関連なし」が6件であった。

　関連ありとされた有害事象は，いずれも投与部位または投与部位周囲の局所症状（疼痛2件，浸軟1件）であり，その重症度は軽度（2件）または中等度（1件）であった。またいずれの有害事象も転帰は軽快（1件）または回復（2件）であった。

4.3.2　臨床検査値の評価
　症例1では，初回投与前から29日目の後観察までの期間を通して，総コレステロール値のごく軽度の低値（147 mg/dL）とCRPの高値（0.37 mg/dL）が有害事象として挙げられた。しかし，総コレステロール値は試験物を継続投与しても正常値に回復していること，CRPについては試験物投与前から高値を示していて，12日目及び29日目の測定で基準値以下の値に低下していることから，2つの有害事象は試験物と因果関係はないと考えられた。それ以外の測定項目の測定値の変動は，研究責任者により臨床的に問題となるものではないと判断された。

4.4　安全性の結論
　本臨床研究期間中に観察された，試験物との関連がある，もしくは試験物との因果関係を否定できない有害事象は3件（投与部位周囲の局所症状。疼痛2件，浸軟1件）であったが，いずれも非重篤で軽快または回復した。また，臨床検査については，いずれの項目の変動も，試験物との関連のないもしくは臨床的に問題のない変動であった。

　以上の結果より，本臨床研究での投与方法において，AG30/5Cによる難治性皮膚潰瘍治療は安全であると考えられた。

5　臨床試験に対する全般的考察

　難治性皮膚潰瘍は，皮膚にできた創で感染，血管障害，知覚障害といった異常な要因があるために，治り難い潰瘍状態になり，標準治療を行っても1ヶ月以上治癒しない場合に難治性皮膚潰瘍と定義される。このような病態を引き起こす基礎疾患としては，糖尿病，閉塞性動脈硬化症，

ビュルガー病などが挙げられる。

現行医療では，基礎疾患として糖尿病，閉塞性動脈硬化症，ビュルガー病を有する患者でMRSAが付着している難治性皮膚潰瘍に対する有効な治療法は未だ確立されていない。

AG30/5Cは，抗菌活性や血管新生作用を目指して化学合成されたペプチドである。AG30/5Cは，黄色ブドウ球菌，緑膿菌，真菌（カンジダ），メチシリン耐性黄色ブドウ球菌（MRSA），各種耐性緑膿菌に対して抗菌活性を有する。その抗菌機序は細胞膜破壊であることから，耐性菌が極めてできにくい特性を有する。マウスを用いた各種創傷モデルでAG30/5Cの局所血流の増加，血管新生作用，創部修復の促進効果が認められている。さらに，ヒト大動脈由来血管内皮培養細胞の遊走促進作用・管腔形成能促進作用の評価で，AG30/5Cは細胞内へのカルシウム流入が誘導されミオシン軽鎖を活性化して細胞遊走を促進する機序に加えて，血管新生作用を有するAngiopoietin-2やInterleukin-8などの複数のサイトカインの発現上昇を誘導することが示されている。すなわち，AG30/5Cは血管新生作用と抗菌作用を合わせて持つことから，AG30/5Cは，創部の新しい局所治療薬として期待できる。将来，医療現場で広く使用される可能性が期待された。

以上のような背景をふまえ，本臨床研究は，基礎疾患として糖尿病及び閉塞性動脈硬化症の2つの基礎疾患を併せ持つ2症例を対象として実施された。

試験の結果，安全性については，9件の有害事象が観察されたが，試験物との関連がある，もしくは試験物との因果関係を否定できない有害事象は3件（投与部位周囲の局所症状。疼痛2件，浸軟1件）であり，いずれも非重篤で軽快または回復した。臨床検査については，いずれの項目の変動も，「試験物と関連なし」，または「臨床的に問題なし」の変動であった。以上の結果より，本臨床研究での投与方法において，AG30/5Cによる難治性皮膚潰瘍治療は安全であると考えられた。

有効性については，2症例の右下肢の難治性皮膚潰瘍にAG30/5Cの1日2回，11日間連続投与した結果，潰瘍面積の縮小が認められた。潰瘍面積の縮小率は症例1では，12日目及び29日目の観察ではそれぞれ44.62％，73.85％であり，症例2では，12日目及び29日目の観察ではそれぞれ10.23％，13.94％であった。症例1と症例2の潰瘍縮小率に隔たりがあったが，AG30/5C投与により，潰瘍の縮小が認められたことは，AG30/5Cの血管新生作用による血流増加が関与していることが推測された。潰瘍部位の菌量の推移（定性）については，11日間のAG30/5Cの投与翌日の観察（投与開始後12日目）で，症例1及び症例2ともに1段階の菌量の減少が認められた（それぞれ「1＋」から「－」へ，及び「3＋」から「2＋」へ減少）。しかし，29日目の菌量の観察では，症例1では菌量は「2＋」から「3＋」に増加，症例2では「2＋」で菌量は増減なし，の結果であった。このことは，AG30/5Cに抗菌作用が認められるが，今回の臨床研究の試験条件では，投与終了後の抗菌効果の持続作用は十分でなかった。

結論として，今回の臨床研究の結果，AG30/5Cに，安全性について問題はみられず，有効性については潰瘍面積の縮小効果，投与期間中の菌量の減少効果が認められた。しかし，臨床研究

第3章 新規抗菌性ペプチドによる難治性皮膚潰瘍治療薬の臨床試験

に組み込まれた症例数は2例と少なく，投与終了後の菌量抑制の持続効果がみられなかったことから，今後，より多くの患者数を対象とし，より適切な投与期間，投与方法などの検討を行うことが必要と考えられた。

文　　献

1) Wang G, Li X, Wang Z, *Nucleic Acids Res.*, **37**, D933-7（2009）
2) Pazgier M, Hoover DM, Yang D, Lu W, Lubkowski J. *Cell Mol Life Sci.*, **63**, 1294-313（2006）
3) Braff MH, Gallo RL, *Curr Top Microbial Immunol*, **306**, 91-110（2006）
4) Ganz T., *Nat Rev Immunol*, **3**, 710-20（2003）
5) Izadpanah A, Gallo RL, *J Am Acad Dermatol.*, **52**, 381-90（2005）
6) Lehrer RI., *Nat Rev Microbial.*, **2**, 727-38（2004）
7) Schröder JM, Harder J, *Cell Mol Life Sci.*, **63**, 469-86（2006）
8) Vandamme D, Landuyt B, Luyten W, Schoofs L, *Cell Immunol.*, **280**, 22-35（2012）
9) Heilborn JD, Nilsson MF, Kratz G et al., *J Invest Dermatol.*, **120**, 379-89（2003）
10) Lipsky BA, Holroyd KJ, Zasloff M., *Clin Infect Dis.*, **47**, 1537-45（2008）
11) Gordon YJ, Romanowski EG, McDermott AM., *Curr Eye Res.*, **30**, 505-15（2005）
12) Nishikawa T, Nakagami H, Maeda A et al., *J Cell Mol Med.*, **13**, 535-46（2009）
13) Nakagami H, Nishikawa T, Tamura N et al., *J Cell Mol Med.*, **16**, 1629-39（2012）
14) Nakagami H, Yamaoka T, Hayashi M et al., *Geriatr Gerontol Int.*, 2017（in press）

第4章　エンドトキシン測定法と抗菌ペプチド

田村弘志[*1]，Johannes Reich[*2]，長岡　功[*3]

1　はじめに

　エンドトキシン（グラム陰性菌内毒素，以下 Et）は，グラム陰性菌の細胞壁外膜を構成する成分であるリポ多糖（lipopolysaccharide, LPS）であり，発熱作用，致死毒性，免疫系に及ぼす作用など生体内において多彩な生物活性を示す。したがって，生体内に直接投与される注射剤などにおいては，とくに厳重な管理が求められている。1964年に Levin と Bang が，カブトガニの血液に微量の Et を加えると凝固（ゲル化）することを見出し，その血球抽出液（limulus amebocyte lysate；LAL またはライセート）を用いて凝固の有無を肉眼的に判定する Et 検出法（リムルステスト）が創案された[1,2]。その後半世紀を超えた今日まで，リムルステストは，LAL 凝固機構の分子基盤の解明，応用技術の発展，局方収載，臨床展開さらには次世代型の新技術開発などグローバル市場の拡大とともに大きな発展を遂げている。本稿においては，ライセート（LAL）試薬を用いた Et 測定法の最近の進歩，測定における留意点など抗菌（生体防御）ペプチド（host defense peptides, HDPs）と Et の関連にスポットをあてるとともに，今後の課題と展望を述べたい。

2　リムルステストおよび LAL 試薬の開発経緯

　カブトガニは，2億年前から姿を変えずに現存する生物学的に貴重な生物で生きた化石とも呼ばれる。分類学的には，節足動物の剣尾目に属し，北米，日本，中国，東南アジアに2属4種（*Limulus polyphemus, Tachypleus tridentatus, Tachypleus gigas, Carcinoscorpius rotundicauda*）が生存している。なかでも，アメリカ・ニュージャージー州デラウェア湾をはじめとする東海岸沿岸がカブトガニ（*L. polyphemus*）の一大生息地である。1977年に，米国マサチューセッツ州 Associates of Cape Cod（ACC）社が，世界に先駆けリムルステストに使用する LAL 試薬（ゲル化法）の米国食品医薬品局（FDA）認可を取得し，三極薬局方収載などその後の発展の重要

[*1] Hiroshi Tamura　LPS（Laboratory Program Support）コンサルティング事務所　代表；
　　　　順天堂大学　医学部　生化学・生体防御学教室　非常勤講師
[*2] Johannes Reich　Institute of Physical and Theoretical Chemistry,
　　　　University of Regensburg, Regensburg, Germany
[*3] Isao Nagaoka　順天堂大学　大学院医学研究科　生化学・生体防御学　教授

な契機となった。本法はウサギを用いた発熱性物質試験と良好な相関関係を示し[3]，多数の動物を使用する煩雑な発熱性物質試験法の代替法として，医薬品の安全性向上に多大な貢献を果たしている。ゲル化法は半定量的な Et 検出法であるが，ゲル化に伴う濁度変化を光学的に測定する比濁法（エンドポイント法）および比濁時間分析法（カイネティック法）も Et 定量法として広く用いられている。1987年12月，FDA は「ヒト及び動物の非経口薬，生物学的製剤，医療機器に関する最終製品のエンドトキシン試験としてのライセート試薬のバリデーションのためのガイドライン」を発行した。本法は，カブトガニがもつきわめて鋭敏な生体防御センサー（凝固系カスケード）を利用した測定系で，発熱性物質試験法や鶏胚致死毒性によるバイオアッセイに比べはるかに高感度で，定量性や再現性およびコストの面でも格段に優れた方法と言える。

　一方，岩永らは，日本産カブトガニ（*T. tridentatus*）を用いてリムルステストの反応機構を分子レベルで解明し，ライセート（Lysate）に含まれる C 因子（セリンプロテアーゼ前駆体）が Et により特異的に活性化され，B 因子と凝固酵素前駆体（プロクロッティングエンザイム；PCE）の段階的活性化を経て，凝固タンパク（コアギュローゲン）が生成されゲル化に至ることを明らかにした[4]。これらの知見を基に，1983年に，最終的に活性化された凝固酵素（プロクロッティングエンザイム）の合成基質に対するアミダーゼ活性を利用する高感度比色法 LAL 試薬（トキシカラー，生化学工業）が開発された[5]。一方，通常の LAL 試薬は，自然界に広く分布する（1→3）-β-D-グルカン（酵母，カビ，キノコなどの真菌，一部の藻類，高等植物の細胞壁を構成する主要成分；以下 BG）にも極微量で反応することが明らかとなり，Et の測定結果に重大な影響を与え得ることが判明した[6]。このような問題を解決するために，著者らは，リムルス反応機構（図1）に示す BG 感受性因子（G 因子）の効率的除去または不活化を試み，1986年に，C 因子，B 因子，PCE の再構成系による高感度 Et 特異的比色法 LAL 試薬（Endospecy，生化学工業）ならびに G 因子と PCE から成る BG 特異的 LAL 試薬，G-test（Gluspecy，生化学工業）の開発に世界に先駆けて成功した[7]。その後，Et 特異的比濁法 LAL 試薬（リムルス ES-J テスト WAKO，和光純薬工業）が市場に投入され[8]，日本が世界をリードしたこれらの成果はリムルステストの特異性を著しく改良するとともに，深在性真菌症の新規血清診断薬の誕生（ファンギテック G テスト，生化学工業）[9〜11]という医学・薬学の分野で飛躍的な進歩と貢献をもたらした。

3　リムルステストの諸方法と最近の進歩

　薬局方エンドトキシン試験法には，①ゲル化法，②比濁法，③比色法の3法が収載されており，国内では生化学工業と和光純薬工業，海外では，ACC，Charles River Laboratories（CRL），Lonza，Hyglos などが，種々の製品群と受託試験サービスを提供している。各社の LAL 試薬は，Et に対する反応性，特異性および精度などの基本性能に加え，測定装置およびソフトウェア（測定システム）ならびに操作性，経済性など異なる点も多い。測定の目的（定性／定量；品質管理・

抗菌ペプチドの機能解明と技術利用

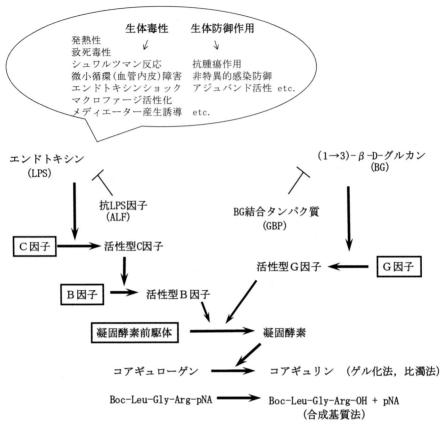

図1　エンドトキシンの主な生体作用とカブトガニ凝固因子の活性化機構

出荷試験用／研究用），被検試料の性質，測定頻度，検体数ならびにハイスループット省力化（自動化）の必要性などを勘案し，LAL 試薬を適切に選択することが重要である[12]。LAL 試薬の基本性能において重視すべき点は，感度に加え特異性である。最初に開発された Et 特異的比色法 LAL 試薬，Endospecy は，検出限界が 0.001 EU/mL 未満ときわめて感度が高く，Gluspecy と組み合わせることにより，Et と BG を30分以内に迅速かつ高精度に鑑別定量可能である。グラム陰性細菌と真菌の菌体成分を同時測定することは，医薬品の安全性と感染症迅速診断の両面からその意義は大きい[13]。

　一方，1990年代には岩永，牟田らにより一連のカブトガニ凝固因子の構造解析およびクローニングが進められ[14]，2003年に，Ding らによりマルオカブトガニ（C. rotundicauda）由来のリコンビナント C 因子（rFC）を用いた新規の Et 測定法が開発された（PyroGene rFC Assay, Lonza）[15]。その後，ドイツの Hyglos と Haemochrom Diagnostica により類似のリコンビナント製品が上市された（EndoLISA/EndoZyme, Haemotox rFC）。2012年6月，FDA は「企業向けガイダンス－パイロジェンおよびエンドトキシン試験：質疑応答集」を発行し，USP 分析法バリデーションに基づいて同等以上の結果が得られることを立証できれば，リムルス反応を用いた

第 4 章　エンドトキシン測定法と抗菌ペプチド

本試験の代替法として rFC による Et 試験の使用を認めている[16]。このような状況のなか，2015年 12 月に，カブトガニ（T. tridentatus）凝固系の再構成型リコンビナント LAL 試薬（PyroSmart，生化学工業）が開発上市された[17]。遺伝子組換え技術による Et 測定試薬は，上記の 3 社よりすでに上市されているが，完全再構成による高感度試薬（検出限界 0.001 EU/mL 未満，30 分反応）は世界初の次世代型 LAL 試薬であり，動物を使用しないリムルステストの代替法として今後の動向が注目される[18]。

4　リムルス反応に対する干渉因子

　リムルス反応の重要な特徴は，本反応が一連のセリンプロテアーゼの段階的活性化による増幅カスケード反応であるという点である。したがって，反応温度，pH，イオン強度などはもとより，被検試料あるいはそれに共存するタンパク質分解酵素やインヒビター，金属イオン，界面活性剤などがリムルス反応の活性化に影響する場合や Et の物性に影響を及ぼす場合があり，結果としてリムルス反応を阻害または促進することになる。また，当該試料あるいはそれに共存する Et 親和性物質が，Et との強固な複合体を形成しリムルス反応を阻害する場合もある。以下にそれら影響因子の具体例を示す。

① 被検試料または共存物質がリムルス反応に影響を及ぼす場合
　強酸，強アルカリ，プロテアーゼ，プロテアーゼインヒビター，キレート剤，蛋白質変性剤など
② 被検試料または共存物質が Et の物性を変化させ，リムルス反応の活性化に影響を及ぼす場合
　アルカリ土類金属（マグネシウム，カルシウム），土類金属（アルミニウム，ガリウム）および遷移金属（鉄）イオンなど，キレート剤，界面活性剤（イオン性，非イオン性，または両イオン性）など
③ 被検試料または共存物質が Et の存在様式を変化させ，リムルス反応の活性化に影響を及ぼす場合
　塩基性タンパク質，塩基性ペプチド，両親媒性ペプチドなど

　Et には菌株，培養条件，抽出法によっても異なるが，上記②に述べた金属イオンのほかエタノールアミン，ポリアミンなどの塩基が含まれ，これらのイオンの結合状態が Et 分子（LPS）の分子サイズや生物活性に影響を与えている。LPS のサブユニットは，通常の条件では，疎水結合，イオン結合などで 10^8 ダルトンにも及ぶ巨大な分子集合状態（会合体）を形成し，共存蛋白やリピドなどとも複雑なミセルを形成する。また，デオキシコール酸（DOC）[19]，ドデシル硫酸ナトリウム（SDS）[20]，Triton X-100[21] などの酸性，中性界面活性剤は LPS のミセル構造を可逆的に解離させ，結果的にリムルス反応を阻害する。2013 年に，Chen と Vinther により，ポリソルベートおよびクエン酸などを含む特定の製剤に添加された Et が時間とともに検出できなく

なる Et マスキング現象が報告された。本現象は Low Endotoxin Recovery（LER）と定義され，製剤中の Et 汚染が出荷判定時に陰性結果（偽陰性）を招く重大な原因となり得る。そのため，LER に対する FDA の懸念が高まっており，Parenteral Drug Association（PDA）は，FDA と連携を取りながらマスクされた Et の生物活性および脱マスキング剤の検討など LAL メーカーと協議のうえその対策を進めている[22,23]。なお，市販の LAL 試薬は，製造メーカーならびに測定法の違いによって，測定感度，特異性などの基本性能に加え，上記の影響因子によるリムルス反応干渉の程度にも顕著な差異が認められることがあるため注意が必要である。

5 測定干渉への対処方法

水溶性の被検試料の多くは，Et フリーのエンドトキシン試験用水または希釈用緩衝液などで適宜希釈することにより，試料溶液中に存在する反応干渉因子の影響が回避または低減され，信頼性の高い測定が可能となる。薬局方の一般試験法では，試料溶液は許容される最大の希釈倍数を超えない範囲まで希釈することができ，最大有効希釈倍数（maximum valid dilution, MVD）は，次式によって求められる。

MVD ＝（Et 規格値×試料溶液の濃度）/ λ

Et 規格値：K/M；医薬品各条に記載
K は，発熱を誘起すると言われる体重 1 kg 当たりの Et 量（EU/kg）であり，5 EU/kg（静脈内），2 EU/kg（静脈内；放射性医薬品），0.2 EU/kg（脊髄腔内）と設定される。
M は，体重 1 kg 当たり 1 回に投与される注射剤の最大量（注射剤が頻回または持続的に投与される場合は 1 時間以内に投与される注射剤の最大総量）。M の単位は，投与量が製剤の容量に基づく場合は mL/kg，主薬の質量に基づく場合は mg/kg または mEq/kg，主薬の生物学的単位に基づく場合は単位/kg で表す。また，試料溶液の濃度は，質量，当量，生物学的単位または容量で規定されるエンドトキシン規格値の単位に基づき，mg/mL，mEq/mL，単位/mL および mL/mL で示される。
λ：ゲル化法の場合は LAL 試薬の表示感度（EU/mL）であり，比濁法または
比色法の場合は，検量線の最小 Et 濃度（EU/mL）である。

LAL 試薬を基礎研究に用いる場合においても，上記の MVD の考え方が基本となる。すなわち，顕著な阻害または促進を示す試料を扱う際には，できるだけ表示感度（λ）の高い LAL 試薬を選択するほうが望ましい。また，試料溶液から反応干渉作用を除くために，しばしば限外ろ過，透析，加熱処理などが用いられるが，当該処理によりエンドトキシンが損失または不活化しないことを確認する必要がある。次に，親油性の高い物質を含む試料の場合は，ミセルの形成，乳化（白濁）により測定結果の信頼性が損なわれるので注意が必要である。このような場合には，遠

第4章 エンドトキシン測定法と抗菌ペプチド

心分離や解乳化剤により水相中のEtを測定する方法がしばしば有効であるが，個々の試料に応じた適切なバリデーションが求められる[12]。

一方，ヒトや動物の血漿，血清または全血中のEtを測定し，Et血症の補助診断の病態解析に応用する場合には，これら血液検体を希釈するだけでは測定できない。血液中には，トリプシンインヒビター，アンチトロンビンⅢなどLALの凝固系酵素を阻害するセリンプロテアーゼインヒビター，さらにはトリプシン，トロンビンなど当該酵素と類似のセリンプロテアーゼが含まれ，リムルス反応を著しく妨害するからである[24]。したがって，酸，アルカリ，希釈加熱，界面活性剤などを用いて検体に適切な前処理を施した後にリムルス反応に供する必要がある。著者らの開発した過塩素酸処理法（除タンパク法）[25]，アルカリ処理法[26]を用いる血中エンドトキシンの高感度定量法（比色法，保険適用）は，長年臨床の場で汎用されてきたが，現在日本では，希釈加熱法（界面活性剤存在下）で前処理した検体を比濁時間法で測定する方法のみが臨床使用可能である。しかし，当該法は臨床的感度が低く，敗血症の早期診断，早期治療における有用性はきわめて限定的である[27]。小幡らはリムルス反応の初期に形成されるコアギュリン粒子をレーザー散乱により検出する超高感度なエンドトキシン散乱測光法（Endotoxin Scattering Photometry, ESP法）を考案したが[28]，実用化には至っていない。また，Etの存在下でヒト好中球が産生する活性酸素を測定するEndotoxin Activity Assay（EAA, Spectral Diagnostics）[29]が2003年にFDA認可を取得しているが，Etに対する特異度に疑問が残り本法の評価は定まっていない。一方，試料中のEtをLPS結合ペプチドなどを固定化したマイクロプレートやビーズに吸着させた後にLAL試薬で測定する方法が，Hyglosとペプタイドドアより新たに開発された（EndoLISA, Pepabser）[30]。本法はリガンドトラップによる血中Etの特異的かつ効率的な濃縮を可能とするため，今後の臨床応用が期待される。

6　エンドトキシンとタンパク質との相互作用

Etは，親水性の糖鎖と疎水性のリピドA部分（図2）が分子内に局在した両親媒性物質である。詳細には，リン酸基と脂肪酸アシル基をもつグルコサミン二糖を基本骨格としたリピドA，KDOとヘプトースおよびヘキソースからなるコア糖鎖，さらには菌の抗原性を担うO多糖部分から構成されるきわめて特徴的な構造を有する。LPS結合タンパク質（LBP），殺菌作用をもつ透過性亢進タンパク質（BPI），リゾチームおよび生体防御ペプチド（以下，HDP）など機能性タンパク質の多くはEtと静電的かつ疎水性相互作用を有する[31,32]。HDPは塩基性アミノ酸と疎水性アミノ酸を多く含む両親媒性構造を示すことが特徴であり，Etとの結合は両分子間の静電的相互作用と疎水性相互作用による非共有結合である。細菌感染時に重要な役割を担っているLBPは細菌の侵入とともに肝臓で合成される急性期タンパク質であり，血中Etと複合体を形成する。さらに，マクロファージ細胞表面のCD14を介してToll様受容体4（Toll-like receptor 4；TLR4）-MD2と結合し，細胞内へのシグナル伝達とともに炎症性サイトカイン産生の引き金と

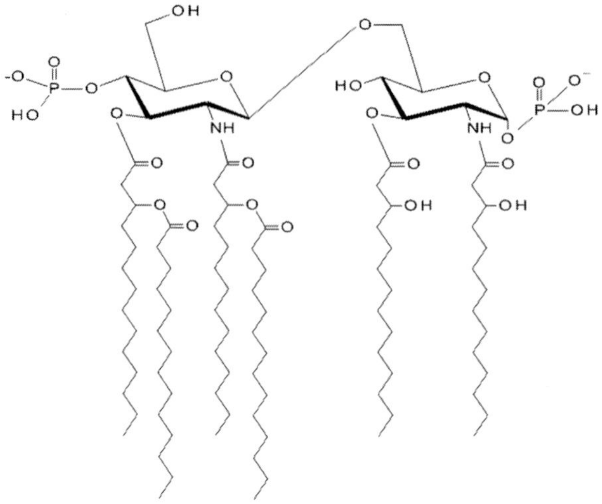

図2　大腸菌リピドAの化学構造

して働く。また，敗血症治療薬の観点からHDPの優れた機能，すなわち細菌細胞壁の破壊に伴う殺菌作用とともに遊離LPSの中和能に対する関心が高まっており[33]，HDP-Et複合体などのX線回折データを基に立体構造の詳細な解析も試みられている[34～36]。一方，HDPのLPS中和能を適切に評価するためには，HDP中のEt汚染を極力防止することが望まれる。しかし，HDPに混入するEtは，HDPとの強固な複合体を形成する場合が多く，結果的にリムルス反応を阻害し，陰性（偽陰性）の結果を招くので注意を要する。

7　生体防御ペプチド中のエンドトキシン測定の意義

生体は病原微生物の侵入を速やかに感知し，ヒトβ-defensin（hBDs）およびカテリシジンLL-37の発現を誘導しつつ，炎症部位に浸潤してきた好中球由来の抗菌ペプチドα-defensin（HNPs）とともに強力な殺菌を行う。これらのHDPは，細菌，真菌およびウィルスに対する抗微生物ペプチドで，ヒトを含む様々な生物から単離されており，自然免疫反応の一種として機能する。また，好中球，単球，マクロファージ，マスト細胞，好酸球，樹状細胞，Tリンパ球などの走化性因子としても作用し，自然免疫と獲得免疫の橋渡しなど免疫応答の制御に関与すると考えられている。また，長岡らは，上記のHDPが微生物の排除に重要な役割を担う好中球の自発的アポトーシスを抑制する分子機構を解明し，好中球の寿命を制御することで生体防御系をコントロールしていることが推測された[37]。また，近年，アポトーシス，ネクローシスとは異なる細胞死であるネトーシス（NETosis）と呼ばれる生体防御システムが注目を集めている。HDPは細胞外に放出されるneutrophil extracellular traps（NETs）の構成要素でもあり，NETsの保護作用を有するとの報告がある[38]。さらに興味深いことに，鈴木，長岡らは，LL37が血管内皮

第4章 エンドトキシン測定法と抗菌ペプチド

細胞による LPS の取り込みを促進することをはじめて見出し，LL37 が LPS の血中クリアランスに重要な役割を果たしていることが明らかとなった[39]。HDP に対する LPS の結合能または中和能の *in vitro* 定量的評価には，赤血球凝集反応[40]，ダンシル標識ポリミキシン B 置換アッセイ[41]，逆相 HPLC 分析[42]，RAW264.7 マウスマクロファージ様細胞株への結合阻害[43,44]，LPS 吸着マイクロプレート結合アッセイ[45]，ビアコアによる分子間相互作用解析[46]などが用いられる。さらに，抗 Et または抗微生物活性をマクロファージやマウスマクロファージ様細胞株を用いた炎症性サイトカインの産生抑制能ならびに動物モデルを用いた *in vivo* 評価法が知られている。

上述した HDP の多様な機能をより的確に評価する際には，HDP のリガンドである Et が試料中に混入していると正確な分析の妨げとなる可能性がある。そのため，あらかじめ Et 汚染の有無やその程度を把握し，Et フリーもしくは低 Et レベルの HDP を用いることがきわめて重要である[47]。また，各種免疫細胞を用いるアッセイにおいては，血清培地由来の Et 汚染にも注意を払う必要がある。切替らは，細胞培養で用いる牛胎児血清（FBS）40ロット（5か国14業者）中の Et および BG レベルを測定した結果，かなりの割合（13ロット）で LPS の混入が認められた。また，FBS 単独でも炎症性サイトカイン誘導能を有することから，細胞培養における種々の生物活性の評価に顕著な影響を与える可能性を示唆した[48]。一方，前述したように，リゾチーム，リボヌクレアーゼ A などの塩基性タンパク質と同様に，HDP と強固な複合体を形成した Et は，リムルス凝固因子の活性化能を失いしばしば偽陰性を招く原因となる。このような複合体の分子動態がカブトガニ血球由来の抗 LPS 因子（LALF）などで詳細に解析されており，LALF におけるリガンド分子（LPS）との結合分子比は 20：1（LALF：LPS）と報告されている[49]。したがって，LAL 試薬を用いた HDP 中の Et 測定には，上記の複合体から Et を効率的に遊離させる必要があり，Octyl-D-glucopyranoside[50]，Triton X-100[26]，あるいはプロナーゼ消化[51]が効果的であるとの報告がある。著者らの経験でもプロナーゼ消化が有効な場合があるが，Et フリーの酵素標品を調製する必要がありいずれも完全な方法とは言えない（未発表）。また，すべての試料に共通な前処理法を用いることは困難であり，試料毎に最適な測定条件を検討することが望ましい。FDA は Guideline on Validation of the Limulus Amebocyte Lysate Test（1987）のなかで，被検試料を MVD を超えない範囲で希釈するか，他の有効な前処理法を適用できない場合には，ウサギを用いた発熱性物質（パイロジェン）試験を用いることを推奨している[52]。実際に，切替らは LL37 由来の種々ペプチド（LL37P）の Et 混入の有無をウサギ発熱性物質試験で検証しているが，両者の感度の違いに加え，非 Et 性パイロジェン（グラム陽性細菌由来のパイロジェンなど）混入の可能性も考慮に入れる必要がある。また，Monocyte Activation Test（MAT）[53]は，ヒト抹消血（全血），分離・株化細胞などを用い，IL-β，IL-6，TNF α の産生能に基づく *in vitro* パイロジェン検出法であるが，ウサギ発熱性試験の代替法として2010年の欧州薬局方（EP 6.7 chapter 2.6.30）に収載されている。上記の課題は本法も含めて今後も慎重に検討していく必要がある。

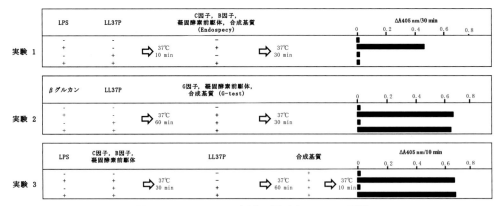

図3　エンドトキシン測定に及ぼす LL37P の影響

実験1：LL37P（400 μg/mL）25 μL をマイクロプレートにとり，E. coli 0111：B4 LPS（50 pg/mL）25 μL を加え，37℃，10 分間加温した。引き続き，Endospecy 50 μL を添加し，37℃ で 30 分間反応させた後，遊離する pNA（p-nitroaniline）の吸光度を波長 405 nm で測定した。

実験2：LL37P（200 μg/mL）25 μL をマイクロプレートにとり，(1→3)-β-D-グルカン（*Alcaligenes faecalis var. myxogenes* より調製；48.4 pg/mL）25 μL を加え，37℃，60 分間加温した。引き続き G-test 50 μL を添加し，37℃，30 分間反応させた後，遊離する pNA の吸光度を波長 405 nm で測定した。

実験3：デキストラン硫酸セファロース CL-6B カラムで分画精製したカブトガニ凝固因子（C 因子，B 因子，凝固酵素前駆体）画分[7]の混合液 100 μL に上記 LPS（10 μg/mL）10 μL を加えてマイクロプレート上で37℃，30 分間加温した。さらに，LL37P（315 μg/mL）10 μL を加えて37℃，60 分間加温した後，6 mM 発色合成基質（Boc-Leu-Gly-Arg-pNA）10 μL を添加し，37℃，10 分間反応させた。引き続き，遊離する pNA の吸光度を 405 nm で測定した（文献[54]より引用，一部改変）。

8　HDP の抗エンドトキシン活性

　先に述べたように，Et フリーの HDP を用いて，Et に対する結合能や中和活性をはじめ種々の生物活性を的確に評価することが重要である。なかでも Et 中和能を高感度かつ簡便に精度よく測定できるのはリムルステストをおいて他にはない。一方，LAL 試薬はリムルス凝固因子の段階的活性化による酵素反応を利用しており，HDP の抗 Et 活性をリムルステストで評価する際には，Et だけでなくこれらの凝固因子に対する影響も考慮しなければならない。

　切替らは，著者らと共同で LL37P が及ぼすリムルス凝固因子（C 因子，G 因子，プロクロッティングエンザイム）に対する作用を各凝固因子の再構成系により検証した。その結果，図3に示すように，LL37P は，これらの凝固因子の活性には全く影響を与えず，Et との強固な結合によりリムルス反応を阻害することが明らかとなった[54]。このような *in vitro* の系のみならず，Et 血症モデルや盲腸結紮穿刺（CLP）敗血症モデル（ラット，マウス，ウサギほか）などを用いた *in vivo* における血中 Et の動態は HDP の抗 Et 作用を評価するうえで重要なエビデンスとなる。さらに，菌体から抽出，調製された Et の代わりに，緑膿菌などの臨床分離株から抗生剤（セフタジジムなど）処理により遊離した Et を上記の動物モデルに供する手法[54]も臨床動態をより反

第4章 エンドトキシン測定法と抗菌ペプチド

映したアプローチと考えられる。

9 今後の課題および展望

　グラム陰性菌の細胞壁を構成する成分である内毒素（Et）は，極微量で発熱活性，致死活性，血小板減少などの毒性に加え，しばしばバクテリオファージのレセプターとして機能する。さらに，標的細胞の細胞膜に局在するEt受容体（TLR4-MD2）を介しTNF-α，IL-1，IL-6などの炎症性サイトカインを産生誘導するなど多彩な生物活性を有するため，長い間，生化学，免疫学分野において活発な研究対象になっている。また，Etは敗血症，敗血性ショックの原因物質でもあり，微小血管内に血栓を形成し，血流低下と酸素供給量の減少に伴う虚血性臓器障害，播種性血管内凝固症候群（DIC），多臓器不全（MOF）を引き起こし，予後不良で院内死亡率は30％程度と高い。年間2000万～3000万人が敗血症に罹患，新生児・乳幼児600万人以上が含まれており（死亡率60～80％）[55]，1990年代よりEt中和作用を有する特異抗体，TLR4受容体アンタゴニストなどさまざまなトライアルがなされてきた。しかしながら，Polymyxin B固定化ファイバー（PMX-DHP：トレミキシン，東レ・メディカル）による血中Etの吸着療法[56]（保険適用）以外に敗血症に有効な治療薬はいまだ確立されていない。1947年にBenedictらによって報告されたPolymyxin Bは，*Bacillus polymyxa*から分離された塩基性ポリペプチド系抗生物質である（腎毒性などの副作用が強く，日本では経口投与，局所投与のみ）[57]。Polymyxin Bの発見以来，今日まで非常に多くの塩基性ペプチドが微生物，植物，無脊椎動物および脊椎動物から単離され，それらの構造ならびに抗菌活性，抗ウィルス活性に関する詳細な検討が試みられてきた。これらのHDPに共通する重要な特徴は，塩基性アミノ酸と疎水性アミノ酸が偏在する両親媒性構造をとるという点であり，このことがHDPの抗微生物作用，抗ウィルス作用に加え，抗LPS活性と密接に関連している。さらに，HDPはLPS刺激によるサイトカイン，ケモカインの産生誘導（哺乳類），無脊椎動物における血液凝固系，メラニン産生系の制御にも重要な役割を担っている。また，カブトガニ血液凝固系のトリガー分子であるEtとBGで開始される一連の凝固反応も，それぞれ抗LPS因子（ALF）[58]と呼ばれるLPS結合タンパク質とBG結合タンパク質（GBP）[59]によるネガティブフィードバックにより調節されている点も興味深い（図1）。このように，LL37をはじめとする種々のHDPや生体防御タンパク質は，殺菌作用や抗腫瘍活性に加え，種々の受容体，たんぱく質，糖脂質，多糖などに結合して細胞内の情報伝達制御に関与することが明らかになりつつある。

　このような背景から，2015年まで国内で承認されたペプチド医薬品65製品（遺伝子組換えペプチド，合成ペプチド）[60]に加え，新規ペプチド医薬の開発やD型アミノ酸などの特殊アミノ酸を含む改変ペプチドの創出も活発化している[46,61]。創傷治癒や血管新生も含めたこれらの多彩な機能をより的確に評価するためにはHDP中に混入する可能性のあるEtの影響に関して細心の注意を払う必要がある。リムルス反応によるEtの測定には，通常のLAL試薬（ゲル化，光学的

表1 市販LAL試薬の種類、特徴および基本性能

製造原料	タイプ	リムルス反応に関与する凝固因子		測定法	エンドトキシンに対する特異性	フォーマット	主なLAL試薬・キット（メーカー名）	測定感度	カブトガニの種差
		エンドトキシン感受性因子ほか（セリンプロテアーゼ前駆体）、凝固酵素	妨害因子（セリンプロテアーゼ前駆体）						
カブトガニ血球抽出液（ライセート）	A	C因子 + B因子 + 凝固酵素前駆体	G因子	ゲル化法	非特異的	均一反応	Pyrotell Single Test (ACC)／Pyrosate (ACC)／Endosafe Gel-Clot LAL (CRL)／Pyrogent (Lonza)	低〜中感度	*L. polyphemus*
				比濁時間分析法			リムルスHS-Jシングルテストワコー（和光純薬）／リムルスHSTシングルテストワコー（和光純薬）／Pyrotell-T (ACC)／KTA/KTA2 (CRL)／Pyrogent-5000 (Lonza)	中〜高感度	
				比色法			トキシンカラーLS-50M（生化学工業）／Pyrochrome (ACC)／Endochrome-K (CRL)／QCL-1000 Kinetic QCL (Lonza)	高〜超高感度	
							Chromo-LAL (ACC)	高感度	
	B	C因子 + B因子 + 凝固酵素前駆体	G因子フリー／不活化	ゲル化法	特異的	カートリッジ	Endosafe® PTS / Endosafe nexgen-PTS (CRL)	低〜中間度	*L. polyphemus*
							Pyrostar ES-F single test（和光純薬）		
						均一反応	Pyrotell + Glucashield (ACC)／Pyrogent + β-G-Blocker (Lonza)		
				比濁時間分析法	特異的	均一反応	リムルス ES-IIテストワコー（和光純薬）／KTA/KTA2 + Endotoxin-specific buffer (CRL)／Pyrotell-T + glucashield (ACC)／Pyrogent 5000 + Endotoxin-specific buffer (Lonza)	中〜高感度	
				比色法		不均一反応（2段反応）	エンドスペシー ES-50M（生化学工業）	超高感度	
							リムルスカラーKYテストワコー（和光純薬）	超高感度	
遺伝子組換え凝固因子	C	C因子	N/A	比色法（蛍光合成基質）	特異的	均一反応	PyroGene rFC Assay (Lonza)／EndoZyme (Hyglos)／EndoLISA (Hyglos)／Haemotox rFC (Haemochrom)	中〜高感度	*C. rotundicauda*, *T. tridentatus*
	D	C因子 + B因子 + 凝固酵素前駆体	N/A	比色法	特異的	均一反応	PyroSmart（生化学工業）	超高感度	*T. tridentatus*

第4章　エンドトキシン測定法と抗菌ペプチド

定量）に加え，リコンビナントC因子を用いたアッセイキット，最近開発された次世代型リコンビナントLAL試薬ならびにカートリッジ式ポータブル測定装置が販売されている。ただし，バイオテクノロジーや医薬品製造に用いられるセルロース系デプスフィルター（depth filter），限外濾過膜，透析膜などに由来するBGの混入[62]を否定できない限り，Et特異的アッセイキット（表1，タイプB，C，D）を用いて検討すべきである。前述したように，それぞれの試薬および測定システムには，基本性能に加え，操作性，処理能力，経済性といった特徴があるので，試験目的と使用条件を考慮したうえで決定し，試料ごとにいかに最適化（Etの添加回収率，再現性），バリデートできるかが重要である。このことより，HDPおよびその誘導体の構造と機能，宿主に与える影響がより詳細かつ的確に解明され，敗血症の病態改善，治療薬の開発につながることが期待される。

文　献

1) Levin J, Bang FB, *Bulletin Johns Hopkins Hospital*, **115**, 265-74 (1964)
2) Levin J, Bang FB, *Thromb. Diath. Haemorrh.*, **19**, 186-97 (1968)
3) Wachtel RE, Tsuji K, *Appl. Environ. Microbiol.*, **33**, 1265-9 (1977)
4) Nakamura T, Morita T, Iwanaga S, *Eur. J. Biochem.*, **154**, 511-21 (1986)
5) 大林民典，田村弘志，田中重則ほか，臨床病理，**31**, 285-8 (1983)
6) Morita T, Tanaka S, Nakamura T et al., *FEBS Lett.*, **129**, 318-321 (1981)
7) Obayashi T, Tamura H, Tanaka S et al., *Clin. Chim. Acta.*, **149**, 55-65 (1985)
8) 土谷正和，高岡文，時岡伸行ほか，日本細菌学雑誌，**45**, 903-11 (1990)
9) Obayashi T, Yoshida M, Mori T et al., *Lancet*, **345**, 17-20 (1995)
10) Ostrosky-Zeichner L, Alexander BD, Kett DH, et al., *Clin. Infect. Dis.*, **41**, 654-59 (2005)
11) 田村弘志，エンドトキシン12 自然免疫学の新たな展開，高田春比古，谷徹，嶋田紘　編集，p. 106-112, 医学図書出版 (2009)
12) 田村弘志，3極対応GMPにおける微生物試験/管理，p. 37-60, サイエンス＆テクノロジー (2010)
13) 田村弘志，田中重則，大林民典ほか，エンドトキシン測定法の進歩，p. 12-8, 日本エンドトキシン研究会 (1995)
14) Muta T, Iwanaga S, *Curr. Opin. Immunol.*, **8**, 41-7 (1996)
15) Ding JL, Chai C, Pui AWM et al., *J. Endotoxin Res.*, **4**, 33-43 (1997)
16) FDA Guidance for Industry "Pyrogen and Endotoxins Testing: Questions and Answers" (2012)
17) Mizumura H, Ogura N, Aketagawa J et al., *Innate. Immun.*, **23**, 136-46 (2017)
18) Tamura H, EC Bacteriology and Virology Research, ECO. 01, 4-5 (2016)
19) Ribi E, Anacker RL, Brown R et al., *J. Bacteriol*, **92**, 1493-1509 (1966)

20) Rudbach JA, Milner KC, *Canadian Journal of Microbiology*, **14**, 1173-8 (1968)
21) Nakamura T, Tokunaga F, Morita T *et al.*, *J. Biochem*, **103**, 370-4 (1988)
22) Hughes PF, Thomas C, Suvarna K *et al.*, *BioPharma Asia*, **4**, 14-25 (2015)
23) Reich J, Presentation at the Parenteral Drug Association Conference, Berlin, Germany (2014)
24) Obayashi T, Tamura H, Tanaka S *et al.*, *Prog. Clin. Biol. Res*, **231**, 357-69 (1987)
25) Tamura H, Tanaka S, Obayashi T *et al.*, *Clin. Chim. Acta*, **200**, 35-42 (1991)
26) Tamura H, Arimoto Y, Tanaka S *et al.*, *Clin. Chim. Acta*, **226**, 109-12 (1994)
27) Shimizu T, Obata T, Sonoda H *et al.*, *Shock*, **40**, 504-11 (2013)
28) Obata T, Nomura M, Kase Y *et al.*, *Anal. Biochem*, **373**, 281-6 (2008)
29) Marshall JC, Walker PM, Foster DM *et al.*, *Crit Care*, **6**, 342-8 (2002)
30) Suzuki MM, Matsumoto M, Yamamoto A *et al.*, *J. Microbiol. Methods*, **83**, 153-5 (2010)
31) Beamer LJ, Carroll SF, Eisenberg D, *Protein Sci.*, **7**, 906-14 (1998)
32) Ohno N, Morrison DC, *J. Biol. Chem.*, **264**, 4434-41 (1989)
33) Hancock RE, Sahl HG, *Nat. Biotechnol.*, **24**, 1551-7 (2006)
34) Mares J, Kumaran S, Gobbo M *et al.*, *J. Biol. Chem.*, **284**, 11498-506 (2009)
35) Bhunia A, Ramamoorthy A, Bhattacharjya S, *Chemistry*, **15**, 2036-40 (2009)
36) Kushibiki T, Kamiya M, Aizawa T *et al.*, *Biochim Biophys Acta.*, **1844**, 527-34 (2014)
37) Nagaoka I, Suzuki K, Niyonsaba F *et al.*, ISRN Microbiol, ID 345791, 1-12 (2012)
38) Neumann A, Völlger L, Berends ET, *J. Innate. Immun.*, **6**, 860-8 (2014)
39) Suzuki K, Murakami T, Hu Z *et al.*, *J. Immunol.*, **196**, 1338-47 (2016)
40) Larrick JW, Hirata M, Balint RF *et al.*, *Infect Immun.*, **63**, 1291-7 (1995)
41) Scott MG, Yan H, Hancock RE, *Infect Immun.*, **67**, 2005-9 (1999)
42) Danner RL, Joiner KA, Rubin M *et al.*, *Antimicrob Agents Chemother*, **33**, 1428-34 (1989)
43) Nagaoka I, Hirota S, Niyonsaba F *et al.*, *Clin. Diagn. Lab. Immunol.*, **9**, 972-82 (2002)
44) Okuda D, Yomogida S, Tamura H *et al.*, *Antimicrob Agents Chemother*, **50**, 2602-7 (2006)
45) Nagaoka I, Hirota S, Niyonsaba F *et al.*, *Clin. Diagn. Lab. Immunol.*, **9**, 972-82 (2002)
46) Suzuki MM, Matsumoto M, Yamamoto A *et al.*, *J Microbiol Methods*, **83**, 153-5 (2010)
47) Tamura H, Reich J, Nagaoka I, *Juntendo Medical Journal*, **62**, 132-40 (2016)
48) Kirikae T, Tamura H, Hashizume M *et al.*, *Int. J. Immunopharmacol*, **19**, 255-62 (1997)
49) Andrä J, Garidel P, Majerle A *et al.*, *Eur. J. Biochem.*, **271**, 2037-46 (2004)
50) Karplus TE, Ulevitch RJ, Wilson CB, *J. Immunol. Methods*, **105**, 211-20 (1987)
51) Petsch D, Deckwer WD, Anspach FB, *Anal. Biochem.*, **259**, 42-7 (1998)
52) Guideline on Validation of the Limulus Amebocyte Lysate Test as an End-Product Endotoxin Test For Human and Animal Parenteral Drugs, Biological Products and Medical Devices (1987)
53) Montag T, Spreitzer I, Löschner B *et al.*, *ALTEX*, **24**, 81-9 (2007)
54) Kirikae T, Hirata M, Yamasu H *et al.*, *Infect. Immun.*, **66**, 1861-8 (1998)
55) Reinhart K, Daniels R, Machado FR, *Rev. Bras. Ter. Intensiva.*, **25**, 3-5 (2013)
56) 小路久敬, ICUとCCU, **29**（別冊）, 5033-4 (2005)
57) Stansly PG, Schlosser ME, *J. Bacteriol.*, **54**, 549-56 (1947)

58) Tanaka S, Nakamura T, Morita T *et al., Biochem Biophys. Res. Commun.,* **105**, 717-23 (1982)
59) Tamura H, Tanaka S, Oda T *et al., Carbohydr Res.,* **295**, 103-16 (1996)
60) 橋井則貴, 石井明子, *Pharma Stage*, **15**, 13-8 (2015)
61) Iwasaki T, Saido-Sakanaka H, Asaoka A *et al., J. Insect Biotechnol Sericology,* **76**, 25-9 (2007)
62) Finkelman M, Tamura H, "Toxicology of 1→3-Beta-Glucans : Glucans as a marker for fungal exposure", ed. By Shih-Houng Young & Vincent Castranova, p. 179-97, CRC Press, Taylor & Francis, Boca Raton (2005)

【第Ⅲ編　技術利用】

第1章 Cathelicidin 抗菌ペプチドの作用メカニズムと敗血症治療への応用

鈴木　香[*1]，長岡　功[*2]

1　はじめに

　敗血症は細菌感染がもとで起こる全身性の疾患であり，救命救急医療の発達した我が国においても死亡率は約30％とたいへん高い。それは，敗血症が単に感染症というだけでなく，それに由来するさまざまな生体反応の不調が連鎖的に，かつ全身で起こるためである。そして現場の医師たちは，敗血症をどう捉えてどう治すべきか日々考えており，これは，2016年に敗血症の定義と診断基準が大幅に改訂されたことからもうかがえる[1]）。

　一方，基礎研究の成果に基づいた敗血症治療法の開発がこれまで精力的に進められてきた。例えば，グラム陰性菌の外膜成分であるリポ多糖（LPS, lipopolysaccharide）に対する中和抗体や，LPS の受容体である TLR4（toll-like receptor 4）の拮抗剤，あるいは敗血症の代表的な炎症因子である TNF-α（tumor necrosis factor-α）の中和抗体や阻害剤が臨床試験に進んだ。しかし残念なことにこれらは十分な効果を上げておらず，実用には至っていない。

　脊椎動物に幅広く存在する抗菌ペプチドファミリーの cathelicidin は，有害微生物の体内への侵入をいち早く察知して感染を食い止める生体防御因子である。興味深いことに cathelicidin は病原菌に対して殺菌・制菌するのみならず，宿主細胞を活性化して炎症や免疫応答を調節する。近年は抗菌ペプチドとしての作用よりも，むしろこうした炎症・免疫応答の調節因子としての作用に注目が集まっている。本稿では，著者らの研究室で研究対象としてきた α-helix 型 cathelicidin について，その抗菌メカニズム，LPS 中和作用，宿主細胞に対する多彩な作用を我々のデータを交えて解説する。さらに，著者らが新たに見いだした cathelicidin による LPS の除去作用についても紹介する。そして最後に，cathelicidin を敗血症治療に応用する上での利点と問題点についても触れてみたい。

2　cathelicidin の構造と抗菌メカニズム

　cathelicidin はヒトを含む哺乳類，魚類，爬虫類，鳥類で見つかっている抗菌ペプチドファミリーである。図1に示すように，その構造は N 末端側からシグナルペプチド，cathelin 様ドメイン，抗菌活性ドメインの3つの領域で構成され，細胞から放出される過程においてシグナルペプ

[*1]　Kaori Suzuki　順天堂大学　大学院医学研究科　生化学・生体防御学　助教
[*2]　Isao Nagaoka　順天堂大学　大学院医学研究科　生化学・生体防御学　教授

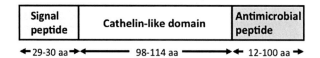

図1 Cathelicidin の構造と分類

Cathelicidin はシグナルペプチド，Cathelin 様ドメイン，抗菌活性ドメインの３つの領域で構成され，細胞から放出される過程でシグナルペプチドと Cathelin 様ドメインが酵素的に切断される。そして，抗菌活性ドメインが成熟ペプチド（抗菌ペプチド）としてはたらく。Cathelin 様ドメインは種を超えて高度に保存されている一方，成熟ペプチドは可変性を示す。

チドと cathelin 様ドメインが酵素的に切断される。そして，残った C 末端の抗菌活性ドメインが成熟ペプチド（抗菌ペプチド）としてはたらく。これはすべての動物種の cathelicidin に共通のプロセスである。ヒトではただひとつの cathelicidin が単離されており，前駆体である hCAP18 (human cationic antimicrobial protein of 18 kDa) から成熟ペプチドの LL-37 が切り出される[2]。興味深いことに，cathelicidin の名のもとになっている cathelin 様ドメインは種を超えて高度に保存されているのだが，成熟ペプチドができあがる過程で切り離されてしまう。一方，実際に抗菌ペプチドとなる抗菌活性ドメインには共通配列がない。成熟ペプチドの大きさは 12～100 アミノ酸残基と幅広く，立体構造は α-helix 型，β-sheet 型，extended (proline/arginine rich) 型とさまざまである（図１）。つまり cathelicidin ファミリーとは，似た前駆体配列をもつ多様な抗菌性ペプチドの集団である。

それでは cathelin 様ドメインにはどのような機能があるのか。cathelin はブタ白血球で見つかったシステインプロテアーゼ阻害タンパク質であり[3]，cathelicidin の cathelin 様ドメインはこれに高い相同性を示す（hCAP18 の場合，アミノ酸レベルで61.6％）[2]。このため，cathelin 様ド

第1章　Cathelicidin 抗菌ペプチドの作用メカニズムと敗血症治療への応用

メインにも cathelin と似たような機能があるだろうとして解析がすすめられてきた。しかしながら現在のところ，この仮説を支持する結果[4]と，逆にこのドメインにプロテアーゼ阻害活性はないとする結果[5]，さらにはプロテアーゼ活性を促進する報告もあって[6]，この領域がいったい何をしているのかいまだに結論は出ていないようである。ちなみに抗菌活性については hCAP18 と LL-37 でほぼ同等であり，cathelin 様ドメイン自身には抗菌活性がない[4]。

抗菌ペプチドの一般的な作用機序は第Ⅰ編で説明されているが，cathelicidin ペプチドの抗菌作用についても，その両親媒性と陽イオン性が重要である。陽イオン性は負電荷を帯びている細菌の膜表面リン脂質に結合しやすく，一方，疎水性は脂質二重膜に潜り込んで構造を撹乱したり，膜に孔を開けたりすることができる。α-helix 型 cathelicidin の場合，疎水性アミノ酸と親水性アミノ酸がらせん構造を分断するように局在していて，さらに親水性領域にはリジン（Lys）やアルギニン（Arg）などの塩基性アミノ酸が多いため，両親媒性と陽イオン性を獲得している。図2は LL-37 のアミノ酸配列と α-helix 構造を示しているが，ひとつの分子の中に疎水性アミノ酸と親水性アミノ酸が上手く住み分けしている様がわかる。LL-37 の抗菌作用の速さについては近年，蛍光顕微鏡を用いた興味深い報告がなされた。それによると，LL-37 はグラム陰性菌である *E. coli* の外膜へ1分以内というスピードで結合を完了し，続いて，数分～20分程度の間に外膜を通過してペリプラズム（外膜と内膜の間の空間）へ到達する。さらに，いくつかの LL-37 ペプチドが集まって内膜を貫通したり穴を開けることで溶菌する[7]。

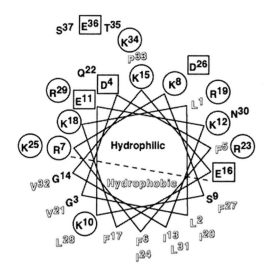

1-LLGDFFRKSKEKIGKEFKRIVQRIKDFLRNLVPRTES-37

図2　ヒト Cathelicidin LL-37 のアミノ酸配列と α-helix 構造

Shiffer-Edmudson 解析による LL-37 のヘリックス構造。白抜き文字は疎水性アミノ酸，黒文字は親水性アミノ酸（このうち〇＝塩基性，□＝酸性，囲いなし＝中性）である。らせんの片側には疎水性アミノ酸が，反対側には親水性アミノ酸が集まっており，さらに，親水性領域には塩基性アミノ酸が多く見られる。このため LL-37 は両親媒性であり陽イオン性である。

3　エンドトキシンに対する中和効果

グラム陰性菌の外膜成分であるLPSは別名エンドトキシン＝内毒素と呼ばれるように，人体を脅かす有害物質として古くから認識され研究されている（LPSの詳細については田村弘志氏の第Ⅱ編第4章を参照されたい）。LPSによる宿主細胞活性化のメカニズムは，パターン認識受容体のひとつであるTLR4の発見を機に劇的に解明が進んだ[8]。そして今日では，LPSがまず血清タンパク質であるLBP（LPS binding protein）と結合して細胞表面のCD14に速やかに受け渡され，続いてCD14がTLR4とMD-2（myeloid differentiation factor-2）の複合体に対してLPSを提示し，これによってTLR4の二量体化が起こり，細胞内シグナル（NF-κB経路，JNK経路，カスパーゼ経路など）が活性化することが明らかになっている[9]。敗血症では，感染局所において菌体から遊離したLPSが血流を介して全身に到達し，さまざまな臓器や血管で炎症応答や細胞傷害を引き起こすため，LPSは重要な病原因子として捉えられている。敗血症に関連するLPSの作用というと，単球・マクロファージにおける炎症性サイトカインの産生がまず頭に浮かぶ。実際に単球系細胞はCD14/TLR4を強く発現し，これにLPSが結合することでTNF-α，IL-6，インターフェロンなどの炎症性サイトカインを大量に産生する。しかしながら，LPS受容体は単球・マクロファージ，好中球，樹状細胞などの免疫担当細胞だけでなく血管内皮細胞や各種臓器の上皮細胞にも発現しており，LPSは全身のさまざまな宿主細胞に作用しうる病原因子である。

ウサギcathelicidinのCAP18がLPSの毒性を中和することが初めて報告されて以来[10,11]，多くのα-helix型cathelicidinにLPS中和能があることが明らかになっている。著者らの研究室ではLL-37とモルモットcathelicidinであるCAP11（cationic antibacterial polypeptide of 11 kDa）のクローニングに関わった経緯から[12~14]，これらのペプチドを主な研究対象としてきた。LL-37は37アミノ酸残基からなる直鎖α-helix型ペプチドであり（図2），一方，CAP11は43アミノ酸残基からなるα-helix型ペプチド鎖がジスルフィド結合でホモ二量体を形成するというユニークな構造をとる。これらのペプチドのLPS中和活性を調べたところ，LL-37とCAP11はどちらもLPSに直接結合してマウスマクロファージ様細胞RAW264.7へのLPSの結合を阻害し，TNF-αの産生を抑えた[11]。これを詳しく説明すると，LPSはLL-37/CAP11との直接結合によりLBPと結合しにくくなるため，LL-37/CAP11の存在下ではLBPからCD14あるいはTLR4へのLPSの受け渡しが阻害され，結果としてTLR4の下流のシグナルと細胞応答も活性化しにくくなるという訳である。さらに，もうひとつ別の機序として我々は，LL-37/CAP11がCD14に結合することでLPSとCD14との結合を阻害することも見いだしている[11]。ただしこれがどの程度LPSシグナルの抑制に関わっているかは不明で，TNF-α産生に対する抑制効果は，大部分がLPSとLL-37/CAP11との直接結合によるLPSとLBPとの結合の阻害によると考えられる。

また，著者らは宿主細胞の細胞死が敗血症の病態に関わることに着目し，さまざまなタイプの

第 1 章 Cathelicidin 抗菌ペプチドの作用メカニズムと敗血症治療への応用

細胞死に対する cathelicidin の効果を検討してきた。敗血症の病態に関連する細胞死といえば，例えば，血管内皮細胞のアポトーシスは微小血管の退縮や破綻を招いて臓器障害の引き金になるし，マクロファージの炎症型細胞死ピロトーシスは IL-1βや IL-18 の放出をともなうため，過剰炎症との関与が注目されている。我々の検討の結果，LL-37 は LPS で誘導される肝臓の血管内皮細胞のアポトーシスを抑え[15]，また，マクロファージのピロトーシスを抑えることを明らかにした[16]。一方，cathelicidin が宿主細胞死を起こしやすくすることもある。好中球の寿命は約 10 時間〜数日と短く，寿命を迎えた細胞は自発的アポトーシスにより死んでいくが，敗血症では LPS に暴露されるなどして寿命が延長することが知られている[17]。これは結果として体内の好中球を増やし，活性化した好中球が組織傷害の増悪に関わると考えられている[17]。我々は好中球に対する CAP11 の効果を調べた結果，CAP11 は LPS によって延長した好中球の寿命を正常に戻すことを明らかにした[18]。このように，cathelicidin ペプチドは炎症性サイトカインの過剰産生を抑えるだけでなく，種々の宿主細胞の細胞死を正常に近づけることで敗血症の病態に保護作用を発揮する可能性があると考えられる。そしてこれらの作用には，cathelicidin ペプチドによる LPS の中和という共通のメカニズムが関わっている。

LL-37 や CAP11 がエンドトキシンに対して有効であることが示されたため，我々は LPS 中和活性の増強を目的としてアミノ酸置換体を作製した。図 3(A)は，LL-37 と同等の LPS 中和活性をもつ 18 アミノ酸残基の部分ペプチド（18 mer K^{15}-V^{32}）と，それをもとにアミノ酸置換した改変ペプチドの構造を示している。18 mer K^{15}-V^{32} の構造を眺めていると，親水性領域の Q^{22} や N^{30}（22 番目の Gln と 30 番目の Asn：どちらも中性アミノ酸）あるいは D^{26}（26 番目の Asp：酸性アミノ酸）を塩基性アミノ酸に置換すれば陽イオン性が高まるのではないかと考える。また，E^{16}（16 番目の Glu）や K^{25}（25 番目の Lys）を疎水性アミノ酸に置換すれば疎水性が高まると予想される。そこで，疎水性を拡大したペプチド 18 mer LL（K^{25}→L；E^{16}→L）と，これに加えて親水性領域の中性，酸性アミノ酸をすべて塩基性アミノ酸に置換したペプチド 18 mer LLKKK（Q^{22}→K；D^{26}→K；N^{30}→K）を作製して LPS 中和活性を調べた。結果は予想通りとなり，ペプチドと LPS との結合能は 18 mer K^{15}-V^{32}＜18 mer LL＜18 mer LLKKK の順で強化されることがわかった（図 3(B)）[19]。そして，LPS と LBP との結合に対する阻害活性も同じく 18 mer K^{15}-V^{32}＜18 mer LL＜18 mer LLKKK という結果になった（図 3(C)）[19]。このように cathelicidin の部分化，あるいは目的に応じたアミノ酸置換をおこなうことでペプチドの能力を強化することが可能である。

4 敗血症モデル動物に対する cathelicidin ペプチドの効果

cathelicidin ペプチドの敗血症に対する効果を調べるため，モデルマウスやラットでの検討がおこなわれてきた。代表的なモデルとして，盲腸を穿孔して糞便を腹腔に拡散させる盲腸結紮穿孔（CLP, cecal ligation and puncture）モデル，大腸菌などの生菌を投与するモデル，あるいは

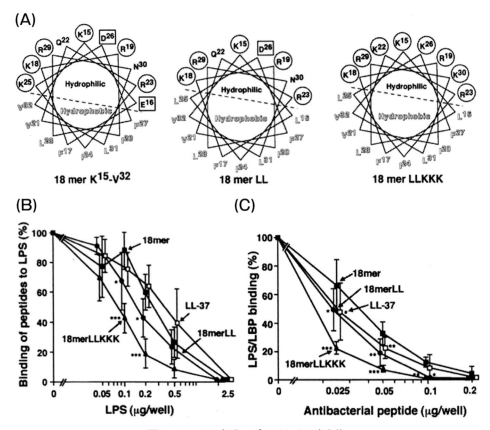

図3　LL-37の部分ペプチドとその改変体

(A) LL-37と同等のLPS中和活性をもつ部分ペプチド18 mer K^{15}-V^{32}をもとに，アミノ酸置換体を作製した。18 mer LLは疎水性領域を拡大するため，E^{16}とK^{25}をLに置換した。18 mer LLKKKは陽イオン性を増強するため，18 mer LLのQ^{22}，D^{26}，N^{30}をKに置換した。(B)改変ペプチドのLPS結合活性。18 mer K^{15}-V^{32}に比べて18 mer LLはLPS結合能が高く，18 mer LLKKKはさらに高い。(C)改変ペプチドのLPS-LBP結合に対する阻害活性。18 mer K^{15}-V^{32}に比べて18 mer LLは阻害活性が高く，18 mer LLKKKはさらに高い。
＊$p<0.05$；＊＊$p<0.01$；＊＊＊$p<0.001$[19]

精製したLPSを腹腔や静脈に投与するエンドトキシンショックモデルなどが使用される。我々や他のグループがこれらのモデルに対するLL-37投与の効果を検討した結果，LL-37はCLPモデルや*E. coli*投与モデルの致死率を大きく改善した[20]。このとき，血中，腹腔，各臓器での菌数を減らす効果もあった[20]。また，LL-37をエンドトキシンショックモデルに投与した場合も致死率を改善し（図4(A)）[11,20]，さらには血清中のLPSレベルと炎症性サイトカインレベル（IL-1β，IL-6，TNF-α）を低下させた（図4(B)）[11,21]。エンドトキシンショックモデルにLL-37を投与した場合の保護メカニズムは，LL-37とLPSとの直接結合によるLPSの中和であると考えられる。実際に我々は，腹腔マクロファージへのLPSの結合がLL-37によって抑制されることを示している（図4(C)）[11,19]。一方，CLPモデルや*E. coli*投与モデルにLL-37を投与

第1章　Cathelicidin抗菌ペプチドの作用メカニズムと敗血症治療への応用

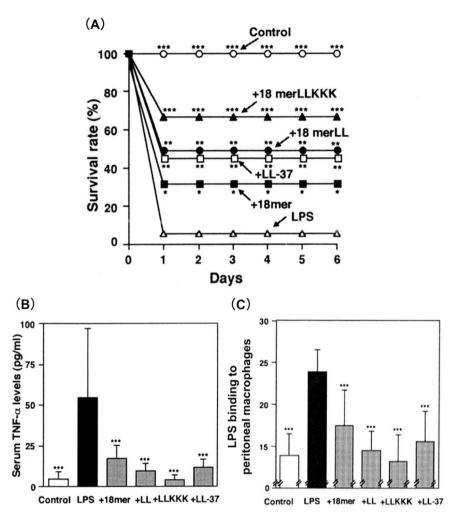

図4　D-ガラクトサミン負荷エンドトキシンショックモデルに対するLL-37投与の効果
(A) C57BL/6マウスにD-galactosamine（18 mg）と E. coli LPS（200 ng）を腹腔投与してエンドトキシンショックモデルを作製した。続いて、LL-37, 18 mer K^{15}-V^{32}, 18 mer LL あるいは18 mer LLKKK（1 μg）を投与し、6日後までのマウスの生死を記録した。LL-37は生存率を上昇させた。また、図3の結果と一致して18 mer K^{15}-V^{32}に比べて18 mer LLや18 mer LLKKK投与群で生存率が上昇した。(B), (C)投与75分後の血清TNF-αレベル(B)と腹腔マクロファージへのLPSの結合。LL-37はTNF-αレベルとLPSの結合を低下させた。また、18 mer K^{15}-V^{32}に比べて18 mer LLや18 mer LLKKK投与群ではTNF-αレベルが低下し、LPSの結合も低下した。
＊ $p<0.05$；＊＊ $p<0.01$；＊＊＊ $p<0.001$ [19]

した場合、その保護メカニズムには殺菌とLPSの中和の両方が関わる可能性があるが、他の抗菌薬の効果との比較検討から、殺菌よりもLPSの中和による効果が大きいことが示唆されている[20]。CAP11もまた、エンドトキシンショックモデルの致死率を改善し、TNF-α、IL-1β、HMGB1（high mobility group box 1）などの血中レベルを低下させる[11,22,23]。

5 LL-37による宿主細胞活性化のメカニズム

　LL-37が宿主細胞を活性化することが最初に示されたのは，2000年のOppenheimらのグループによる報告である[24]。この論文では，LL-37がヒト単球においてGタンパク質依存的にCa^{2+}の動員と遊走を起こすこと，さらにヒト胚性腎細胞HEK293においてホルミルペプチド受容体のFPR2（N-formyl peptide receptor 2）/旧称FPRL1（formyl peptide receptor-like 1）を発現させた時にのみ，LL-37によってCa^{2+}の動員と遊走が起きることから，FPR2がLL-37の受容体であると報告された[24]。また後になって，FPR2の選択的アンタゴニストであるWRW4がLL-37によるFPR2の活性化を抑制するために，LL-37はFPR2に直接結合するとも報告されている[25,26]。その後も，さまざまな細胞での報告が相次ぎ，LL-37が血管内皮細胞の増殖や血管新生を促進すること[26]，好中球の自発的アポトーシスを抑制すること[27]，樹状細胞の貪食能を活性化すること[28]，マスト細胞の脱顆粒や走化性を誘導すること[29,30]，皮膚表皮細胞のバリア機能を強めること[31]などが次々と発表された。受容体分子としてはFPR2の他にケモカイン受容体CXCR2（CXC chemokine receptor type 2）[32]，感覚神経に発現するMrgX2（Mas-related gene X2）[29]，核酸受容体のP2Y11などが同定されており，FPR2を含めてこれらの分子にはGタンパク質共役型受容体（GPCR, G protein-coupled receptor）という共通点がある。その一方で，膜貫通型チャネルを形成する核酸受容体P2X7（GPCRではない）がLL-37の受容体であるとする報告も複数あり[33]，LL-37の相手はGPCRに限る訳ではない。このようにLL-37は多くの受容体を活性化するし，これら受容体の本来のリガンドとLL-37の間に共通構造が見られないことなどから，現在では，LL-37と受容体分子の相互作用はいわゆるリガンド-受容体の特異的な結合とは異なるという考えが主流である[34]。その代わりに提唱されているメカニズムとして，LL-37がまずその両親媒性によって細胞膜に潜り込み，GPCRの膜貫通ドメインに相互作用して活性化を誘導する説などがある[35]。これならひとつのペプチドが複数のGPCRを活性化することの説明は付くかもしれない。しかしながらP2X7の例があるように，これまでに蓄積されたすべての事象を説明することはできていない。

　ほかに，LL-37がEGFR（epidermal growth factor receptor）を活性化する機序は興味深い。この場合，LL-37はまず細胞表面のmetalloproteinaseを活性化することで，その基質となるEGFRリガンドの膜からの遊離を促し，次に遊離したリガンドが近傍のEGFRに結合して細胞内シグナルを活性化すると説明されている。これはLL-37によるEGFRのトランスアクティベーションと呼ばれ，上皮細胞やがん細胞での報告が多い。こちらに関しても，LL-37がどのようにmetalloproteinaseを活性化するのか，などについては不明である。

　このようにメカニズムの解明はこれからの課題であるものの，抗菌ペプチドとして単離された分子に細胞機能の調節作用があることは明らかである。ここまでLL-37の作用について述べたが，それ以外にも数多くの抗菌ペプチドがこうした機能をもつことが報告されている。Hancockらはこのような分子を抗菌ペプチドというよりむしろ，生体防御ペプチド（Host defense peptide) ととらえるべきであると主張している[36]。LL-37 は免疫細胞や血管内皮細胞といった敗血症の病態に関わる細胞に広く作用するため，LL-37 が宿主細胞機能を調節することで敗血症の病態改善にプラスの効果を発揮する可能性はある。一方，紹介したような宿主細胞に対する作用は *in vitro* での報告が多いため，生体内，さらには敗血症に陥った状況で実効的であるか，検証する必要がある。Bowdish らはこの疑問に答えるため，免疫調節活性を保持したまま抗菌機能を失った陽イオン性ペプチド IMX00C1 を作製して，*S. aureus* や *S. typhimurium* の感染モデルに投与した。その結果，この合成ペプチドを投与したマウスでは LL-37 投与に匹敵する血中制菌効果を示した[37]。IMX00C1 は extended 型ペプチドであり[37]，α-helix 型の LL-37 と直接比較するのは難しい面もあるが，このように抗菌（あるいは LPS の中和）と宿主細胞への機能を分けて評価することにより，生体防御ペプチドが *in vivo* において効果を発揮するかが明らかになっていくと期待される。

6 新たに明らかになった LL-37 の LPS 除去作用

　ヒトの腸には健康な状態でも大量の LPS が存在し，そのうちいくらかは腸管から吸収されて血液の中に入り込んでいる。しかし，その LPS は門脈から肝臓へ到達して肝臓を通過する間に血液から取り除かれる（クリアランス）ので，健常人ではこの程度の LPS の混入が問題になることはない。我々は LPS のクリアランスに着目して cathelicidin ペプチドのはたらきを探索した結果，LL-37 が肝臓において LPS を効果的に取り除く可能性を見いだしたので紹介する。

　肝臓において，血液からの異物除去に関わるのが肝細胞，類洞内皮細胞，肝常在マクロファージのクッパー細胞であり，これらの細胞は自身を活性化せずに恒常的に LPS を細胞内に取り込み，分解している。ここまでに紹介したように，LL-37 は LPS に結合して中和する活性をもつ。しかしながら中和された LPS がその後どのような運命をたどるのかは不明であった。そこで著者らはヒト肝臓の類洞内皮細胞を培養して LPS の取り込みを調べたところ，LL-37 が共存する場合に LPS の取り込みが増加することを見いだした[38]。そして，共焦点顕微鏡を用いた観察の結果，LPS と LL-37 は共局在を示したことから，これらが結合して取り込まれることが示された。興味深いことに，LPS の取り込みが増加しているときに類洞内皮細胞で TLR4 の下流シグナルは活性化されておらず，さらに，取り込まれた LL-37 と LPS はリソソームへ運ばれたことから，LL-37 による LPS の取り込みはクリアランスに関わると考えられた[38]。すなわち，LL-37 は LPS と結合して中和するだけでなく，それを速やかに血中から取り除いて分解する機能があることが示唆されたのである。この機能については今後，動物モデルを用いて検証する必要がある。

7　敗血症治療への応用の可能性と問題点

　ここまで述べてきたように，敗血症モデルマウスに対する α-helix 型 cathelicidin ペプチドの保護効果は，その LPS 中和活性に基づくところが大きい。血中の LPS を取り除くことを目的として開発されたポリミキシン B エンドトキシン除去カラムは，今日の臨床の現場で実際に使用され，敗血症治療に実績を上げている。このことを考慮してみても，LPS の中和をターゲットとした LL-37 など cathelicidin ペプチドの利用は良い成果を生む可能性がある。ポリミキシン B は強い腎毒性のため投与することは不可能であるが，内因性ペプチドの cathelicidin は投与可能であると考えられる。また，抗菌剤としての利用に目を向ければ，cathelicidin ペプチドの作用点は細菌の細胞膜リン脂質分子であるため耐性菌が出現しにくいという利点がある。さらに近年，LL-37 と既存の抗菌薬との併用効果に関する興味深い報告がある。LL-37 と β-ラクタム系抗菌薬の併用は，メチシリン耐性黄色ブドウ球菌に対して抗菌薬単独よりも高い殺菌効果を発揮するというのである[39]。このような併用により，抗菌薬使用量の低減と耐性菌出現の抑制効果が期待される。

　一方，cathelicidin ペプチドをそのまま敗血症治療に用いるのは難しい面もある。その理由として第一に（ペプチド医薬に共通の問題であるが），内因性ペプチドである cathelicidin は体内に豊富に存在するプロテアーゼによって容易に分解される。そのため，応用に向けては投与したペプチドが体内で分解を免れるような工夫が必要である。Dean らは D 体アミノ酸を用いて合成した D-LL-37 がトリプシンに耐性を示し，P. aeruginosa に対する殺菌効果やバイオフィルム形成の抑制効果をもつことを報告している[40]。このように非天然型アミノ酸を利用したり，分解を防ぐための修飾を付加することなどが分解に対する有効な解決策となるかもしれない。また最近では，環状骨格をもつ特殊ペプチドが体内での分解を免れるとして創薬の世界で注目を浴びているし，ペプチドをリポソームに内包させて保護する方法も考案されている。もうひとつの重要な問題は，ペプチド合成にかかるコストである。これについて，興味深い報告を紹介する。ビタミン D は単球・マクロファージなどに作用して hCAP18 の発現を増加させるため[41]，敗血症患者にビタミン D を投与することで血中の LL-37 レベルを上げる臨床試験が米国においておこなわれた[42]。残念なことにタンパク質レベルでの増加は見られなかったが（mRNA レベルでは増加した），ビタミン D の投与量とタイミングを工夫することで LL-37 の増加が見込めるとしている[42]。このように，既存の薬剤の投与によって cathelicidin を体内で増加させることができれば，コストの問題も解決する。

　ペプチド医薬は実現が難しいとして倦厭される時代があったが，合成技術の進歩によって近年，再び脚光を浴びている。抗菌ペプチドの研究に携わるひとりとして，これからの技術進歩が cathelicidin の実用化に道を開いてくれることを願っている。

第1章 Cathelicidin 抗菌ペプチドの作用メカニズムと敗血症治療への応用

文　献

1) Singer M *et al.*, *JAMA-Journal of the American Medical Association*, **315**, 801 (2016)
2) Larrick JW *et al.*, *Infection and Immunity*, **63**, 129 (1995)
3) Ritonja A *et al.*, *FEBS Lett.*, **255**, 4 (1989)
4) Pazgier M *et al.*, *Biochemistry*, **52**, 1547 (2013)
5) Zaiou M *et al.*, *Journal of Investigative Dermatology*, **120**, 810 (2003)
6) Zhu SY *et al.*, *Molecular Immunology*, **45**, 2531 (2008)
7) Duplantier *et al.*, *Frontiers in Immunology*, **4** (2013), https://doi.org/10.3389/fimmu.2013.00143
8) Hoshino K *et al.*, *Journal of Immunology*, **162**, 3749 (1999)
9) Alexander C *et al.*, *Journal of Endotoxin Research*, **7**, 167 (2001)
10) Larrick JW *et al.*, *Biochemical and Biophysical Research Communications*, **179**, 170, (1991)
11) Nagaoka I *et al.*, *Journal of Immunology*, **167**, 3329 (2001)
12) Nagaoka I *et al.*, *Journal of Leukocyte Biology*, **64**, 845 (1998)
13) Yomogida S *et al.*, *Archives of Biochemistry and Biophysics*, **328**, 219 (1996)
14) Nagaoka I *et al.*, *Journal of Biological Chemistry*, **272**, 22742 (1997)
15) Suzuki K *et al.*, *International Immunology*, **23**, 185 (2011)
16) Hu Z *et al.*, *PLOS One*, **9**, e85765 (2014)
17) Wesche DE *et al.*, *Journal of Leukocyte Biology*, **78**, 325 (2005)
18) Nagaoka I *et al.*, *Inflammation Research*, **53**, 609 (2004)
19) Nagaoka I *et al.*, *Clinical and Diagnostic Laboratory Immunology*, **9**, 972 (2002)
20) Cirioni O *et al.*, *Antimicrobial Agents and Chemotherapy*, **50**, 1672 (2006)
21) Hu Z *et al.*, *International Immunology*, **28**, 245 (2016)
22) Murakami T *et al.*, *Journal of Leukocyte Biology*, **27**, 27 (2007)
23) Murakami T *et al.*, *International Immunology*, **21**, 905 (2009)
24) De Y *et al.*, *The Journal of Experimental Medicine*, **192**, 1069 (2000)
25) Byfield FJ *et al.*, *Journal of Immunology*, **187**, 6402 (2011)
26) Koczulla R *et al.*, *Journal of Clinical Investigation*, **111**, 1665 (2003)
27) Nagaoka I *et al.*, *Journal of Immunology*, **176**, 3044 (2006)
28) Davidson DJ *et al.*, *Journal of Immunology*, **172**, 1146 (2004)
29) Subramanian H *et al.*, *Journal of Biological Chemistry*, **286**, 44739 (2011)
30) Niyonsaba F *et al.*, *Immunology*, **106**, 20 (2002)
31) Akiyama T *et al.*, *Journal of Innate Immunity*, **6**, 739 (2014)
32) Zhang ZF *et al.*, *European Journal of Immunology*, **39**, 3181 (2009)
33) Byfield FJ *et al.*, *American Journal of Physiology-Cell Physiology*, **300**, C105 (2011)
34) Xhindoli D *et al.*, *Biochimica Et Biophysica Acta-Biomembranes*, **1858**, 546 (2016)
35) Verjans ET *et al.*, *Peptides*, **85**, 16 (2016)
36) Mansour SC *et al.*, *Trends in Immunology*, **35**, 443 (2014)
37) Bowdish DME *et al.*, *Journal of Leukocyte Biology*, **77**, 451 (2005)

38) Suzuki K *et al.*, *Journal of Immunology*, **196**, 1338 (2016)
39) Le J *et al.*, *European Journal of Clinical Microbiology & Infectious Diseases*, **35**, 1441 (2016)
40) Dean SN *et al.*, *BMC Microbiology*, **11**, DOI: 10.1186/1471-2180-11-114 (2011)
41) Wang TT *et al.*, *Journal of Immunology*, **173**, 2909 (2004)
42) Leaf DE *et al.*, American Journal of Respiratory and Critical Care Medicine, **190**, 533 (2014)

第2章　納豆抽出抗菌ペプチドの抗がん剤への応用

伊藤英晃*

1　緒言

　食物などを常温で放置すると，やがて腐敗する。これは，微生物によって食物などが分解されるためである。一方，微生物を人間の有用になるようにコントロールして食物などを分解させることを「発酵」と呼ぶ。発酵食品は，ヨーグルトや麹など，洋の東西を問わず，古来より健康食品として広く知られている。発酵食品は身体の免疫力を高めると言われており，我々の健康維持のためには欠かせないものとなっている[1,2]。発酵食品の一般的な健康効果は，腸内環境を整えることにより，栄養価の消化吸収がよくなり，便秘予防，血中コレステロール値の低下，免疫力が高まるなどの効果がある。

　主な発酵菌としては，上述した乳酸菌以外に，ビフィズス菌の増殖を促進する酢酸菌，悪玉菌の繁殖を抑制する納豆菌，蒸した穀物などに繁殖し，味噌，醤油，米酢などの日本の発酵食品の多くに使用されている麹菌，糖をエタノールと炭酸ガスに分解し，悪玉菌の装飾を抑制する酵母菌などがある。

　秋田県には，日本酒，味噌・醤油，納豆などの発酵食品関連産業が多い。発酵食品の中でも納豆は，古来より日本の代表的な発酵食品の一つであり，また，食卓にとってなじみの深い食品の一つであることから，納豆に着目した。因みに納豆の起源は諸説あるが，秋田県横手市のJR奥羽本線"後三年"駅付近の金沢公園の中には，「納豆発祥の地」の碑が建っており，後三年の役（1083～1087年）に納豆が作られ，後に広まったとされている[3]。

　納豆には人体に不可欠な必須アミノ酸群をバランスよく含んでおり，ビタミンB2・E・Kなどのビタミン群，カリウム・亜鉛・カルシウム・鉄などのミネラル成分，食物繊維などの栄養素も豊富である。納豆の効用は，栄養的な面だけでなく納豆菌自体の優れた作用に負うところが大きい。すなわち，納豆菌は胃酸にも耐えて腸にたどりつき，ビフィズス菌や乳酸菌の増殖を促進して整腸作用を発揮し，便通を改善する。また，ウェルシュ菌や大腸菌などがつくる腐敗産物の生成を減少させ，有害物質を吸着して排泄を促すため，肝臓の負担を軽くし，肌や各組織にも良い影響を与えるものと考えられている。

　納豆や大豆に含まれるフラボノイドの一種であるイソフラボンは，骨粗鬆の予防や美肌・美白の効果があるとして注目されている。納豆の健康効果を挙げると，疲労回復，整腸作用，便通促

---

*　Hideaki Itoh　秋田大学　大学院理工学研究科　生命科学専攻　教授，
　　発酵食品開発研究所　所長，学長補佐

進，滋養強壮，コレステロールの代謝を促す，免疫力アップ効果，活性酸素の働きを抑え体の老化やがんを防ぐ，肌や皮膚を若々しく保つ，などがマスコミや一般書籍などで多数紹介されているが，納豆の如何なる成分が効果を発揮するのかなどの科学的分析報告はあまりなく，ナットウキナーゼ以外には科学的解析は殆どされていない[4]。

これまでに，アジア圏における豆腐や納豆などの大豆中心の食生活において，乳がんとの発症が少ないことが報告されている[5]。中でもイソフラボンは，大豆や漢方薬に使われる葛根などのマメ科の植物に多く含まれており，イソフラボンは，体内でつくられるエストロゲンと構造や働きが似ているためと考えられている。我々は，納豆抽出成分のがん細胞に及ぼす効果を解析した。我々は，納豆からこれまでに報告がなかった抗がん，抗菌，抗ウィルス作用をもつ抗菌ペプチドを単離し，特許を得た[6〜8]。

2 材料及び方法

2.1 материй

本研究で使用した市販の「おはよう納豆」，納豆菌添加直前の煮豆，及び納豆菌は，㈱ヤマダフーズ（秋田県仙北郡美郷町）より入手した。テンペ菌，麹菌は，㈱秋田今野商店（秋田県大仙市刈和野）より入手した。

2.2 納豆抽出成分

納豆，または煮豆（100 g）に300 mlの10 mM Tris-HCl（pH 7.4）を加え，ポリトロンホモジナイザーにて全体が均一に滑らかになるまでホモジナイズし，ベックマン遠心分離器J2-HS，JA-14ローターを用いて，13,000 rpm，15 min，4℃で遠心分離した。上清を回収し，飽和硫安濃度が0〜30%，30%〜50%，50〜75%，及び75〜100%で分画した。遠心分離後の沈殿部分を10 mM Tris-HCl（pH 7.4）で溶解し，同バッファーに一晩透析し，透析後に凍結乾燥を行い，納豆抽出サンプルとして使用した。

2.3 培養がん細胞

培養細胞は，理化学研究所 バイオリソースセンター 細胞材料開発室より入手した。本研究では60 mm dishを用い，がん細胞由来のヒト子宮頸部がん細胞（HeLa細胞），マウス神経芽細胞（Neuro 2A細胞），ラット副腎褐色細胞腫細胞（PC12細胞），ヒトバーキットリンパ腫・Bリンパ球様細胞（Raji細胞），及びマウス胎児線維芽細胞（NIH3T3）の培養に，Dulbecco's Modified Eagle's Medium（SIGMA社），ウシ胎児血清（MBL社）10 (v/v) %，0.2 (v/v) %ペニシリンストレプトマイシン添加培地を使用し，37℃ 5% CO_2インキュベーターにて24，または48時間培養した。

納豆抽出物凍結乾燥品を，1× PBS（Phosphate Buffered Saline）で1 mg/mlの濃度で溶解し，

第 2 章　納豆抽出抗菌ペプチドの抗がん剤への応用

0.2μm の滅菌フィルター（Millipore 社）濾過後，培地中に最終濃度が 1 mg/ml となるよう添加し，37℃，24または48時間培養した。

2.4　タンパク質定量及び培養細胞生存率

タンパク質の濃度測定は，BCA Protein Assay Kit（Thermo SCIENTIFIC 社）を用いて BCA 法により測定した。細胞生存率は，MTT 細胞増殖アッセイキット（コスモバイオ社）により測定した。

2.5　Butyl column chromatography

納豆抽出物の30～50％硫安分画を行い，10 mM Tris-HCl（pH 7.4）を添加し，Butyl Sepharose High Performance（GE ヘルスケアサイエンス社）に添加後，10 mM Tris-HCl（pH 7.4）バッファー中の硫安濃度25～0％にて溶出後，10 mM Tris-HCl（pH 7.4）で透析し，凍結乾燥した。凍結乾燥品は PBS にて溶解後，Raji 細胞に 1 mg/ml の濃度で添加し，24時間後に細胞生存率を確認した。また，Tris-Tricine SDS-ポリアクリルアミドゲル電気泳動を行った。

2.6　HPLC，アミノ酸配列

納豆抽出物抗がん作用ペプチドの HPLC による精製，及びアミノ酸配列の同定は，既報に従った[9,10]。

3　結果

3.1　納豆抽出成分のがん細胞に及ぼす影響

納豆抽出成分の硫安分画をマウス神経芽細胞腫 Neuro2A 細胞に投与し，24時間後の細胞生存率を測定した（図1）。コントロールに比較し，飽和硫安濃度0～100％分画，0～30％分画，及び70～100％分画投与群では，約70％の細胞が生存した。飽和硫安濃度50～70％分画投与群では約50％生存率であり，わずかな抗がん作用を呈した。一方，飽和硫安濃度30～50％分画投与群での細胞生存率は約10％生存率であった。

マウス胎児線維芽細胞 NIH3T3 でも，同様の実験を行った（図2）。Neuro2A と比較して，やはり細胞生存率は低下したものの，飽和硫安濃度30～50％分画投与群での細胞生存率は約50％生存率であった。また，ヒト子宮頸部がん細胞 HeLa 細胞では，Neuro2A と同様に，納豆抽出成分の飽和硫安濃度30～50％分画投与群では，がん細胞の生存率が約15％であり，この分画はがん細胞の生存率に大きな影響を及ぼした。顕微鏡像を解析した結果，納豆抽出成分投与前，飽和硫安分画濃度0～100％分画では，HeLa 細胞の形態に顕著な変化は観察できなかった（図3）。一方，飽和硫安濃度30～50％分画投与群では，接着細胞である HeLa 細胞が全て死滅し，球状に浮遊していた。納豆抽出成分の飽和硫安濃度30～50％分画には，強力な抗がん作用のあることが判

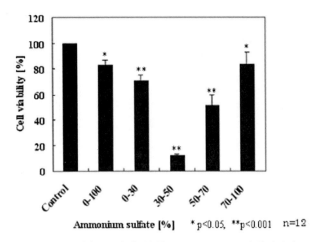

図1 納豆硫安分画各成分添加による Neuro2A 細胞生存率
MTT 法による

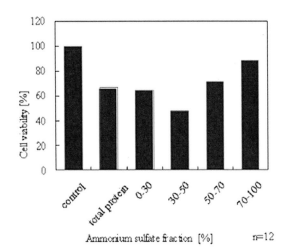

図2 納豆硫安分画各成分添加による NIH3T3 細胞生存率
MTT 法による

明した。

3.2 煮豆抽出成分,及び納豆菌の HeLa 細胞に及ぼす影響

我々は,抗がん成分である納豆抽出成分の飽和硫安濃度30～50％分画が大豆由来ならば,納豆菌を添加する前の煮豆抽出成分でも同様の結果を確認できるものと考え,納豆菌添加直前の煮豆抽出成分の各飽和硫安濃度分画を HeLa 細胞に添加した(図4)。Neuro2A や HeLa 細胞が死滅した30～50％飽和硫安濃度分画を添加しても,細胞は生存しており,煮豆抽出成分の硫安分画では,がん細胞の生存や形態変化に全く影響を及ぼさなかった。同様に,HeLa 細胞に納豆菌を添

第 2 章　納豆抽出抗菌ペプチドの抗がん剤への応用

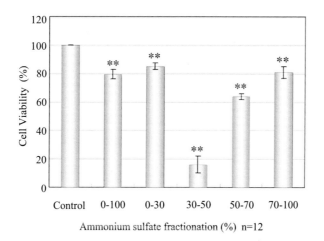

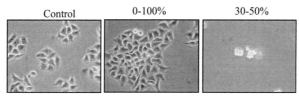

図3　納豆硫安分画各成分添加による HeLa 細胞生存率
MTT 法による
上段：硫安分画各成分添加による HeLa 細胞細胞生存率，
下段：納豆硫安分画飽和濃度30〜50％分画投与における24時間後の顕微鏡画像。

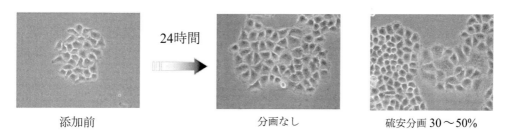

図4　煮豆硫安分画各成分添加による HeLa 細胞顕微鏡写真
HeLa 細胞に硫安分画なし，及び飽和硫安濃度30〜50％分画を投与後，24時間後の顕微鏡画像。

加し，細胞生存率と形態変化を解析した（図5）。24時間後の顕微鏡像を解析した結果，細胞生存率や形態には全く変化が生じなかった。また，インドネシアの納豆とも呼ばれる醗酵食品のテンペ（大豆をテンペ菌で発酵させた食物），及び米麹でも同様に実験したが，細胞生存率や形態には全く変化が生じなかった（Data not shown）。

3.3　納豆抽出成分の他のがん細胞に及ぼす影響

我々は，納豆抽出成分の飽和硫安濃度30〜50％分画の抗がん作用を確認するため，Neuro2A

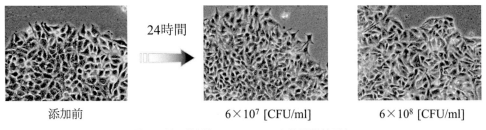

図5　納豆菌添加による HeLa 細胞顕微鏡写真

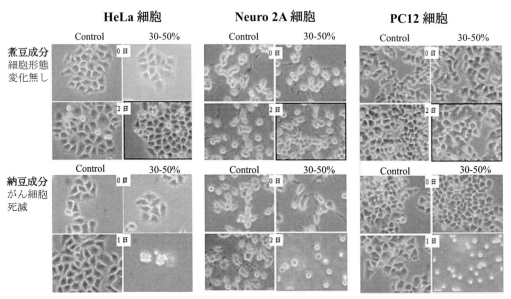

図6　各種がん細胞に対する煮豆・納豆抽出成分
飽和硫安濃度30～50％分画添加細胞顕微鏡写真

細胞と HeLa 細胞以外の他の培養がん細胞を用いて解析した。ラット副腎褐色細胞腫細胞（PC12細胞）に納豆抽出成分の飽和硫安濃度30～50％分画を投与した結果，ヒト子宮頸部がん細胞の HeLa 細胞，マウス神経芽細胞腫 Neuro2A 細胞と同一結果を得た（図6）。煮豆成分の飽和硫安濃度30～50％分画投与後48時間においても，HeLa 細胞，Neuro2A 細胞，及び PC12細胞共に，細胞生存率や形態変化には全く影響を及ぼさなかった（図6）。納豆抽出成分の飽和硫安濃度30～50％分画投与後24時間では，全てのがん細胞が死滅した（図6）。

　HeLa 細胞，Neuro2A 細胞，PC12細胞以外に，ヒト肝臓がん由来細胞株 HEPG2，ヒト神経芽細胞腫 SHSY5Y など，解析した接着型がん細胞は全て同一結果となった。さらに，浮遊細胞であるヒトバーキットリンパ腫・B リンパ球様細胞（Raji 細胞）に対する，煮豆，及び納豆抽出成分の飽和硫安濃度30～50％分画の抗がん作用を解析した（図7）。HeLa 細胞などの接着型がん細胞と異なり，Raji 細胞では驚いたことに膜が破壊された。納豆抽出成分の飽和硫安濃度

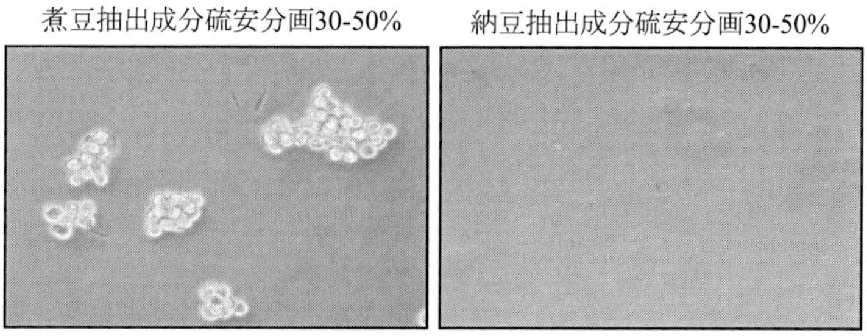

第2章　納豆抽出抗菌ペプチドの抗がん剤への応用

図7　煮豆・納豆硫安分画飽和硫安濃度30〜50％分画添加によるRaji細胞顕微鏡写真

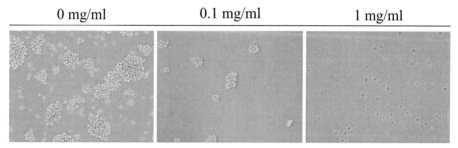

図8　納豆硫安分画飽和硫安濃度30〜50％分画各濃度添加によるRaji細胞顕微鏡写真

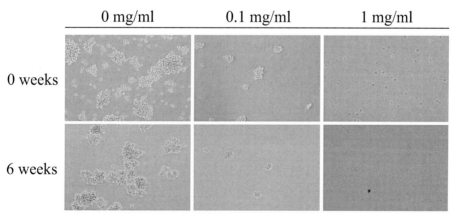

図9　長期保存納豆硫安分画飽和硫安濃度30〜50％分画各濃度添加によるRaji細胞顕微鏡写真

30〜50％分画を，0，0.1，1 mg/mlと添加濃度を変化させた結果，0.1 mg/mlでは，わずかにRaji細胞が認められたが，1 mg/mlでは，細胞自体が完全に消滅した（図8）。納豆抽出成分の飽和硫安濃度30〜50％分画溶液を，冷蔵庫で6週間保存し，Raji細胞死滅効果を解析した結果，長期保存でも効果が確認できた（図9）。納豆抽出成分の飽和硫安濃度30〜50％分画は，がんの種類には無関係に，抗がん作用を示すことが確認できた。

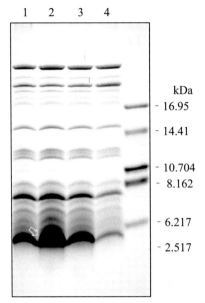

図10　納豆抽出成分の抗がん作用因子の特定
矢印が抗がん作用因子

3.4　がん細胞増殖阻止因子の同定

　納豆抽出成分飽和硫安濃度30〜50％分画を，Q-セファロース陰イオン交換カラムを用いて部分精製を行い，Tris-Tricine SDS-ポリアクリルアミドゲル電気泳動により，抗がん作用の最も高い成分を解析した（図10）。レーン2のフラクションが最も抗がん作用が高く，他のレーンとバンドの比較をした結果，矢印の約5 kDaペプチドが量的に多い結果となった。ブチルセファ

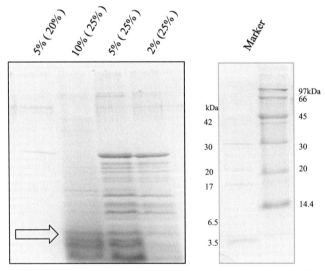

図11　ブチルセファロースカラムを用いた5 kDaペプチドの精製

第2章　納豆抽出抗菌ペプチドの抗がん剤への応用

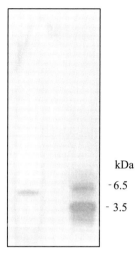

図12　5 kDa ペプチドの精製

```
              +              + +                           +
SMATPHVAGAAALLISKHPTWTNAQVRDRLESTATYLGNSFYYGK
hheehhhhhhhhheeecctcceeeeeeeeeeeeeeeeeeeeett
```

図13　5 kDa ペプチドのアミノ酸配列
アミノ酸：45残基，等電点（pI）：9.40，分子量（Mw）：4896.51
ヘリックス（h），シート（e），ループまたはコイル（c）

ロースカラムクロマトグラフィーを行い（図11），最終的に分子量約5,000のペプチドを精製した（図12）。HeLa細胞に投与した結果，がん細胞の死滅が確認され，がん細胞増殖阻止因子であることが示唆された。詳細な解析を行うために，このペプチドをアミノ酸シークェンスにてアミノ酸配列を同定した（図13）。二次構造予測の結果，分子量4896.5，等電点（pI＝9.40），両親媒性に富む新規抗菌ペプチドであった[6〜8]。

4　考察

納豆抽出成分から，強力な抗がん作用を示す抗菌ペプチドを同定した。納豆以外に，納豆菌添加前の煮豆，インドネシアの納豆と呼ばれるテンペ，米麹，及び納豆菌では，細胞増殖に影響を与えなかった。さらに，NIH3T3細胞では，ヒト子宮頸部がん細胞HeLa細胞と比較し，優位に生存率が維持された。がん細胞で活性化されている2つの経路として，Raf-1を介した増殖シグナル経路と，Akt-1を介した生存シグナル経路がある[11,12]。

Raf-1の細胞内安定性や局在は，分子シャペロンHSP90により保たれており，HSP90はAkt-1を脱リン酸化による不活性化から保護する[11]。分子シャペロンHSP90は，N末端のATPaseドメイン，Mドメイン，二量体化形成のCドメインから成り，ステロイドホルモン受

容体や，変異体 p53（mutant p53）タンパク質，乳がんに関係する HER2 タンパク質など数百種類以上もの転写因子やリン酸化酵素（キナーゼ）が含まれており，細胞に必須のタンパク質の一つである[12,13]。

当初，我々は納豆抽出成分飽和硫安濃度30〜50％分画による抗がん作用は，HSP90 N ドメインの ATP 結合サイトの結合し，HSP90 のシャペロン活性を抑制することにより，Raf-1 を介した増殖シグナル経路と，Akt-1 を介した生存シグナル経路を阻害し，結果としてがん細胞を死滅させるものと予想した。そのため，細胞に濃度依存的に納豆抽出成分飽和硫安濃度30〜50％分画を添加して HSP90 の ATPase 活性を測定したところ，納豆抽出物は濃度依存的に HSP90 の ATPase 活性を抑制する傾向が見られた。さらに，HSP90 のクライアントタンパク質である Raf-1 及び Akt-1 が減少傾向を示した（Data not shown）。以上の結果より，納豆抽出成分飽和硫安濃度30〜50％分画は HSP90 の発現量に直接影響するのではなく HSP90 の ATPase 活性に影響を及ぼし，HSP90 の ATPase 活性を抑制することにより，通常は HSP90 と相互作用しているクライアントタンパク質を不安定化したことが示唆された。HSP90 のクライアントタンパク質である Raf-1 及び Akt-1 を不安定化し間接的に生存，増殖シグナル経路を阻害することにより細胞毒性を示したものと考えた。ところが，浮遊細胞のヒトバーキットリンパ腫・B リンパ球様細胞 Raji 細胞は，納豆抽出成分飽和硫安濃度30〜50％分画投与翌日には，細胞が消失した。そのため，増殖シグナル経路と生存シグナル経路説では説明が付かなくなった。納豆抽出成分飽和硫安濃度30〜50％分画をさらに分離し，抗がん作用を示す 5 kDa ペプチドのアミノ酸シークェンスの結果，及び二次構造予測の結果，抗菌ペプチドと類似した特徴を有していた。

生物が生来もっている生体防御機構として，植物，昆虫，哺乳類などに抗菌ペプチドが存在していることが知られている[14]。これらは自然免疫に属し，感染初期に侵入する病原体を最初に認識してその排除を行い，獲得免疫系を活性化するものである。このうち，ヒトにおける抗菌ペプチドは，グループ I の LL37 であり，α-ヘリックスを有し，システィン残基を含まない（図14）。グループ II は，ディフェンシンと総称されている。3組の分子内ジスルフィド結合で架橋された塩基性ペプチドである。他の抗菌ペプチドと同様にその抗菌活性は広範囲であり，また細菌以外に真菌やウィルスにも抗菌活性をもっている[14]。ヒトは，好中球が主として産生する α-ディフェンシン（HNP）と上皮系の細胞が産生する β-ディフェンシン（HBD）という抗菌ペプチドを産生している[15]。グループ III は，ヒスタチンである。

ペプチドの二次構造予測の解析の結果，α-ヘリックスと β-シート構造に富む両親媒性で，かつ数残基ごとに塩基性アミノ酸を含む構造であった。これは，α-ヘリックスのある面に沿って親水性の残基が並び，反対側には疎水性の残基が並ぶという抗微生物ペプチドと一致した。細菌の細胞膜は，フォスファチジルグリセロールとカルジオリピンのような酸性リン脂質に富む。これらのリン脂質の頭部は非常に強く負に荷電している。抗菌ペプチドの作用機序として，①抗菌ペプチドのプラス電荷が，マイナス荷電の細胞膜に結合，②α-ヘリックス構造が膜を貫通，③細菌の細胞膜をえぐり取るように孔を開け，内容物の流出により殺菌するものと考えられてき

第2章　納豆抽出抗菌ペプチドの抗がん剤への応用

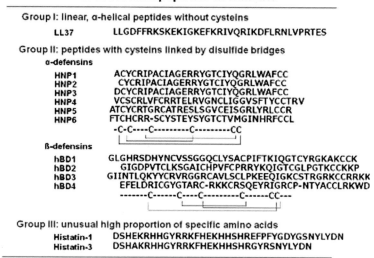

図14　ヒトの産生する抗菌性ペプチド

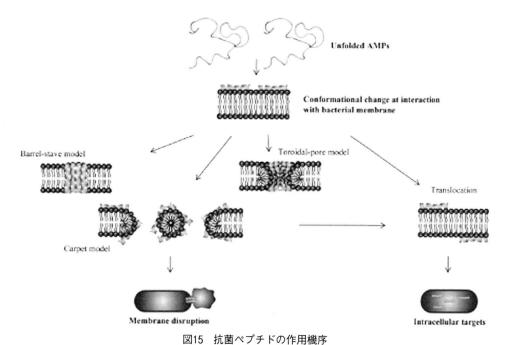

図15　抗菌ペプチドの作用機序

た[16,17]。

　抗菌ペプチドの作用機序に関して，最近，いくつかのモデルが提案された（図15）[16~18]。"Barrel-stave model"は，最近の膜二重層に垂直にペプチドが挿入され，ペプチドの添加補充

173

により，ペプチドの並ぶ膜内外孔の形成に繋がる。ペプチドは，この孔で膜の脂質中心に面する疎水性領域と相互作用する。"Troidal-pore model"によると，リペプチドの挿入の結果，一方のリーフレットから他にリン脂質が強制されるように継続的に曲がり，ペプチドとリン脂質の先頭のグループによって内側を覆われる孔になる。最後に"Carpet model"において，細菌膜面上のペプチドの蓄積が，二分子層で膜破裂とミセル形成を引き起こす。抗菌ペプチドによる膜透過化は，最初にイオンと代謝物質の漏出，以降の膜機能不全（例えば，浸透圧規制と抑制），最終的に膜破壊による膜内成分漏出，結果として膜断裂と微生物細胞の急速な溶解に繋がる。

　納豆抽出成分飽和硫安濃度30～50％分画は，なぜがん細胞を殺傷したのか。多くのがん細胞表面には，正常細胞と比較し，フォスファチジルセリンやムチンなどの陰性荷電分子が高発現する。また，がん細胞表面は，正常細胞と比較すると，シアル酸やヘパラン硫酸などのアニオン性化合物が多く存在し，結果として負電荷を帯びている。納豆由来抗菌ペプチドは，リジンとアルギニンが各2残基ずつ含まれている。抗菌ペプチドの塩基性アミノ酸が，がん細胞表面の負電荷と静電相互作用を行った結果，がん細胞の膜破壊に繋がったことが示唆される。従って，抗菌ペプチドによってがん細胞の膜破壊が誘導され，死滅したものと考えられる。Raji細胞が消滅したのはこのためと考えられる。一方，同一濃度の納豆抽出成分飽和硫安濃度30～50％分画では，NIH3T3細胞での高生存率が維持されたのは，細胞膜表面荷電の相違と考えられる。納豆由来5 kDa抗菌ペプチドは，抗がん作用以外に，肺炎レンサ球菌と緑膿菌の膜を破壊した。さらに，ヒト単純ヘルペスI型ウィルスの膜を破壊する。納豆抗菌ペプチドの抗がん作用は，解析した全てのがん細胞で確認できた。一方，抗菌や抗ウィルス効果に関しては，必ずしもスペクトルが広くなく，上述した細菌，ウィルスでの確認であった。インフルエンザウィルスに関しては，抗ウィルス効果を確認できなかった。

　納豆由来抗菌ペプチドの抗がん剤への可能性として，皮膚がん，悪性黒色腫，口腔がんなどへの応用が考えられる。これは，生体内の消化酵素やタンパク質分解酵素などによる抗菌ペプチドの分解に関して，あまり考慮する必要がないことに由来する。実際に，昆虫由来の抗菌ペプチドを用いた皮膚がん治療が試みられており，次のステップとして，皮膚がん，悪性黒色腫，口腔がんなどへの応用を検討する。

文　　献

1) 辻啓介, 日本醸造協会誌, **89**, 207-211 (1994)
2) 遠藤明仁, Dicks Leon MT, 日本乳酸菌学会誌, **19**, 152-159 (2008)
3) 秋田県雄物川町教育委員会編『雄物川町郷土史資料』
4) 須見洋行, 日本味と匂学会誌, **14**, 129-136 (2007)

5) Messina M, Nagata C, Wu AH, *Nutr. Cancer*, **55**, 1-12 (2006)
6) 伊藤英晃, 宮崎敏夫, 特許第5572856号
7) 伊藤英晃, 涌井秀樹, 宮崎敏夫, 特開2012-041316
8) 伊藤英晃, 涌井秀樹, 特開2016-121081
9) Itoh H, Komatsuda A, Wakui H, Miura AB, Tashima Y, *J. Biol. Chem.*, **270**, 13429-35 (1995)
10) Miyazaki T, Sagawa R, Honma T, Noguchi S, Harada T et al., *J. Biol. Chem.*, **279**, 17295-17300 (2004)
11) Roberts P J, Der C J, *Oncogene*, **26**, 3291-310 (2007)
12) Vivanco I, Sawyers C L, *Nature. Rev. Cancer*, **2**, 489-501 (2002)
13) Vali S, Pallavi R, Kapoor S, Tatu U, *Syst. Synth. Biol.* **4**, 25-33 (2010)
14) Ganz T, Selsted ME, *Eur. J. Haematol.* **44**, 1-8 (1990)
15) Lehrer RI, Lichtenstein AK, Ganz T, *Annu. Rev. Immunol.*, **11**, 105-128 (1993)
16) Itoh H, Tashima Y, *Int. J. Biochem.*, **23**, 1185-91 (1991)
17) 伊藤英晃, 生化学, **77**, 1137-1151 (2005)
18) 松崎勝巳, 蛋白質核酸酵素, **46**, 2060-2065 (2001)

第3章　抗菌ペプチドと皮膚疾患

ニヨンサバ　フランソワ＊

1　はじめに

　皮膚は，ほとんどの病原体が透過できない物理的障壁と，サイトカイン，ケモカイン，プロテアーゼおよび抗菌ペプチド・蛋白質（antimicrobial peptide/protein：AMP）からなる化学的障壁のため，病原体に対する防御の第一線である[1~3]。皮膚では，AMP はケラチノサイト，脂腺細胞，食細胞，T 細胞，好中球，マスト細胞等の細胞によって分泌され，細菌，ウイルス，真菌および寄生虫を殺す。AMP は抗菌活性に加えて免疫調節性を示し，これは最初に特徴付けられた抗菌活性よりもさらに大きい。そのため一部研究者は AMP を記述するのに，宿主防御ペプチド或いはアラーミン等の代替名を提案している[4]。AMP ファミリーは，デフェンシン（defensin），カテリシジン（cathelicidin），S100 タンパク質およびリボヌクレアーゼ（ribonuclease：RNase）等からなる。過去20年間の研究により，AMP は乾癬，アトピー性皮膚炎（atopic dermatitis：AD），酒さ，尋常性痤瘡，全身性エリテマトーデス（systemic lupus erythematosus：SLE）等の様々な皮膚疾患の発症と密接に関連することが明らかになっている[4]。

　ヒトデフェンシンファミリーは，α-デフェンシンとβ-デフェンシンに分類される。α-デフェンシン-1 からα-デフェンシン-4は，好中球の顆粒中に豊富に存在することから，ヒト好中球ペプチド（human neutrophil peptide：HNP）-1 から HNP-4 とも呼ばれている。他の2種類のα-デフェンシンはヒトデフェンシン（human defensin：HD）-5 と HD-6 で，主にパネート細胞に認められる[1~4]。ヒトβ-デフェンシン（human β-defensin：hBD）-1 から hBD-4 は，主に皮膚の上皮と呼吸器・泌尿生殖器組織において検出される一方，hBD-5 と hBD-6 は精巣上体で検出される[1~4]。hBD-1 は主に構成的に発現されるが，hBD-2～hBD-4 は一般に微生物，炎症および創傷による刺激後に誘導される[1~4]。hBD は抗菌作用に加えて，種々の皮膚疾患の発症に関与するサイトカインやケモカインの産生を亢進する[1,2,5~7]。さらに，hBD は多種類の細胞の遊走能と増殖能を促進し，血管新生と創傷治癒を加速する[1,2]。hBD-3 は好中球のアポトーシスを阻害し，皮膚の密着結合（タイトジャンクション）バリアを改善する[8,9]。

　哺乳類では，30種類以上のカテリシジンが同定されているが，ヒトのカテリシジンは hCAP18（human cationic antimicrobial protein of 18 kDa：ヒト陽イオン抗菌タンパク質-18）の1種類し

　＊　François Niyonsaba　順天堂大学　国際教養学部　グローバルヘルスサービス領域，
　　　　　大学院医学研究科　アトピー疾患研究センター　先任准教授

かない。hCAP18 は前駆体で，その成熟ペプチド LL-37 は，好中球，マスト細胞およびマクロファージで構成的に発現される。しかしながら，感染，損傷，または炎症の後，ケラチノサイトと上皮細胞において増強される[1~4]。LL-37 は細菌，ウイルス，真菌および寄生虫に対する抗菌活性に加えて，炎症誘発因子と抗炎症因子の両方として作用することにより炎症を制御する[1~4]。LL-37はアポトーシス促進およびアポトーシス抑制の両方の機能も持ち[10,11]，細胞の遊走能，増殖能および分化を促進し，血管新生および創傷治癒を誘導し，皮膚バリアの恒常性維持に寄与する[1,2,12]。

大部分のヒト S100 タンパク質は表皮分化複合体（epidermal differentiation complex：EDC）に局在しており，そのうち S100A7 は最もよく研究されたタンパク質である。この AMP は乾癬皮膚において最初に単離されたことから，「psoriasin：ソラヤシン」の名を持つ[13]。後に，S100A7 の発現は炎症性サイトカイン，成長因子，損傷および感染によって増強されるが[1~4]，S100A7 は正常皮膚の主要な AMP の 1 つであることが判明した[14]。S100A7 は，主に分化したケラチノサイトと好中球で発現される[1,2]。S100A7 と S100A15 は大腸菌に対してより殺菌作用を示すが，S100A8/S100A9 複合体と S100A12 は様々なウイルスおよび真菌に対して有効である[1,2]。S100A7 は抗菌活性に加えて，種類の細胞の走化性因子となり，サイトカインやケモカインの産生，細胞の増殖能と分化，血管新生，皮膚のバリア機能等を調節する[1,2,4,15]。

ケラチノサイトによって産生される 4 種類の RNase（RNase 1, 4, 5, 7）のうち，RNase 7 は最も発現量が多いものである[14,16]。RNase 7 は構成的に高レベルで発現されるが，ケラチノサイトにおける発現は，炎症性サイトカイン，細菌，または紫外線 B 波（UVB）照射によって誘発される可能性がある[1,2,4]。RNase 7 は細菌および真菌に対して強力な殺菌活性を有するが[17]，免疫調節性はまだ特定されていない。RNase 2, 3, および 5 は，樹状細胞の成熟と走化性の促進，細胞増殖の阻害，および血管新生と細胞増殖の誘導を含む様々な免疫調節活性を示す[4]。

本章は主として，皮膚の感染性および炎症性疾患における皮膚由来 AMP の臨床的関連性に焦点を当てる。皮膚における AMP の調節と機能を理解することは，皮膚の感染性または炎症性疾患を標的とする新規治療薬の開発に役立つ可能性がある。

2　ヒトの皮膚疾患における AMP の役割

2.1　乾癬

乾癬は，表皮細胞の過増殖や分化を伴う異常な血管新生，T 細胞と形質細胞様樹状細胞の過剰な活性化，および炎症誘発性サイトカインやケモカインの産生を主な特徴とする[18]。さらに，乾癬ケラチノサイトにおいては，hBD，LL-37，S100A タンパク質および RNase 7 を含む多数の AMP が，ヘルパー T 細胞（Th）1 および Th17 由来の炎症性サイトカインによって増強されて過剰発現している[19,20]。特に hBD-2，hBD-3 および S100A7 は，乾癬患者において最初に発見された[1,2,4]。乾癬皮膚において AMP が大量に存在することから，乾癬患者は AD 患者よりも感

染症に罹りにくいという仮説が導かれた[21]。重要なこととして、乾癬皮膚では AMP は抗微生物剤としてだけでなく、抗炎症剤としても作用する可能性がある。例えば、hBD-3 はケラチノサイトでの抗炎症性サイトカインであるインターロイキン（IL）-37 の発現を亢進し[7]、LL-37 は炎症性サイトカイン IL-1βの放出を阻害する[22]。また、S100A7 と S100A8/S100A9 複合体は、どちらもケラチノサイト分化を誘導し、S100A8/S100A9 複合体はケラチノサイトの増殖を抑制する[18,23]。これらのことは、S100A タンパク質が、乾癬の発症における主要な特徴である表皮の異常な増殖や分化の調節因子として作用することを示唆する。さらに、乾癬発症の初期段階では皮膚の密着結合バリアが機能していないこと、および hBD-3、LL-37 および S100A7 が密着結合バリアを強化すること[8,12,15]を考えると、AMP は乾癬で観察される密着結合バリア異常で主要な役割を果たす可能性がある。

　最近 AMP は、乾癬の感受性および兆候に重要な役割を果たすことが示された。例えば、hBD 遺伝子のコピー数と乾癬発症の相対リスクとの間には相関がある[24]。加えて、LL-37、hBD-2 および hBD-3 は形質細胞様樹状細胞を活性化してインターフェロン（IFN）-αを産生させる。IFN-αは乾癬において炎症を開始させ、自己免疫応答を導く[25]。LL-37 はケラチノサイトの I 型 IFN も上昇させる[22]。同様に hBD、LL-37 および S100A タンパク質は、ケラチノサイトの増殖を促進し[5,26]、乾癬の発症と密接に関連する好中球、T 細胞、樹状細胞および単球やマクロファージの遊走を誘導する[1,2,4]。また、これらの抗菌物質は内皮細胞の増殖や遊走も増加させ、血管新生につながる[1,2,16]。また AMP は、乾癬の発症に関与するサイトカインやケモカインを刺激する[5,6]。最後に、hBD と LL-37 はマスト細胞を脱顆粒させ、掻痒を誘発する IL-31 の産生を高めるので、AMP は乾癬患者の掻痒にも寄与する可能性がある[27~29]。さらに、乾癬のマウスモデルにおいて hBD-2 遺伝子を抑制すると、乾癬様皮膚構造が正常化し、このことは乾癬の発症における hBD-2 の役割を実証している[30]。

2.2　アトピー性皮膚炎

　AD は、皮膚バリア機能の障害、皮膚水分の減少および黄色ブドウ球菌とウイルスの重複感染に関連する自然免疫の機能障害を特徴とする[31,32]。乾癬皮膚と比較して、AD 皮膚では hBD や LL-37 等の AMP の含量が著しく低下している[21]。これらのペプチドは、AD 皮膚に繰り返し定着する黄色ブドウ球菌、単純ヘルペスウイルス、およびワクシニアウイルスを抑制することに留意することは重要である[1,2,4]。AD 患者における自然抗菌バリアの欠陥は、AD 皮膚で過剰に産生され、AMP の誘導を妨げる Th2 サイトカインである IL-4、IL-10 および IL-13 に起因する可能性がある[1~4,21]。従って、Th2 サイトカインの異常産生を制御することにより、AMP の誘導を介して AD 患者における再発性感染症を減らせる可能性がある。この考えは、S100A8 と S100A9 は AD 皮膚で減少しているが、AD 治療に使用されるピメクロリムスによって増加され得ることを示した研究によって支持される[33]。hBD-3、LL-37 および S100A7 は皮膚バリア機能を改善するので、AMP の誘導により AD 皮膚の劣化した皮膚バリアが回復する可能性もあ

る[8,12,15]。加えてLL-37は，AD皮膚において一般に減少している表皮神経反発因子であるセマフォリン3Aを誘導することによって，AD患者の掻痒を抑制する可能性がある[34]。LL-37は，ウイルス二重鎖RNAアナログのpoly（I：C）により産生されるTSLP（thymic stromal lymphopoietin，炎症性Th2サイトカインの産生に関与する分子）を抑制するので，AD皮膚におけるウイルス性炎症も減少させる可能性がある[35]。しかしながら，AMP欠乏はAD患者の一般化された特徴ではない。例えば，病変AD皮膚では皮膚バリア破壊のため，hBD，S100A7およびRNase7は非病変皮膚と比較して増加されている[36,37]。

残念なことに，AMPはADにおいて病原性の役割を果たすこともできる。例えば，hBDは，ADの発症に関与するIL-4，IL-13およびIL-31のT細胞による産生を刺激する[38]。さらに，hBDとLL-37は，マスト細胞による炎症メディエーターとIL-31の放出を促進し，血管透過性を亢進させる[27~29]。従って，AMPの過剰産生はAD患者に有害である可能性がある。

2.3 酒さ

酒さの病態生理は完全には解明されていないが，複数の因子が関与して慢性炎症および血管反応に至る。最近の報告では，LL-37の異常産生等の自然免疫応答の変化も酒さの炎症性悪化と関連していることが示されている[39]。実際，酒さの病変皮膚はLL-37のより小さい断片の増加と，hCAP18からLL-37を切り出す酵素であるカリクレイン（kallikrein）5の活性上昇を示す[39]。LL-37の断片は抗菌作用と，白血球の遊走，血管新生，炎症誘発性サイトカインの産生を含む免疫活性化特性の両方を有する[40]。マウスにおける*in vivo*実験により，LL-37断片は酒さの特徴である紅斑，血管拡張，潮紅および毛細血管拡張を引き起こすことが示された[4,39]。これまでのところ，酒さでLL-37の過剰産生が起こるメカニズムは完全に解明されていないが，ビタミンD経路とToll様受容体2経路の両方が関与することが研究によって示唆されている[4]。従って，酒さは主として顔面の中央部分に影響を及ぼし，それはこの領域が，ビタミンD経路を活性化するUVBに恒久的に曝露されており，その結果LL-37が誘導されるからである[41]。まとめると，カリクレイン5活性化を標的とする戦略は，LL-37の異常プロセシングを防止することによって酒さにおける炎症応答を低下させるのに有用な可能性がある。

2.4 尋常性痤瘡

痤瘡の病因には，皮脂産生の増加，炎症，異常角化，およびアクネ菌の定着が含まれる。痤瘡病変におけるhBD-2，S100A7，HNP1-3およびグラニュライシン（granulysin）レベルの上昇が報告されており，AMPが痤瘡で重要な保護的役割を果たす可能性を示唆している[42]。痤瘡におけるAMPの増加は，有益（抗菌作用および抗炎症作用）とも，有害（炎症誘発作用）ともなり得る。事実，痤瘡病変で誘導されたhBD-2，LL-37，S100A7およびHNPは，免疫細胞の遊走や活性化と炎症性メディエーターの放出によって，炎症を悪化させる可能性がある[1,2,4]。上記のAMPとは対照的に，非誘導性AMPであるダームシジン（dermcidin）は，尋常性痤瘡患者

の汗中で減少していることが示されており，構成的な自然防御の欠陥を示唆している[4]。ダームシジンがアクネ菌に対する抗菌活性を有することを考えると，その再構成は尋常性痤瘡の治療に有用な可能性がある。アクネ菌は AMP の発現を誘導するが，一部の研究者はアクネ菌による感染症の治療薬として AMP の開発を試みている。この文脈において，hBD-2, LL-37, S100A7, RNase 7 は単独に，あるいは相乗的にアクネ菌を殺菌する[42]。さらに，尋常性痤瘡患者におけるグラニュライシンの局所適用は，膿疱数とアクネ菌を介したサイトカイン放出を減少させた[43]。アクネ菌は痤瘡における炎症の原因であること，および AMP はアクネ菌に対して殺菌作用を示し，細菌産物を介した炎症反応を抑制することを考えると，AMP は尋常性痤瘡の予防と治療における候補となる可能性がある。

2.5 全身性エリテマトーデス

SLE は，形質細胞様樹状細胞の慢性活性化と様々な核自己抗原に対する自己抗体，特に抗二本鎖 DNA 抗体の産生を特徴とする[44]。SLE の正確な病因は不明であるが，SLE の発症と経過は自然免疫系と獲得免疫系の調節不全と関連付けられることが明らかとなっている[44]。重要なこととして，IFN-γ, IL-1β, TNF-α（腫瘍壊死因子-α）等，皮膚エリテマトーデス（cutaneous lupus erythematosus：CLE）において過剰産生されるサイトカインのほとんどは，hBD, LL-37 および S100A7 の強力な誘導因子である[1,2,4]。従って，これらの AMP が CLE で過剰発現していることは驚くべきことではない[45]。CLE 皮膚に AMP が豊富に存在することは，CLE 患者に皮膚感染がほとんど観察されない理由を，少なくとも部分的に説明するかもしれない。加えて，hBD-3 と LL-37 はどちらも好中球のアポトーシスを阻害する[9,11]。好中球アポトーシスの阻害は，血清中のアポトーシス好中球の数が著しく増加しており，かつ疾患活動性と相関する SLE 患者においては利点である可能性がある。AMP は保護的役割に加えて，CLE の経過に病原因子としても関与していると考えられている。hBD と LL-37 は，CLE において炎症反応を引き起こすケラチノサイトからの IL-6, IL-10 および IL-18 を刺激する[5,6]。さらに，SLE 血清中の hBD-2 の増加は，抗二本鎖 DNA 抗体および臨床症状と関連する[46]。HNP と LL-37 は，SLE において自己抗原として作用し，抗 HNP および抗 LL-37 抗体は，どちらも SLE 患者血清中の抗 DNA 抗体および IFN-α のレベルと関連している[47]。従って，SLE の発症に関与する AMP を治療標的とすることは，SLE の有望な治療法の開発のために考慮されるかもしれない。

2.6 創傷治癒

創傷治癒過程においては，種々のサイトカイン・ケモカインおよび成長因子がメディエーターとして作用する[48]。AMP が創傷治癒の全段階で増加していることが無数の研究によって示されており，これらのペプチドが創傷治癒過程に寄与することを示唆している。HNP, hBD, LL-37 および S100A タンパク質は，細胞の遊走と増殖を誘導し，血管新生と血管形成を促進し，創傷治癒を促進する[1,2,4]。例えば，動物モデルにおいて hBD-3 を局所適用すると，感染した糖尿病

第3章　抗菌ペプチドと皮膚疾患

性創傷の創傷閉鎖を加速し[49]，合成 LL-37 の臨床試験は，このペプチドの適用が治癒困難な静脈性下肢潰瘍に有効なことを実証した[50]。これらの観察結果は，AMP が皮膚創傷治癒の有望な治療薬であることを示唆している。創傷表面における AMP の増加は，一部サイトカインと成長因子によって媒介される[4]。LL-37 の発現は創傷治癒過程の炎症段階でも観察されたが，hBD と S100A タンパク質を含む皮膚由来 AMP の産生のピークは増殖期に観察された[51]。hBD-2 と S100A7 は慢性静脈潰瘍において誘導されているが，多くの AMP の発現は慢性創傷で低下している。LL-37 の発現は慢性潰瘍で低下し，hBD-2 と hBD-3 は糖尿病性創傷に減少している[52]。同様に，hBD-2 とダームシジンの発現の有意な低下が火傷で観察されており，火傷患者の感染症および敗血症に対する感受性の増加がこれにより説明できるかもしれない[52,53]。しかしながら，最近 Poindexter は，急性火傷皮膚では hBD-2，hBD-3，LL-37，RNase 7 および S100A7 が正常皮膚と比較して過剰発現していることを報告し[53]，この結果は火傷における AMP の発現レベルはさらに研究を行って確認する必要があることを示している。

表1　皮膚疾患の治療用途に開発された抗菌ペプチドの例

ペプチド名	由来	製薬会社	用途	臨床試験
LL-37	ヒトカテリシジン	Pergamum	静脈性下肢潰瘍	第II相
PMX-30063	デフェンシン模倣	PolyMedix	急性細菌性皮膚および皮膚構造の感染症	第II相
DPK-060	キニノゲン誘導体	Pergamum	アトピー性皮膚炎	第II相
LTX-109	ラクトフェリンB	Lytix Biopharma	グラム陽性菌皮膚の感染症，糖尿病性足感染症	第IIa相
GSK1322322	アクチノニン	GlaxoSmith	急性細菌性足感染症	第II相
HB1345	合成リポヘキサペプチド	Kline Helix BioMedix	尋常性痤瘡	前臨床試験
Pexiganan acetate	マガイニン	Dipexium Pharmaceuticals	糖尿病性足潰瘍	第III相
XOMA 629	BPI	Xoma	膿痂疹	第IIa相
Omiganan (MBI-226)	インドリシジン	Migenix/Bio West Therapeutics	痤瘡予防	第III相
Omiganan (CLS001)	インドリシジン	Cutanea Life Sciences/Migenix	重症痤瘡および酒さ	第II/III相

BPI：bactericidal permeability-increasing protein（殺菌性透過性増強タンパク質）

3 結論と今後の展望

　AMPが我々の身体を保護するという事実にもかかわらず，これらの分子は乾癬，AD，尋常性痤瘡，SLEを含む様々な皮膚疾患の発症にも積極的に寄与することが，数多くの研究によって示されている。従って，AMPは皮膚免疫を活性化すると同時にいくつかの皮膚疾患の発症を開始させる諸刃の剣である可能性がある。AMPはヒトの皮膚疾患において友人なのだろうか？それとも敵なのだろうか？

　AMPを介した抗炎症性応答と炎症誘発性応答のバランスを見出すことが，AMP創薬における今後の研究の焦点となることは間違いない。事実，AMPは治療薬となる可能性があると考えられている。しかしながら，それらの炎症誘発性の役割，プロテアーゼに対する感受性，およびそれらの開発コストが高いことが考慮され，これらの分子の臨床的および商業的開発は限られている。様々な皮膚疾患の治療用途に開発されたAMPの例を表1に示す。皮膚科学においてAMPの多機能性はわかっているが，それらのメカニズムを明らかにするには，依然としてさらに研究が必要である。今後の研究により，皮膚疾患の病態生理の理解が向上するだけでなく，治療目的でAMPを利用して従来の皮膚疾患治療法を拡大することも可能になるだろう。

謝辞

　本稿で示した研究の一部は，文部科学省科学研究費補助金（課題番号：26461703）と順天堂大学大学院医学研究科アトピー疾患研究センターの支援を受けた。

文　　献

1) F. Niyonsaba *et al.*, *Curr. Pharm. Des.*, **15**, 2393（2009）
2) F. Niyonsaba *et al.*, *Crit. Rev. Immunol.*, **26**, 545（2006）
3) J. Harder *et al.*, *Exp. Dermatol.*, **22**, 1（2013）
4) F. Niyonsaba *et al.*, *Exp. Dermatol.*, doi: 10.1111/exd.13314（2017）
5) F. Niyonsaba *et al.*, *J. Invest. Dermatol.*, **127**, 594（2007）
6) F. Niyonsaba *et al.*, *J. Immunol.*, **175**, 1776（2005）
7) R. Smithrithee *et al.*, *J. Dermatol. Sci.*, **77**, 46（2015）
8) C. Kiatsurayanon *et al.*, *J. Invest. Dermatol.*, **134**, 2163（2014）
9) I. Nagaoka *et al.*, *Int. Immunol.*, **20**, 543（2008）
10) J. M. Kahlenberg *et al.*, *J. Immunol.*, **191**, 4895（2013）
11) I. Nagaoka *et al.*, *J. Immunol.*, **176**, 3044（2006）
12) T. Akiyama *et al.*, *J. Innate Immun.*, **6**, 739（2014）
13) P. Madsen *et al.*, *J. Invest. Dermatol.*, **97**, 701（1991）

第3章 抗菌ペプチドと皮膚疾患

14) J. M. Schroder *et al., Cell. Mol. Life Sci.*, **63**, 469 (2006)
15) F. Hattori *et al., Br. J. Dermatol.*, **171**, 742 (2014)
16) J. Harder *et al., J. Biol. Chem.*, **277**, 46779 (2002)
17) M. Simanski *et al., J. Innate Immun.*, **4**, 241 (2012)
18) M. Benedyk *et al., J. Invest. Dermatol.*, **127**, 2001 (2007)
19) F. O. Nestle *et al., N. Engl. J. Med.*, **361**, 496 (2009)
20) B. Schittek *et al., Infect. Disord. Drug Targets*, **8**, 135 (2008)
21) P. Y. Ong *et al., N. Engl. J. Med.*, **347**, 1151 (2002)
22) S. Morizane *et al., J. Invest. Dermatol.*, **132**, 135 (2012)
23) C. Kerkhoff *et al., Exp. Dermatol.*, **21**, 822 (2012)
24) P. E. Stuart *et al., J. Invest. Dermatol.*, **132**, 2407 (2012)
25) R. Lande *et al., Nature*, **449**, 564 (2007)
26) Y. Lee *et al., Biochem. Biophys. Res. Commun.*, **423**, 647 (2012)
27) F. Niyonsaba *et al., Eur. J. Immunol.*, **31**, 1066 (2001)
28) F. Niyonsaba *et al., J. Immunol.*, **184**, 3526 (2010)
29) X. Chen *et al., Eur. J. Immunol.*, **37**, 434 (2007)
30) S. Bracke *et al., Exp. Dermatol.*, **23**, 199 (2014)
31) T. Biedermann, *Acta Derm. Venereol.*, **86**, 99 (2006)
32) S. P. DaVeiga, *Allergy Asthma Proc.*, **33**, 227 (2012)
33) A. Grzanka *et al., Exp. Dermatol.*, **21**, 184 (2012)
34) Y. Umehara *et al., J. Invest. Dermatol.*, **135**, 2887 (2015)
35) X. Chen *et al., Biochem. Biophys. Res. Commun.*, **433**, 532 (2013)
36) J. Harder et al., *J. Invest. Dermatol.*, **130**, 1355 (2010)
37) S. Asano *et al., Br. J. Dermatol.*, **159**, 97 (2008)
38) N. Kanda *et al., Immunobiology*, **217**, 436 (2012)
39) K. Yamasaki *et al., Nat. Med.*, **13**, 975 (2007)
40) M. Reinholz *et al., Ann. Dermatol.*, **24**, 126 (2012)
41) M. Peric *et al., J. Allergy Clin. Immunol.*, **125**, 746 (2010)
42) J. Harder *et al., Exp. Dermatol.*, **22**, 386 (2013)
43) H. S. Lim *et al., Int. J. Dermatol.*, **54**, 853 (2015)
44) S. P. Ardoin *et al., Arthritis Res. Ther.*, **10**, 218 (2008)
45) A. Kreuter *et al., J. Am. Acad. Dermatol.*, **65**, 125 (2011)
46) S. Vordenbaumen *et al., Lupus*, **19**, 1648 (2010)
47) R. Lande *et al., Sci. Transl. Med.*, **3**, 73ra19 (2011)
48) C. Moali *et al., Eur. J. Dermatol.*, **19**, 552 (2009)
49) T. Hirsch *et al., J. Gene Med.*, **11**, 220 (2009)
50) A. Gronberg *et al., Wound Repair Regen.*, **22**, 613 (2014)
51) A. S. Buchau, *J. Invest. Dermatol.*, **130**, 929 (2010)
52) M. R. Ortega *et al., Burns*, **26**, 724 (2000)
53) B. J. Poindexter *et al., Burns*, **32**, 402 (2006)

第4章　乳酸菌抗菌ペプチドの口腔ケア剤への応用

善藤威史[*1]，角田愛美[*2]，永利浩平[*3]，園元謙二[*4]

1　はじめに

　乳酸菌は様々な環境に見出され，種々の抗菌物質を生産して自身の生存・生育を有利にしていることが知られている。発酵食品においては，乳酸菌は独特の風味を付与するだけでなく，種々の抗菌物質を生産し，保存性の向上に寄与している。こうした長い年月で培われてきた発酵食品中での乳酸菌の働きを応用することで，食品のみならず，幅広い分野において，安全な微生物制御の実現が期待できる。

　乳酸菌が生産する主な抗菌物質は乳酸をはじめとする有機酸であるが，菌株によっては，さらにバクテリオシンと総称される抗菌ペプチドを生産するものもある[1]。バクテリオシンは細菌によってリボソーム上で合成される抗菌ペプチドで様々な細菌種による生産の報告例があるが，とくに乳酸菌が生産するバクテリオシンは発酵食品との関わりが深く，食品保存への利用の可能性から，広く研究が行われてきた[2]。乳酸菌が生産するバクテリオシンは，高い抗菌作用のみならず，一般に酸や熱に対して安定で，腸管内の消化酵素で容易に分解されるという食品保存への利用に適した性質を有している。また，細胞膜に瞬時に作用して抗菌作用を示すこと，容易に分解されて環境中に残留しないことから，耐性菌を生じにくいと考えられている。乳酸菌 *Lactococcus lactis* subsp. *lactis* に分類される一部の菌株によって生産され，最も代表的なバクテリオシンであるナイシンA（図1）は，安全な食品保存料として日本を含む世界各国で実用されている。近年では，このような優れた特徴と安全性を活かし，非食品用途への乳酸菌バクテリオシンの利用も試みられている。

　一方，う蝕と歯周病は，近年減少の傾向を示しているものの，依然として人類が最も多く罹患する感染症の1つである。口腔感染症を引き起こす細菌は，歯面，歯周組織，舌などの口腔粘膜，入れ歯，インプラント上などに，他の常在菌とともにバイオフィルムを形成する。近年，このようなバイオフィルムを構成する細菌が関節リウマチや糖尿病などの全身疾患にも影響することが明らかとなってきている[3,4]。また，高齢者に多い誤嚥性肺炎には口腔内常在菌が関与し，再発を繰り返し，それにより耐性菌が発生するなどの特徴がある[5,6]。超高齢化社会を迎えているわ

---

*1　Takeshi Zendo　九州大学　大学院農学研究院　助教
*2　Emi Sumida　阪本歯科医院　歯科医師
*3　Kohei Nagatoshi　㈱優しい研究所　代表取締役
*4　Kenji Sonomoto　九州大学　大学院農学研究院，バイオアーキテクチャーセンター　教授

第4章　乳酸菌抗菌ペプチドの口腔ケア剤への応用

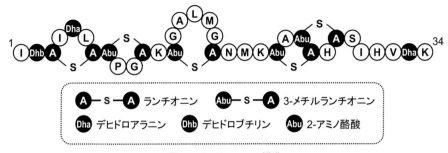

図1　ナイシンAの構造
黒色および囲みのアミノ酸残基は，翻訳後修飾で生じる異常アミノ酸を示す。

が国においては，要介護高齢者の増加により，口腔常在菌を原因とする全身への感染症が増加することが予想される。口腔常在菌を病原化させずに全身疾患の予防と共生を続けていくためには，口腔ケアがきわめて重要であり，うがいすら困難な要介護高齢者でも安全に使用できる口腔ケア剤が求められる[7~9]。

以上のような背景から，我々は安全な食品保存料として実用されているナイシンAの口腔ケア剤への応用を図った。本稿では，ナイシンAをはじめとする乳酸菌バクテリオシンの特徴とともに，ナイシンAの口腔ケア剤への応用と今後の乳酸菌バクテリオシンの利用について，我々の取り組みを紹介する。

2　乳酸菌が生産する抗菌ペプチド，バクテリオシン

2.1　一般的な性質と分類

乳酸菌をはじめとするグラム陽性細菌が生産するバクテリオシンにはこれまでに多種多様な報告例があり，それらは翻訳後修飾によって生じる異常アミノ酸を含むクラスIと，含まないクラスIIに大別される[2,10]。最も一般的な分類では，さらにクラスIIがIIaからIIdの4つのサブクラスに分類される（表1）。

クラスIバクテリオシンは，翻訳後修飾によって生じるランチオニンなどの異常アミノ酸を含むことから，ランチビオティックとも総称される。ナイシンAが最も代表的であり，ナイシンZやQなどの類縁体のほか，乳酸菌や*Bacillus*, *Staphylococcus*などのグラム陽性細菌によって生産されるクラスIバクテリオシンが多数報告されている。構造中の異常アミノ酸は，クラスIバクテリオシンの強力な抗菌活性と高い安定性に寄与していることが明らかとなっている。

クラスIIバクテリオシンは，ランチオニンなどの異常アミノ酸を含まず，一般のアミノ酸のみで構成されるものが分類される（図2）。クラスIIaバクテリオシンは，*Listeria*属に対してとくに強い抗菌活性を示すことから，抗リステリアバクテリオシン，あるいはナイシンに続く実用化が期待されるペディオシンPA-1/AcHに代表されることから，ペディオシン様バクテリオシンとも総称される。クラスIIaバクテリオシンは，N末端側にペディオシンボックスと呼ばれる

抗菌ペプチドの機能解明と技術利用

表1 乳酸菌が生産するバクテリオシンの分類

クラス （サブクラス）	特徴	例
I	翻訳後修飾によって生じる不飽和アミノ酸やランチオニンなどの異常アミノ酸を含む。ランチビオティックとも呼ばれる。耐酸・耐熱性，分子量5,000以下	ナイシンA ラクティシン481
II	異常アミノ酸を含まない。耐酸・耐熱性，分子量10,000以下	
IIa	N末端側にYGNGVXCの保存配列を有する。強い抗リステリア活性を示す。	ペディオシンPA-1 ムンジチシン
IIb	相乗作用を示す2つのペプチドによって構成される。	ラクトコッシンG ラクトコッシンQ
IIc	N末端とC末端がペプチド結合で環状化した構造を有する。	エンテロシンAS-48 ラクトサイクリシンQ
IId	IIa，IIb，IIcに分類されないクラスIIバクテリオシン	ラクトコッシンA ラクティシンQ

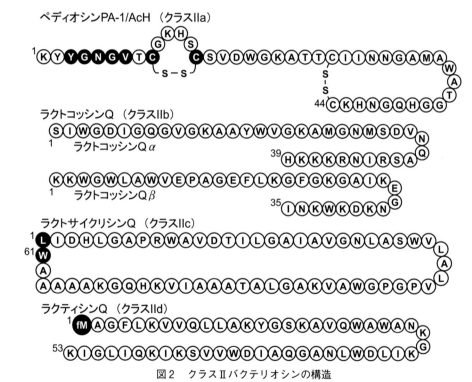

図2 クラスIIバクテリオシンの構造

ペディオシンPA-1/AcHは，黒色で示したクラスIIaバクテリオシンに特有の保存配列を有する。ラクトコッシンQは，2つのペプチドによって構成される。ラクトサイクリシンQは，黒色で示したN末端とC末端のアミノ酸残基がペプチド結合した環状構造を有する。ラクティシンQは，黒色で示したN末端のメチオニン残基がホルミル化されている。

第4章　乳酸菌抗菌ペプチドの口腔ケア剤への応用

YGNGVXCの保存配列をもつ構造上の特徴も有している。クラスIIbバクテリオシンは，2つのペプチドが相乗的に抗菌活性を示し，2-ペプチドバクテリオシンとも呼ばれる。各ペプチド単独では，抗菌活性を全く示さないか，きわめて微弱で，2つのペプチドが1：1のモル比で存在するときに最も高い相乗作用を示す。クラスIIcには，N末端とC末端がペプチド結合をした環状構造をもつバクテリオシンが分類される。環状バクテリオシンとも呼ばれ，翻訳後修飾によって生じるこの環状構造が高い抗菌活性と安定性に寄与していると考えられる。クラスIIdは，クラスIIa～IIcには属さないクラスIIバクテリオシンが分類され，構造や性質にあまり共通性が見出せない種々雑多なバクテリオシンが含まれる。

2.2　ナイシンの特徴

　ナイシンは，チーズなどの発酵食品の製造に関与する安全性の高い乳酸菌である *L. lactis* subsp. *lactis* に属する一部の菌株によって生産される。強力な抗菌活性を有することから食品保存料として応用され，その構造，生合成機構，作用機構などについて，広く研究が行われている[11]。食品保存料として認められているのは最初に発見されたナイシンAのみであるが，ナイシンZ，Q，Fなど，数残基のアミノ酸が異なる類縁体も報告されている。いずれも34アミノ酸残基で構成され，1つのランチオニンと4つの3-メチルランチオニンによる計5つのモノスルフィド結合の架橋構造と，脱水アミノ酸（不飽和アミノ酸）であるデヒドロアラニンを1つ，デヒドロブチリン2つを有している（図1）。

　ナイシンAの生合成は以下のように行われる（図3）。最初にナイシンA構造遺伝子 *nisA* が転写・翻訳され，23アミノ酸残基のリーダーペプチドを伴う計57アミノ酸残基のナイシンA前駆体が合成される。この前駆体が，NisBによる脱水，NisCによる架橋（環化）を経て，ABCトランスポーターであるNisTによって，菌体外に分泌される。最後に，NisPによってリーダーペプチドが切断されて，成熟型のナイシンAとなる。ナイシンA生産菌は，生産したナイシンAから自身を守るために2種類の自己耐性機構を有している。1つはNisIによるナイシンAの吸着，もう1つはNisFEGによって構成されるABCトランスポーターによるナイシンAの排出である。各生合成タンパク質をコードする遺伝子はクラスターを形成しており，その大半はナイシンA自身を誘導因子とする二成分制御系によって制御されている。細胞膜上に存在するNisKが菌体外のナイシンAを感知し，NisRへのリン酸基のリレーによってナイシンA生合成遺伝子群中のプロモーターを活性化し，ナイシンAの生産が誘導される。

　ナイシンは，細菌細胞の表層に存在するペプチドグリカン前駆体であるリピドIIを標的として作用する[12,13]。リピドIIを足掛かりとして，細胞膜に孔を形成し，ATPやイオンなどの細胞内容物を溶出させることで，殺菌的な抗菌作用を示す（図4）。この一連の過程は瞬時に起こり，リピドIIがグラム陽性細菌の表面に普遍的に存在することから，ナイシンに対する耐性は生じにくいと考えられている。さらに，ナイシンが低濃度の場合には，リピドIIへの結合による細胞壁合成阻害によって抗菌作用を示すことが明らかとなった。また，多くのクラスIバクテリオ

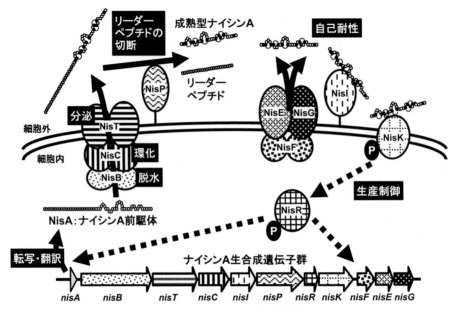

図3 ナイシンAの生合成機構

前駆体NisAが,脱水・環化(翻訳後修飾)されて菌体外に排出され,最後にリーダーペプチドが切断されて成熟型のナイシンとなる。自己耐性や生産制御に関わるタンパク質も同じ生合成遺伝子群に存在する。ナイシンZやQも同様の機構で生合成される。

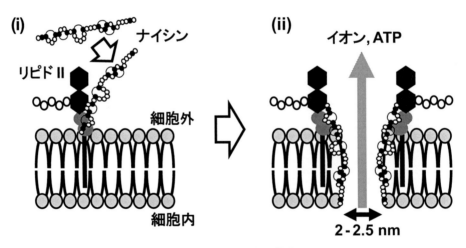

図4 ナイシンの作用機構

ナイシンAはリピドIIに付着し,それを足掛かりとして細胞膜に孔形成することでATPやイオンなどの細胞内物質の流出を引き起こす。

シンがナイシンと同様に,リピドIIを標的分子として作用することが明らかとなっている[13]。

一方,細胞の最も外側に外膜をもつグラム陰性細菌に対しては,ナイシンは細胞膜上のリピドIIに到達することができず,抗菌作用を及ぼすことができない。グラム陰性細菌の外膜はナイシ

ンを使用する上で文字通りの障壁となっている。しかし，外膜を突破できさえすれば，ナイシンもグラム陰性細菌に対して，抗菌活性を示す。例えば，外膜の構造を変化させるキレート剤を併用することで，ナイシンは外膜を透過することができ，グラム陰性細菌にも抗菌活性を示すことが知られている。ナイシンとは異なりリピドIIを標的分子にしない場合にも，ある種のクラスIIバクテリオシンが細胞膜上の糖取り込みのトランスポーターを標的とするように，多くのバクテリオシンは細胞膜上の分子を標的に作用すると予想される。したがって，キレート剤などの外膜の透過性を向上させる物質との併用は，乳酸菌バクテリオシンのグラム陰性細菌への抗菌スペクトルの拡大への有効な手段と考えられる。

3 ナイシンの利用

3.1 食品への利用

ペニシリンと時をほぼ同じくして1920年代に発見されたナイシンは，1950年代にはチーズへの利用が検討され始め，ナイシン製剤である「Nisaplin（ニサプリン）」が商品化された。その後，WHOとFAOによって認可され，米国FDAでは一般に安全と認められ（GRAS），現在では50ヶ国以上で食品保存料として利用されている。日本においては，2009年3月2日に食品添加物（保存料）として指定され，食品保存料としての使用が可能となった[11]。

食品保存料としてのナイシンは，ナイシンAを2.5%含有し，乳培地の成分や塩化ナトリウムを含むナイシン製剤であり，*Bacillus*属，*Clostridium*属，*Staphylococcus*属，*Listeria*属などのグラム陽性の食品汚染菌や食中毒菌が問題となるチーズ，乳製品，缶詰，液卵などが主な使用対象で，各国で対象食品や使用許容量が定められている[11,14]。とくに，低温での保存ができない食品や，低温で増殖する微生物が問題となる食品，加熱処理ができない食品が使用対象となる。日本においても，食品添加物への指定に際し，乳培地由来のナイシン製剤の規格と各国での使用基準に準じて，食品添加物「ナイシン」の成分規格，使用基準などが定められている[11]。

3.2 非食品用途への利用

容易に分解されて体内や環境中に残留せず，食べても安全であることから，ナイシンは非食品用途への利用も検討されている。しかしその一方では，グラム陰性細菌などへの微弱な抗菌活性や，高価格，低純度など，克服すべき課題もある。我々も非食品用途への利用と課題の解消を様々に試みてきた[3,7]。

ナイシンを主剤とし，グラム陰性細菌に相乗的な抗菌活性を示す界面活性剤を組み合わせた手指用殺菌洗浄剤や，キレート作用をもつクエン酸などとナイシンを利用した牛乳房炎の予防剤・治療剤を開発した[2]。これらは，食品添加物グレードの高い安全性を有するナイシンを利用することで，優れた抗菌効果のみならず，残留薬剤に対する懸念の解消も実現している。一方で，このような洗浄剤や治療剤への利用には，低価格かつ高純度のナイシンが求められるが，乳酸菌用

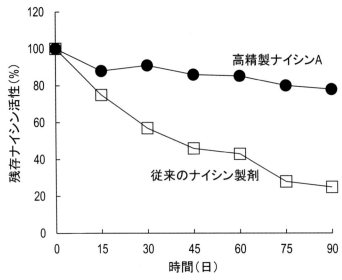

図5 高精製ナイシンAと従来のナイシン製剤の保存安定性の比較
40℃における同ナイシン濃度（20000 U/mL = 500 μg/mL）での残存活性を比較した。

の培地の改良によってナイシンの低コスト生産を図るとともに，従来の高濃度の食塩を使用した塩析法に代わる高度精製技術を開発し，最終的には90％（w/w）以上の高精製ナイシンAの工業的生産体制を構築することができた。この高精製ナイシンAは，従来のナイシン製剤と比較して，保存安定性にも優れていた（図5）。

4 ナイシンの口腔ケアへの利用

4.1 口腔用天然抗菌剤，ネオナイシン®の開発

高精製ナイシンAの開発によって，純度の低い食品保存料ナイシンでは不可能であった様々な用途へのナイシンAの展開が可能となった。とくに飲み込んでも分解されるナイシンAの安全性を最大限に活用できる用途として，上述のような背景から口腔ケアへの利用を図ることとした。しかし，口腔内には歯周病原菌をはじめとして様々なグラム陰性細菌が存在し，ここでもグラム陰性細菌への抗菌スペクトルの拡大が課題となった。

抗菌スペクトルの拡大にあたり，ナイシンAと同様に可食性の天然由来の植物エキスのスクリーニングを行ったところ，梅エキスがナイシンAと相乗作用を示すことを見出した。梅エキスにはクエン酸をはじめとする種々の有機酸が含まれ，一定濃度で抗菌活性を示すことが明らかとなっていたが，強い酸味のため，用途が限定されていた。そこで，グラム陽性細菌とグラム陰性細菌の双方に抗菌作用を示し，かつ酸味を伴わない，ナイシンAと梅エキスの配合比を検討し，新しい天然抗菌剤「ネオナイシン®」を開発した[15,16]。

第4章　乳酸菌抗菌ペプチドの口腔ケア剤への応用

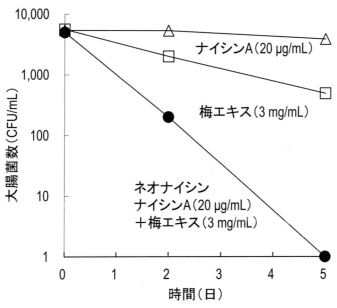

図6　ナイシンA，梅エキス，ネオナイシンの大腸菌への抗菌作用
ナイシンAおよび梅エキス単独での効果は低いものの，ネオナイシン（ナイシンA＋梅エキス）は相乗的な効果を示した。

4.2　ネオナイシン®の口腔細菌への効果

　それぞれ単独では抗菌活性をほとんど示さない濃度であっても，ナイシンAと梅エキスを配合したネオナイシンは，グラム陰性細菌である大腸菌に対して相乗的な抗菌活性を示した（図6）。また，肺炎，食中毒，表皮の感染症などの原因菌である *Staphylococcus aureus*（黄色ブドウ球菌，グラム陽性細菌），う蝕の原因菌である *Streptococcus mutans*（グラム陽性細菌），歯周病原菌である *Aggregatibacter actinomycetemcomitans*（グラム陰性細菌）に対しても，優れた効果を示した。これら3種の細菌をネオナイシンに10分間接触させた後，寒天培地にて生菌数を測定して生存率を算出したところ，*S. mutans* と *A. actinomycetemcomitans* はほぼすべて殺菌され，*S. aureus* に対しても顕著な殺菌効果を示した（図7）。とくに，*S. mutans* と *A. actinomycetemcomitans* はネオナイシンに接触後，1分以内という短い作用時間でほぼ死滅し，ネオナイシンは瞬時に殺菌作用を示すことが明らかとなった（図8）。さらに，歯周病原菌の中でも最も病原性の高いグループに属する *Porphyromonas gingivalis*（グラム陰性細菌）に対しても，ネオナイシンは，非常に低濃度ながら優れた効果を示した（図9）。

　このように，ネオナイシンは，口腔内のバイオフィルムの構成細菌となりうるグラム陽性細菌とグラム陰性細菌の双方に対して，瞬時に，かつ強力な抗菌作用を示した。とくに，*S. mutans*，*A. actinomycetemcomitans*，および *P. gingivalis* に対する顕著な抗菌作用は，歯科の二大疾患であるう蝕と歯周病の予防剤としてのネオナイシンの大きな可能性を示している[17]。

抗菌ペプチドの機能解明と技術利用

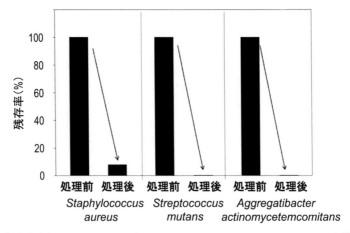

図7　ネオナイシンの S. aureus, S. mutans, A. actinomycetemcomitans への抗菌作用
ネオナイシンに10分間接触させ，前後の生菌数を比較した。

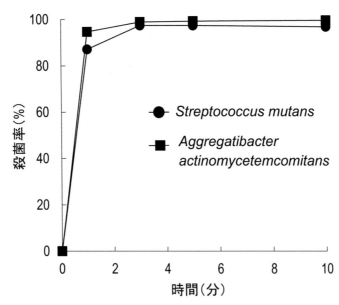

図8　ネオナイシンの抗菌作用による S. mutans と A. actinomycetemcomitans の経時変化
ネオナイシンに接触後の生菌数を計測し，殺菌率を算出した。

4.3　口腔ケア製品，オーラルピース®の開発

　ネオナイシンを含有した口腔ケア製品として，ジェルタイプおよびスプレータイプのオーラルピース®を開発し，製品化した（図10）[16,18]。オーラルピースは，ネオナイシン以外もすべて可食成分を使用し，飲み込んでも無害で，要介護者や障害者などの吐き出しのできない方々にも安心して使用できる。日々の歯ブラシなどでの使用とともに，うがいのできない場所でも気軽にどこ

第4章　乳酸菌抗菌ペプチドの口腔ケア剤への応用

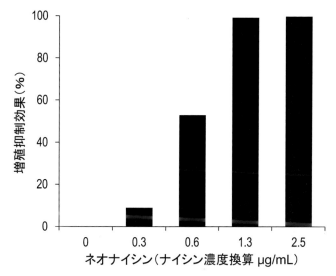

図9　ネオナイシンの *Porphyromonas gingivalis* の増殖抑制作用
ネオナイシンを添加して48時間培養後の濁度を計測し，増殖抑制効果を算出した。

図10　オーラルピース・歯みがき＆口腔ケアジェルとオーラルピース・マウススプレー＆ウォッシュ

でも口腔ケアが可能となり，口腔常在菌によるバイオフィルム形成の効果的な抑制が可能と考えられる。また，入れ歯の裏に塗布すれば，感染予防だけでなく，湿潤などによる粘膜保護も可能である。さらに，ヒトの細胞には影響を及ぼさないため，手術後や創傷治癒期間にも利用できる。

　従来の化学合成殺菌剤などを含む口腔ケア剤は，間違って飲み込むと体内の常在菌までも殺菌してしまうなど，人体への影響が危惧されている。現状，多くの誤嚥の恐れのある人，高齢者や障害者など吐き出しやうがいが難しい方々の口腔ケアは水のみで行い，口腔ケア剤が用いられていない場合も多く，殺菌効果をもちながらも飲み込んでも安全な口腔ケア剤の開発が強く望まれていた。抗菌と安全を天然成分で両立すること，すなわち天然成分のみで作られながら虫歯菌・歯周病原菌に効く，飲み込んでも安全な歯みがき剤という明確な商品コンセプトのもと，乳酸菌由来抗菌ペプチドであるナイシンAの抗菌作用と安全性を基盤とした商品を開発することがで

きた。

また，ペット用の口腔ケア製品として「オーラルピース® フォーペット」も開発された。ネオナイシンはその作用機序から動物の口腔内においてもヒトと同様の効果が期待でき，うがいや吐き出しのできないペットに対しても，飲み込んでも安全な口腔ケアを提案することができた。

5　新しい乳酸菌抗菌ペプチドの利用

ナイシンAは非常に優れた抗菌ペプチドであるものの，いくつかの弱点がある。前述のように，ナイシンのグラム陰性細菌への抗菌スペクトルの拡大や高純度化には目途が立っているものの，将来的にさらに考慮すべき点が大きく3つある。1つは安定性である。ナイシンは酸性領域では安定であるものの，中性からアルカリ性領域では安定性が低い。また，酸化による抗菌活性の低下が問題となる可能性もある。2つめは，抗菌スペクトルである。ナイシンはグラム陽性細菌全般に広い抗菌スペクトルを有するものの，グラム陽性細菌の中にも抗菌活性の低い菌種がある。3つめは，耐性菌である。実用におけるナイシン耐性菌出現の報告例は未だ無く，その作用機構からナイシン耐性菌はきわめて生じにくいと考えられるものの，実験室レベルではナイシン耐性菌が得られることが知られている。あらゆる抗菌物質にも付きまとう懸念ではあるが，今後，継続使用によるナイシン耐性菌の出現の可能性もゼロではない。これまでに抗生物質耐性菌が蔓延した経緯から学び，対策を講じておくことが必要であろう。

こうした問題点を解決する手段の1つとして，多様なバクテリオシンの利用が考えられる。前述したように，乳酸菌バクテリオシンには，ナイシン以外にも多種多様なものが見出されている。例えば，Listeria 属細菌に対しては，ペディオシン様バクテリオシンの方がナイシンよりも高い活性を有し，より効果的である。それぞれの用途に適したバクテリオシンで有害菌のみを少量で抑制し，無用の耐性菌を生じない，より効果的な微生物制御の実現が期待される。

そのためには，優れた性質をもつ多様な新奇乳酸菌バクテリオシンをさらに得る必要があるだろう。多様な新奇バクテリオシンを得るには，多数の乳酸菌を迅速に評価することが重要となる。そこで，スクリーニングの初期段階でバクテリオシンの新奇性の判定を行ってナイシンなどの既知のバクテリオシンを除外することで，新奇性の高いバクテリオシンを迅速かつ効率的に選抜できる迅速スクリーニング法を構築した[2,19]。その結果，多種多様な新奇乳酸菌バクテリオシンを見出すことができた[19]。以下にいくつか例を紹介したい。

トウモロコシから分離された乳酸菌である L. lactis QU 5 が新奇バクテリオシン，ラクティシンQを生産することを見出した（図2）[20]。ラクティシンQは，ナイシンと同様に広い抗菌スペクトルと強力な抗菌活性を有している。また，ナイシンの安定性が低下する中性〜弱アルカリ性領域において高い安定性を有するため，ナイシンには不利な条件での利用が期待できる。ラクティシンQは特定の標的分子を必要とせずきわめて迅速に細菌細胞膜に作用し，小さなタンパク質をも流出させる大きな孔を形成することも明らかとなっている[21,22]。さらには，ナイシン

第4章 乳酸菌抗菌ペプチドの口腔ケア剤への応用

と同様にバイオフィルムを形成した細菌にも抗菌作用を示すことが明らかとなっている[23]。

発酵食品から分離された乳酸菌から，N末端とC末端がペプチド結合した環状構造を有するラクトサイクリシンQやロイコサイクリシンQなどの新奇環状バクテリオシンを見出した（図2）[24,25]。これらの環状バクテリオシンは広い抗菌スペクトルと強力な抗菌活性とともに，いずれも環状構造に起因すると考えられる高い構造安定性を有している。バクテリオシン自体の利用のみならず，環化・分泌機構および作用機構にも興味が持たれ，その機構を利用した新奇ペプチドの創出への展開も期待される[26]。

トウモロコシとレタスから分離された乳酸菌，*L. lactis* QU 4 と *L. lactis* QU 7 がそれぞれ生産するラクトコッシンQとラクトコッシンZは，*L. lactis* のみに特異的に抗菌活性を示す（図2）[27,28]。作用機構の詳細は未だ不明だが，このように菌種特異的に抗菌作用を示すバクテリオシンは他にも見出されており，口腔内の有害菌のみに特異的に作用するバクテリオシンの発見も期待される。特異的な抗菌作用をもたらす要因や機構が明らかになれば，有用菌や無害の常在菌に影響を与えずに，有害菌のみを選択的にかつ確実に殺菌することも可能となるだろう。

6　今後の展望

肺炎で亡くなる高齢者は多く，そのほとんどは誤嚥性肺炎によるものと言われている[29,30]。また，近年，糖尿病や心臓病，脳梗塞，アルツハイマー病などの様々な疾患が歯周病と関連していることも明らかになってきている。したがって，適切な口腔ケアを行って口腔内を健康に保つことがきわめて重要である。ネオナイシンやオーラルピースは，誤嚥性肺炎への対策が最も必要な高齢者の口腔ケアにも安心して使用でき，健康寿命の維持，延長に大いに貢献できる。

最近では，*S. mutans* や *S. aureus* が二成分制御系によってバクテリオシンなどの抗菌ペプチドを感知し，その抗菌作用を低減させることが明らかとなってきた[31,32]。このように病原菌側の防御機構の詳細も明らかとなりつつあり，個々のバクテリオシンの特性や作用機構を併せて考慮することで，最適なバクテリオシンを選択でき，より効果的な抗菌作用の実現が期待される。一方では，ナイシンをリポソームに封入することでその安定性が向上し，*S. mutans* のバイオフィルム形成阻害効果や抗菌活性が向上することも明らかとなった[33,34]。このような安定化技術の利用によって，ナイシンをはじめとするバクテリオシンの効果を最大限に活かすことが可能となるだろう。

同様のコンセプトでの乳酸菌バクテリオシンの利用の可能性は，口腔だけでなく，直接噴霧接触のできるところ，例えば，鼻腔，咽頭，皮膚などにも拡大可能と考えられる。乳酸菌バクテリオシンの優れた特性を活かしながら，さらに様々な可能性を追求したい。

謝辞

本稿作成に当たり，実験などでご尽力を頂きました鹿児島大学 大学院医歯学総合研究科 発生発達育成学講座 口腔微生物学分野の小松澤均教授，松尾美樹先生に感謝の意を表します。また，口腔ケア剤，ネオナイシン・オーラルピースにつきまして，㈱トライフの手島大輔氏をはじめとする関係の皆様に厚く御礼申し上げます。

文　　献

1) 善藤威史ほか，防菌防黴，**37**(12), 903 (2009)
2) 善藤威史ほか，日本乳酸菌学会誌，**25**(1), 24 (2014)
3) 奥田克爾，日本口腔外科学会雑誌，**56**(4), 231 (2010)
4) 廣畑直子ほか，日大医学雑誌，**73**(5), 211 (2014)
5) 医療・介護関連肺炎（NHCAP）診療ガイドライン作成委員会，日本呼吸器学会 (2011)
6) 若杉葉子ほか，日本呼吸ケア・リハビリテーション学会誌，**24**(1), 46 (2014)
7) 足立三枝子ほか，老年歯科医学，**22**(2), 83 (2007)
8) 堀良子ほか，日本環境感染学会誌，**25**(2), 85 (2010)
9) 五十嵐幸広ほか，日本呼吸ケア・リハビリテーション学会誌，**25**(2), 286 (2015)
10) P.D. Cotter et al., Nat. Rev. Microbiol., **3**(10), 777 (2005)
11) 善藤威史ほか，乳業技術，**59**, 77 (2009)
12) T. Zendo et al., Appl. Microbiol. Biothechnol., **88**(1), 1 (2010)
13) M.R. Islam et al., Biochem. Soc. Trans., **40**(6), 1528 (2012)
14) J. Cleveland et al., Int. J. Food Microbiol., **71**(1), 1 (2001)
15) ネオナイシン，http://neonisin.com/
16) 永利浩平，生物工学会誌，**94**(12), 794 (2016)
17) 角田愛美ほか，フレグランスジャーナル，**44**(3), 24 (2016)
18) オーラルピース，http://oralpeace.com/
19) T. Zendo, Biosci. Biotechnol. Biochem., **77**(5), 893 (2013)
20) K. Fujita et al., Appl. Environ. Microbiol., **73**(9), 2871 (2007)
21) F. Yoneyama et al., Appl. Environ. Microbiol., **75**(2), 538 (2009)
22) F. Yoneyama et al., Antimicrob. Agents Chemother., **53**(8), 3211 (2009)
23) K. Okuda et al., Antimicrob. Agents Chemother., **57**(11), 5572 (2013)
24) N. Sawa et al., Appl. Environ. Microbiol., **75**(6), 1552 (2009)
25) Y. Masuda et al., Appl. Environ. Microbiol., **77**(22), 8164 (2011)
26) Y. Masuda et al., Benef. Microbes, **3**(1), 3 (2012)
27) T. Zendo et al., Appl. Environ. Microbiol., **72**(5), 3383 (2006)
28) N. Ishibashi et al., Probiotics Antimicrob. Proteins, **7**(3), 222 (2015)
29) 寺本信嗣，日胸疾患会誌，**68**(9), 795 (2009)
30) 道脇幸博ほか，老年歯科医学，**28**(4), 366 (2014)

第 4 章　乳酸菌抗菌ペプチドの口腔ケア剤への応用

31) M. Kawada-Matsuo *et al.*, *PLoS One*, **8**(7), e69455 (2013)
32) M. Kawada-Matsuo *et al.*, *Appl. Environ. Microbiol.*, **79**(15), 4751 (2013)
33) K. Yamakami *et al.*, *Pharm. Biol.*, **51**(2), 267 (2013)
34) K. Yamakami *et al.*, *Open Dent. J.*, **10**, 360 (2016)

第5章　ヒト上皮組織に対する抗菌ペプチドの作用

北河憲雄*

1　上皮組織とは

　我々の体の表面は全て上皮組織と呼ばれる，細胞のぎっしりつまった組織で覆われている。ここで言う表面は体の外表面だけでなく，消化管や気道の内面も含む。上皮の構造は全て同じというわけではなく，部位によって大きく異なる。皮膚や口腔，食道等の刺激の多い部位では，重層扁平上皮と呼ばれる，名前の通り細胞が何層も重なった上皮が存在する。皮膚や歯肉といった特に外部からの刺激の多い部位では，重層扁平上皮の最外層に角質層と呼ばれる層が存在し，さらに上皮のバリア機能を強化している。

　それに対して，胃，小腸および大腸の大部分では単層円柱上皮と呼ばれる上皮が存在する。この上皮は単層であるため，重層扁平上皮に比べると衝撃には弱いと考えられるが，吸収に適した構造をしている。気道では単層円柱上皮に似た，線毛を持つ多列線毛上皮が存在する。

　重層扁平上皮の95％の細胞はケラチノサイト（角化細胞）と呼ばれる細胞から構成される。ケラチノサイトの構造，性質，構成する蛋白質はその層により異なるため，それぞれのケラチノサイトの層にさらに名前がついている（図1）。皮膚や歯肉等，角質層の存在する角化重層扁平上皮では底部から基底細胞層，有棘細胞層，顆粒細胞層，角質細胞層という4層が，頬粘膜や食道等の角質層の存在しない非角化重層扁平上皮では底部から基底細胞層，有棘細胞層，中間細胞層，表層細胞層の4層が存在する。基底細胞層では細胞分裂が起こり，細胞分裂した細胞の一部は性

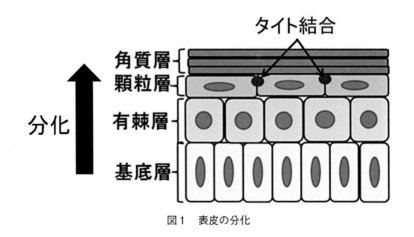

図1　表皮の分化

---

*　Norio Kitagawa　福岡歯科大学　生体構造学講座　機能構造学分野　組織学研究室　助教

第5章 ヒト上皮組織に対する抗菌ペプチドの作用

質を変えながら表層に向かい，有棘細胞，顆粒細胞（中間層細胞），角質細胞（表層細胞）へと分化していく，これがよく化粧品のCM等で聞くターンオーバーである。

これらの細胞はただ，石垣のように並べられているわけではなく，細胞と細胞の間には細胞間結合が，細胞と基底膜の間には細胞-基質間結合が存在する。これらの細胞間結合は細胞間をつなぎ，上皮の強度を高め，各細胞が協調した働きをするのを助けている。また，細胞間結合はただ単に強度を高めるだけでなく，細胞間の透過性を高めたり，抑制したりすることにより傍細胞経路を制御している。

特にこの細胞間の透過性の調節に大きく貢献しているのがタイト結合である（図1）。タイト結合を構成する主要な蛋白質としてはocclic, claudin, junctional adhesion moleculeの3種類の細胞膜貫通蛋白質が存在する。claudinファミリーとしては24の分子種が同定されており皮膚ではclaudin-1, 2, 3, 4, 6, 8, 12, 17, 20, 23の存在が報告されている。

ほとんどの細胞間結合は各細胞内の細胞骨格と結合している。細胞を鉄筋コンクリートに例えると細胞骨格は鉄筋のような物だとイメージすると分かりやすいかもしれない。この細胞間結合-細胞骨格の連結が先ほど述べた上皮の強度に貢献している。細胞骨格は中間径フィラメント，アクチンフィラメント，微細管より構成される。

ケラチノサイトでは中間径フィラメントは主にケラチンにより構成される。重層扁平上皮の層により主たるケラチンのサブタイプが異なり，基底層では中間径フィラメントがケラチン5（K5）とK14から構成されるのに対して，有棘層の中間径フィラメントの主たるケラチンはK1とK10である。そのため，K1とK10はケラチノサイトの分化マーカーとして頻用されている。

皮膚や口腔粘膜の上皮は上述してきたように，小腸や大腸の上皮と異なり重層化しているため，研究に際しては細胞の分化度に特に着目する必要がある。重層化重層扁平上皮の研究では①ヒト組織の病理標本，②マウス，ラット等のげっ歯類の組織標本，③単層培養，④3次元培養の4つの実験系が用いられることが多い。①，②は生体と同じ現象が確認できるというメリットがあるが，上皮以外の結合組織をはじめとする周囲の組織の影響や，メラノサイトやランゲルハンス細胞等のケラチノサイト以外の上皮細胞，上皮に遊走してきた好中球やリンパ球の影響を排除することができないため，現象の解釈が難しいというデメリットがある。また，ヒトの口腔粘膜は角化重層扁平上皮と非角化重層扁平上皮が混在しているのに対して，げっ歯類の口腔粘膜は全て角化重層扁平上皮であるという問題も存在する。③の単層培養はケラチノサイト単独の現象を解析できるという利点がある。その一方前述したように重層化していない点を考慮する必要がある。④の3次元培養系はケラチノサイト単独で重層化の影響も観察することができる系である。結合組織の細胞である線維芽細胞を使わなくてもいい系も存在し，角化上皮も非角化上皮も作成できるが，特殊な培地成分を使用するため，その影響を考慮する必要がある。

本章では重層扁平上皮のケラチノサイトに着目して，ケラチノサイトを取り巻く抗菌ペプチドが抗菌ペプチド分泌とケラチノサイトにより構成される上皮の形態にどのような影響を及ぼすかについて述べていきたい。

2 ケラチノサイトを取り巻く抗菌ペプチドの種類

ではヒト・ケラチノサイトには通常どのような抗菌ペプチドが作用するのであろうか。まず，作用の有無に関わらず，ケラチノサイトを取り巻く抗菌ペプチドについて考えてみたい（表1）。大きく分けると4種類に分けられる。①ケラチノサイト自身が分泌するもの，②汗腺や血管の内皮細胞，血球系の細胞をはじめとするケラチノサイト以外のヒト細胞が分泌するもの，③ヒト細菌叢に存在する細菌が分泌するもの，④食品や薬剤に含まれるものである。①のケラチノサイト自身が分泌する抗菌ペプチドについてはケラチノサイトの分化と抗菌ペプチドの関連についての項で併せて後述する。

②のケラチノサイト周囲のヒト細胞が分泌する抗菌ペプチドとしては，dermcidin, granulysin, ヒト陽イオン抗菌タンパク質-18（hCAP18）/LL-37, ヒトαdefensin, ヒトβdefensin（hBD），Histatin が挙げられる。dermcidin は皮膚の付属器官である汗腺から分泌される陰イオン性の抗菌ペプチドである。dermcidin は炎症や外傷と関係なく恒常的に汗とともに表皮表面に分泌される。好中球からはヒトαdefensin や hCAP18, T細胞やNK細胞からは granulysin が分泌される。ヒト陽イオン抗菌タンパク質-18（hCAP18）のC末端側は LL-37 と呼ばれ，hCAP-18 が蛋白質切断を受けることにより遊離して実際の抗菌活性を示す。唾液腺からは Histatin の他，hCAP18 やβdefensin（hBD）も分泌される。

ヒト細菌叢の常在菌は様々な抗菌ペプチドを産生することが知られており，ケラチノサイト周囲にはそれらが存在していると考えられる。具体的には口腔内の常在菌の *Streptococcus salivarius* の産生する bacteriocin-like inhibitory substances（BLIS）や皮膚の常在菌である表皮ブドウ球菌の産生する epidermin, Pep-5 等が挙げられる。

表1 ケラチノサイト周囲に存在する抗菌ペプチド

抗菌ペプチド	略称	由来
ヒトβdefensin-1	hBD-1	ケラチノサイト，唾液腺
ヒトβdefensin-2	hBD-2	ケラチノサイト，唾液腺
ヒトβdefensin-3	hBD-3	ケラチノサイト
ヒトβdefensin-4	hBD-4	ケラチノサイト
ヒト陽イオン抗菌蛋白質18	hCAP18/LL-37	ケラチノサイト，好中球，唾液腺
dermcidin		汗腺
granulysin		T細胞，NK細胞
Histatin-1	Hst-1	唾液腺
ヒトαdefensin-1	HNP-1	好中球
bacteriocin-like inhibitory substances	BLIS	*Streptococcus salivarius*（口腔内常在菌）
epidermin		*Staphylococcus epidermidis*（皮膚常在菌）
Pep-5		*Staphylococcus epidermidis*（皮膚常在菌）
Nisin		*Lactococcus lactis* subsp. *lactis*, 食品添加物

第 5 章　ヒト上皮組織に対する抗菌ペプチドの作用

　食品や薬剤に含まれる抗菌ペプチドとして最も汎用されているのは第Ⅲ編第 4 章で説明された *Lactoccus lactis* subsp. *lactis* に由来する Nisin であろう。乳製品や食肉に対する食品添加物として用いられる他，口腔洗浄剤としても市販されており，ケラチノサイト周囲に存在する可能性がある。近年は化粧品等にも細菌由来の抗菌ペプチドが応用されており，ケラチノサイトに触れている可能性がある。その他，節足動物が分泌する抗菌ペプチド等が皮膚に接している可能性がある。

3　分化と抗菌ペプチド

3.1　ケラチノサイトに由来する抗菌ペプチド

　ケラチノサイト自身も先述したヒト β defensin (hBD)，ヒト陽イオン抗菌タンパク質-18 (hCAP18)/LL-37 を分泌する。hBD のうち，hBD-1 は恒常的にケラチノサイトから分泌されるのに対して，hBD-2, hBD-3 は炎症刺激により分泌される。またニコチンにより hBD-2 が発現することが報告されている[1]。この hBD-1 及び hBD-2 の皮膚での発現は，性差や年齢差はあまり見られないが，皮膚の部位差がかなりある。頭皮や足底の表皮ではほとんど発現が確認されるのに対して，胸部や腹部の表皮では発現にかなりばらつきがあり確認できないこともある[2]。また口腔粘膜に関しては，hBD-1 は蛋白質レベルでは通常発現していないという組織標本を用いた研究による報告もある[3]。

3.2　分化によるケラチノサイトの抗菌ペプチドの分泌促進

　ケラチノサイトによる抗菌ペプチドの分泌はケラチノサイトの分化と深い関連があり，hBD-1, 2 は基底層以外の分化した細胞層で確認される。培養細胞を用いた実験でも抗菌ペプチドは分化を誘導する刺激により分泌が促進されることが多い。基底層の性質を持つ細胞のカルシウム濃度を上昇させると，その細胞は有棘層と同じかそれより分化した細胞の性質を持つことが，分化マーカーとして用いられるケラチンのサブタイプの変化により分かっている。このカルシウム濃度の上昇は hBD-1, 2, 3, 4 の発現も上昇させる[4~6]。また，同じくケラチノサイトの分化を誘導することが知られている活性型ビタミン D3 は，hBD-1, hBD-2, hCAP18 の発現を促進する[7]。逆にケラチノサイトの最終分化の抑制剤であるレチノイン酸を作用させると，カルシウム濃度の上昇により誘導された hBD-2, 3, 4 の発現が抑制される[6]。

　これらのカルシウム濃度やビタミン D3 による分化誘導はケラチノサイトを 2 次元（単層）培養した結果であるが，ケラチノサイトのみを用いた 3 次元培養系でも上層でのみ，hCAP18 の発現が観察されている[8]。線維芽細胞をはじめとする結合組織の細胞や，上皮組織に存在する細胞を排除した条件でも分化した上層で hCAP18 発現が見られたことから，ケラチノサイトの分化は LL-37 の発現を誘導する主要な因子と考えられる。

3.3 ケラチノサイト由来抗菌ペプチドによるケラチノサイトの分化

上述したようにケラチノサイトの分化により，抗菌ペプチドの発現は促進されるが，逆に抗菌ペプチドもケラチノサイトの分化を促進させる作用を持つことが培養細胞を用いた実験で明らかになっている。hBD-1 の発現を上昇させると，有棘層以上のケラチノサイトで発現する細胞骨格の蛋白質である K10 の発現が上昇する[9]。

また，顆粒層の細胞に見られる構造であるタイト結合の構成蛋白質 occludin や claudin-1 の細胞辺縁への局在も，hBD-1，hBD-3 により上昇することが分かっている[10,11]。hBD-3 については claudin-3，14 の発現も上昇させる。経上皮電気抵抗の上昇や FITC-デキストラン通過量の減少等タイト結合の形成により誘導される現象が観察できることからこれらのタイト結合蛋白質の局在によりタイト結合の形成が促進されていると考えられる。hCAP18，hBD-2，3，4 はケラチノサイト内の Ca^{2+} 濃度を上昇させることが報告されており，このカルシウム濃度の上昇がタイト結合の形成を誘導している可能性がある。

これらの抗菌ペプチドにより，タイト結合蛋白質の局在の促進が報告された細胞では，抗菌ペプチド作用前からある程度タイト結合蛋白質が細胞辺縁に局在していた。その一方 hBD-1，3，hCAP18 はタイト結合蛋白質の細胞辺縁への局在が見られないケラチノサイトに対して局在の促進を示さなかった（未発表データ）。抗菌ペプチドによるタイト結合の形成には作用前にある程度のケラチノサイトの分化（タイト結合蛋白質の細胞辺縁への局在）が必要と考えられる。ケラチノサイトに由来しない汗腺由来の dermcidin や *Lactoccus lactis* subsp. *lactis* に由来する Nisin はケラチノサイトのタイト結合蛋白質の局在に影響を及ぼさなかった[8]。

4 抗菌ペプチドと細胞遊走

抗菌ペプチドはタイト結合の形成促進等，細胞間の透過性を高める働きとともに，細胞遊走能を促進させることが知られている。細胞遊走能の促進は創傷部位の修復にはたらくため，一時的には上皮のバリア機能を低下させるが，長い目で見れば上皮のバリア機能の保持に働いている。

例えば，hCAP18 は 12 時間の作用でケラチノサイトの遊走を促進する[12]。hBD-2，3，4 でもケラチノサイトの遊走が促進される[13]。また，唾液に含まれる Histatin-1，2 もケラチノサイトの遊走を促進する[14,15]。hCAP18 や defensin によるケラチノサイト遊走の濃度範囲はとても狭く，その濃度より高くても，低くても遊走能は低下する[12,13]，それに対して Histatin の細胞遊走を誘導する濃度範囲は割と広い。また，hCAP18，hBD-2，3，4 は細胞遊走の促進とともにケラチノサイトの細胞増殖を促進するのに対して，Histatin-1 は細胞遊走の促進とともに spreading を促進させるが細胞増殖は誘導しない。

皮膚で恒常的に分泌される hBD-1 や dermcidin に関してはケラチノサイトの遊走促進はあまり報告されていないのに対して，唾液中に恒常的に存在する Histatin が細胞遊走を誘導することはよく知られている。このことは皮膚，口腔粘膜の構造，機能の違いと関連があるのかもしれ

第5章 ヒト上皮組織に対する抗菌ペプチドの作用

ない。

5 癌細胞と抗菌ペプチド

5.1 抗菌ペプチドによるケラチノサイトの細胞死

　抗菌ペプチドは抗菌作用だけでなく，細胞傷害作用を持つことが知られている。上皮由来の腫瘍を癌と呼ぶが，多くの抗菌ペプチドは癌を含む多くの細胞に細胞傷害作用を示す。好中球等に由来する α defensin-1 は口腔扁平上皮癌と正常口腔粘膜の両方に細胞毒性効果を示す[16]。T 細胞や NK 細胞に由来する granulysin はパフォーリン，グランザイムとともに癌細胞の細胞死を誘導する[17,18]。

　ケラチノサイト自身が分泌する抗菌ペプチドもケラチノサイトの細胞傷害作用を持つ。hCAP18は口腔扁平上皮癌ではアポトーシスを促進するが，正常ケラチノサイトのアポトーシスは誘導しない[19]。正常ケラチノサイトにおいては逆に，カンプトテシン（トポイソメラーゼ阻害薬）により誘導されたアポトーシスを抑制する[20]。

　hBD-2 は正常ケラチノサイトの細胞死を誘導する[21,22]。その濃度ではケラチノサイト由来の癌細胞の細胞死は誘導されないため，この hBD-2 による抗癌システムは"自爆テロ"と表現されることもある。この hBD-2 による細胞死は増殖死と呼ばれる細胞死を示すのが特徴である[23]。増殖死は通常放射線の照射で見られる細胞死で，代謝は継続しつつも，分裂する能力を失っている。ただ，hBD-2 を含む多くの hBD は癌細胞に対して抑制と促進という逆の報告があり，癌細胞の増殖に対する評価は定まっていないのが現状である。

　正常細胞に比べて，癌細胞に明らかに有意に細胞傷害作用があることで近年注目されているのが Lactoccus lactis subsp. lactis に由来する Nisin である。Nisin は口腔癌に由来する細胞のアポトーシスを促進し，細胞増殖を抑制する[24]。この現象は食品添加物の濃度で観察されている。その一方，正常のケラチノサイトには Nisin はアポトーシスを誘導しない。また我々の研究ではネクローシスも誘導されていなかった（未発表データ）。この Nisin によるアポトーシス誘導には細胞内の Ca^{2+} 濃度が関係していることが分かっている。

5.2 ケラチノサイト由来癌細胞による抗菌ペプチドの分泌

　先に抗菌ペプチドの癌に対する作用について述べたが，癌細胞自身も抗菌ペプチドを分泌する。Han らは実際に癌患者の病理組織切片を用いた実験で口腔扁平上皮癌に比べ，白板症（口腔扁平上皮癌の前癌病変）の方が hBD-1 の発現が高いことを示した[3]。興味深いことに，口腔扁平上皮癌間で比較した場合も，転移を起こした口腔扁平上皮癌よりも転移が起きていない口腔扁平上皮癌の方が hBD-1 の発現が高い。すなわち癌細胞の悪性度と hBD-1 の発現が逆相関すると考えられる。これらの結果は癌細胞周囲の正常上皮細胞，結合組織の影響を受けている可能性も考えられるが，ケラチノサイト由来癌細胞のみを用いた実験でも転移能が低い癌細胞の方が

hBD-1 の発現が高いことから，やはり癌細胞の悪性度と hBD-1 の発現が逆相関すると考えられる。また，hBD-1 の発現を誘導すると癌細胞の転移能や浸潤能が低下することからも，癌細胞自身が分泌する hBD-1 が癌の悪性化を制御していると考えられる。炎症と似た条件で hBD-2 の発現を誘導した場合も，hBD-2 の発現が正常ケラチノサイトに比べ口腔扁平上皮癌では低下している[25]。そのため，hBD-1, 2 は癌のマーカーとしても使えるのではないかと考えられている。

癌細胞は正常細胞に比べ分化度が低い。特に悪性度が高い癌ほど，分化度が低い。癌細胞の分化度の変化と正常上皮のターンオーバーによる分化度の変化を同じ物差しで比較することはできないが，分化により分泌が促進される抗菌ペプチドの発現が，悪性度の高い（分化度の低い）癌細胞ほど抑制されるのは偶然ではないのかもしれない。

6 最後に

我々の最表層である上皮は3つのバリアに守られていると考えられる。①物理的バリア，②化学的バリア，③細菌叢によるバリアの3つである（図2）。①の物理的バリアは上皮細胞自身とその細胞間の細胞間結合によって構成される。②の化学的バリアは上皮細胞や周囲の組織，細菌叢から分泌された抗菌ペプチドや抗菌作用を持つ蛋白質を含む化学物質から構成される。それぞれのバリアは独立して存在しているのではなく，相互に調節しあっている。すなわち本章で述べてきたように，化学的バリアは物理的バリアを構成する上皮細胞や細菌叢によるバリアから分泌される。また先述したように，細胞間結合の透過性や細胞の形態，細胞遊走能は抗菌ペプチドをはじめとする化学的バリアの制御を受けている。そして3つのバリアが連携してバリア外の因子とも調節しあいながら，恒常性を維持して，病原微生物の侵入や癌の排除に働いていると考えら

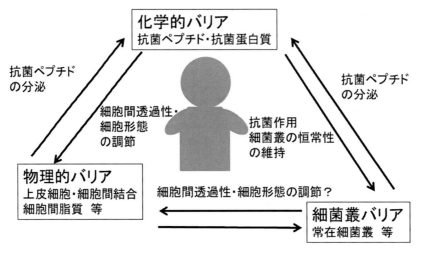

図2　上皮の3つのバリア
各バリアは相互に調節しあっている。

第5章 ヒト上皮組織に対する抗菌ペプチドの作用

れる。昨今の研究はバリアとバリア外の因子の研究，もしくはバリアの一機能に着目した研究・開発が主流であった。科学的エビデンスの蓄積により3つのバリア機能全体を俯瞰して考えることができるようになれば，対症療法でない美容商品の開発，さらにはバリア機能の破綻を原因とする皮膚・口腔粘膜疾患の予防法，治療法の開発にも繋がるのではないかと考えられる。

文　　献

1) Nakamura, S. *et al.*, *Med. Mol. Morphol.*, **43**(4), p. 204-10 (2010)
2) Ali, R. S. *et al.*, *J. Invest. Dermatol.*, **117**(1), p. 106-11 (2001)
3) Han, Q. *et al.*, *PloS one*, **9**(3), p. e91867 (2014)
4) 山﨑真美ほか，日本口腔検査学会雑誌，**4**(1), p. 16-22 (2012)
5) Liu, A. Y. *et al.*, *J. Invest. Dermatol.*, **118**(2), p. 275-281 (2002)
6) Harder, J. *et al.*, *J. Invest. Dermatol.*, **123**(3), p. 522-9 (2004)
7) 村井雄司 *et al.*, 小児歯科学雑誌，**52**(4), p. 509-517 (2014)
8) Kitagawa, N., 再生医学研究センター公募研究費報告書 (2014)
9) Frye, M., Bargon J. and Gropp R., *J. Mol. Med* (Berl)., **79**(5-6), p. 275-82 (2001)
10) 後藤悠，*Fragrance journal*, **40**(6), p. 46-51 (2012)
11) Kiatsurayanon, C. *et al.*, *J. Invest. Dermatol.*, **134**(8), p. 2163-73 (2014)
12) Tokumaru, S. *et al.*, *The Journal of Immunology*, **175**(7), p. 4662-4668 (2005)
13) Niyonsaba, F. *et al.*, *J. Invest. Dermatol.*, **127**(3), p. 594-604 (2007)
14) Oudhoff, M. J. *et al.*, *The FASEB Journal*, **22**(11), p. 3805-3812 (2008)
15) Oudhoff, M. J. *et al.*, *The FASEB Journal*, **23**(11), p. 3928-3935 (2009)
16) McKeown, S. T. *et al.*, *Oral Oncol.*, **42**(7), p. 685-90 (2006)
17) 吉川恵次，外科と代謝・栄養，**47**(5), p. 167-170 (2013)
18) 友成久平，医科免疫学 改定第5版，p. 259-287, 南江堂 (2001)
19) Okumura, K. *et al.*, *Cancer Lett.*, **212**(2), p. 185-94 (2004)
20) Chamorro, C. I. *et al.*, *J. Invest. Dermatol.*, **129**(4), p. 937-44 (2009)
21) 山合友一朗，Japanese association of anatomics, p. 42 (2014)
22) Yamaai, Y., Japanese association of anatomics, p. 176 (2015)
23) Sawaki, K. *et al.*, *Anticancer Res.*, **23**(1A), p. 79-84 (2003)
24) Joo, N. E. *et al.*, *Cancer Med.*, **1**(3), p. 295-305 (2012)
25) Joly, S. *et al.*, *Oral Microbiol. Immunol.*, **24**(5), p. 353-60 (2009)

第6章　抗菌ペプチド（リゾチーム，ナイシン，ε-ポリリジン・プロタミン）の食品添加物としての利用

小磯博昭*

1　はじめに

　食品の腐敗防止に使われる食品添加物としては，ソルビン酸や酢酸ナトリウムなどの有機酸類，グリシンやアラニンなどのアミノ酸類，カテキンやヒノキチオールなどの植物の抽出物，グリセリン脂肪酸エステルなどの乳化剤類，ワサビや唐辛子などの香辛料成分，卵白から抽出される卵白リゾチーム，微生物が生産するε-ポリリジン，ナイシン，サケやニシンのしらこから抽出されるプロタミンなどが知られ，その他にもチアミンラウリル硫酸塩，亜硝酸塩，重合リン酸塩などが使われている。

　これらの抗菌効果は医療分野で使われる抗生物質と比較すると，その効果は弱く，十分な効果を得るために，添加量が多くなり食品の風味に悪影響を及ぼすことが問題となることもある。その中で，ペプチド構造を持ったリゾチーム，ε-ポリリジン，プロタミン，ナイシンはppmレベルの添加量で効果を発揮し，食品の風味への影響もほとんどなく，優れた静菌剤であるが，食品素材への吸着，力価の低下，抗菌スペクトルの偏りなどの欠点もあり単独では食品の腐敗には役立たない場合もある。

　本稿では，ペプチド構造を持った食品添加物の特徴・抗菌メカニズムと他の物質による阻害や相乗効果について述べ，実際の食品での使用例について説明する。

2　リゾチーム

　食品添加物のリゾチームは，「本品は，卵白より，アルカリ性水溶液および食塩水で処理し，樹脂精製して得られたもの，又は樹脂処理若しくは加塩処理した後，カラム精製若しくは再結晶により得られたもので，細菌の細胞壁物質を溶解する酵素である」と定義されている。

　リゾチームは，白色の粉末で匂いはなく，水には良く溶け，アルコールなどの有機溶媒にはほとんど溶けない。やや甘みを伴うたん白独特の苦みがあるが，食品で実際に使用される0.1%以下の濃度であれば，無味に近く，食品の風味に影響を与えない。また，有機酸のようにpHを下げなくても中性域で抗菌効果を示すなど，日持向上剤として理想的な条件を有していると言える。

---

　*　Hiroaki Koiso　三栄源エフ・エフ・アイ㈱　第一事業部　食品保存技術研究室

第6章 抗菌ペプチド(リゾチーム，ナイシン，ε-ポリリジン・プロタミン)の食品添加物としての利用

2.1 リゾチームの抗菌効果

　リゾチームの抗菌効果は，細菌の細胞壁（ペプチドグリカン層）を構成するN-アセチルグルコサミンとN-アセチルムラミン酸とのβ1-4グルコシド結合を加水分解することにより，細菌の細胞壁を溶かし，細菌の生育を抑制するとされる[1]。そのため，細胞壁に直接作用しやすいグラム陽性菌に対する抗菌効果が強いとされ，加熱を伴う加工食品で問題となる*Bacillus*属，*Clostridium*属などの耐熱性芽胞菌対策としてよく使用される。ただし，グラム陽性菌でも，*B. subtilis*や*Micrococcus*属などには高い抗菌効果を示すが，*B. cereus*や乳酸菌に対する効果は弱く，菌種によりその抗菌効果にバラツキが見られる。

　一方，*Escherichia coli*や*Pseudomonas aeruginosa*などのグラム陰性菌は細胞壁の外側が外膜で覆われているため，リゾチームが作用しにくい。同様に膜構造にペプチドグリカン層を持たないカビ，酵母にも作用しにくく，抗菌効果を示さない。

　リゾチームの溶菌活性は，pHや温度によっても変化し，pH6.0〜8.0の中性付近は溶菌活性が高く，酸性やアルカリ性では溶菌活性は低下する[2]。しかしながら，酸性側では溶菌活性は低下するものの，リゾチームによりダメージを受けた細菌は，pHの影響を受けやすくなるため，総合的な抗菌効果としては，pH6.0〜8.0よりもpH5.0の方が高くなる（社内試験結果データ本稿未記載）。また，温度依存性試験においては60℃で最も強い溶菌活性が認められている[2]。

2.2 リゾチームの安定性

　リゾチームは129個のアミノ酸からなる分子量約14,400の加水分解酵素であり，比較的多くの塩基性アミノ酸を含み，等電点は10.7を示す。また，1分子中に4個のジスルフィド結合があり，加熱時のリゾチームの安定性に寄与しているとされる[1]。

　リゾチームの耐熱性と食品成分の影響について表1に記載する。また，共存する食塩の量が多

表1　リゾチームの耐熱性と食品成分の影響[3]（未加熱の場合の溶菌活性を100とした）

食品成分	加熱温度				
	60℃	70℃	80℃	90℃	100℃
無添加	96	91	68	32	5
食塩	-	-	76	66	45
ショ糖	-	-	73	34	-
グルタミン酸	-	-	72	39	-
卵黄	79	0	0		
カゼインNa	95	73	40	-	-
大豆たん白	76	35	31	-	-
魚すり身	23	7	8	-	-
豚ひき肉	54	12	5	-	-

　pH7.0，油浴中で30分間加熱。
　リゾチーム濃度は0.005%，各食品成分は1%。

いと溶菌活性が妨げられるという報告もあるが，1％の食塩濃度であれば，リゾチームが安定化され，耐熱性が高くなることがわかる。また，卵黄，魚すり身，豚ひき肉など，特定のたん白との共存下で加熱することで活性の低下が確認されている[3]。また，卵白リゾチームは塩基性のたん白のため，ペクチンなどの酸性多糖類やタンニン酸などの酸性成分と結合して活性が低下することも報告されている[3]。

2.3　リゾチームの効果的な使い方

　前項で示したとおり，リゾチームは，食品の風味に影響を与えずに，一部のグラム陽性菌に高い抗菌効果を示す一方，抗菌スペクトルはそれ程広くない。さらに，食品成分や，加熱処理によりその効果が失われてしまうという問題がある。

　三栄源エフ・エフ・アイ㈱では，リゾチームと高HLBのショ糖脂肪酸エステルに高い相乗効果があることを見出し[4]，リゾチームとショ糖脂肪酸エステルを組み合わせた製剤アートフレッシュ®50/50（組成：リゾチーム50％，ショ糖脂肪酸エステル50％）を開発し，このアートフレッシュ®50/50を配合したリゾチーム製剤「アートフレッシュ®シリーズ」を展開している。

　アートフレッシュ®50/50は，それぞれ単独では効果のない*Staphylococcus aureus*，*B. cereus*などの食中毒菌に対しても強い抗菌効果を示す。リゾチーム単独で使用する場合と異なり，幅広い微生物に対して抗菌効果を示すことから，アートフレッシュ®50/50は，幅広い食品でその抗菌効果が期待できる。

　また，アートフレッシュ®50/50は，リゾチームと比べ熱に対する安定性も優れている。表2に熱安定性の試験を示す。リゾチームは加熱温度が高くなるにつれて*B. subtilis*に対する抗菌効果が減少しているのに対し，アートフレッシュ®50/50は90℃30分の加熱でも，抗菌効果の減少は僅かである。また，別の試験では120℃，15分のレトルト条件においても，その抗菌効果が残存することも確認されている（社内試験結果データ　本稿未記載）。

表2　リゾチームとアートフレッシュ®50/50の耐熱性（社内試験結果）

加熱温度	日持向上剤	添加量（ppm）				
		0	125	250	500	1,000
70℃	リゾチーム	＋＋	＋＋	－	－	－
	アートフレッシュ®50/50	＋＋	＋	－	－	－
80℃	リゾチーム	＋＋	＋＋	＋＋	＋	－
	アートフレッシュ®50/50	＋＋	＋	－	－	－
90℃	リゾチーム	＋＋	＋＋	＋＋	＋＋	＋
	アートフレッシュ®50/50	＋＋	＋＋	＋＋		

各試験サンプルの5％溶液をpH7.0に調整，30分加熱したものを抗菌試験（*Bacillus subtilis* NBRC 13719）に使用。標準寒天培地（pH6.8）にて35℃，2日間培養。
＋：多いほど抑制効果低い，－：菌の増殖を完全に抑制

第6章　抗菌ペプチド(リゾチーム,ナイシン,ε-ポリリジン・プロタミン)の食品添加物としての利用

　また，近年，リゾチームに関する研究において，リゾチームの持つ酵素活性に関わらず，抗菌ペプチドとしての抗菌効果に関する報告が発表されている。例えば，疎水性の塩基性アミノ酸がリゾチーム構造の表面に露出し細菌の細胞に吸着することで，膜機能を阻害しグラム陰性菌にも効果を示すようになること[5]，リゾチームのヘリックスループ構造自体が抗菌力を示すこと[6]，リゾチームをペプシン処理すると効力が強まること[7]などが報告されている。また最近では，細菌類に対する効果だけでなく，変性リゾチームが強い抗ノロウィルス活性を持つことが報告され[8]，殺菌剤の分野へ応用も進んでいる。このようにリゾチームの抗菌効果は，その酵素活性のみではないことがわかってきた。

　三栄源エフ・エフ・アイ㈱でもリゾチームの使用方法を検討し，酵素活性ではない抗菌ペプチドとしての働きを食品の腐敗防止に応用することに成功し[9]，「アートフレッシュ®シリーズ」への応用を進めている。この技術を利用したリゾチーム製剤は食品に添加する前に水溶液中で加熱することで，食品中での抗菌効果を高めることができる。図1はリゾチームと特定のでん粉分解物を水に溶かし，加熱後の抗菌活性を調べたものである。リゾチーム単独区は加熱時間の経過とともに抗菌活性が低下するのに対し，でん粉分解物（特定の種類に限定される）を併用した試験区は，抗菌活性が高まることが示されている。抗菌活性と酵素活性の関係を調べたところ，リゾチーム単独を加熱した時の酵素活性，抗菌活性を100とすると，リゾチームとでん粉分解物を併用した場合，酵素活性に大きな変化はないが，抗菌活性だけが約3倍まで高まり，酵素活性に比例しない抗菌活性が存在することを確認した。

　リゾチームの抗菌ペプチドとしての効果を期待したリゾチーム製剤（アートフレッシュ®D-2）を食品（卵焼き）で試験した結果を表3に示す。液卵に添加する前に，アートフレッシュ®D-2の溶液を事前加熱した試験区の方が高い抗菌効果を示し，酵素活性を期待してリゾチームを使う

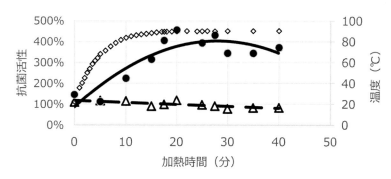

図1　加熱による抗菌活性の変化（社内試験結果）
リゾチーム及びリゾチーム＋でん粉分解物の水溶液（pH6.0）をウォーターバス中で加熱し，抗菌活性を測定した。
抗菌活性は，*Micococcus luteus* に対する阻止円の大きさから算出した。
◇：温度　●：リゾチーム＋でん粉分解物の抗菌活性，△：リゾチーム単独の抗菌活性
リゾチーム＋でん粉分解物の抗菌活性およびリゾチーム単独の抗菌活性の近似曲線をそれぞれ点線および破線で示した。

表3　卵焼きの保存試験（社内試験結果）　　　　　　　　　　　　　(cfu/g)

試験区	pH	保存日数（保存温度30℃）	
		4日目	5日目
グリシン3％	6.1	$>10^6$	$>10^6$
グリシン　2％ ＋アートフレッシュ®D-2　1％	6.0	$>10^6$	$>10^6$
グリシン　2％ ＋アートフレッシュ®D-2　1％（加熱処理）	6.0	1.7×10^3	1.4×10^4

焼成後のpHが6になるようフマル酸で調整した液卵に各製剤及び*Bacillus cereus*野生株の芽胞を10^3 cfu/gとなるよう接種し，卵焼きを焼成，90℃30分間二次殺菌。アートフレッシュ®D-2の加熱処理試験区は，アートフレッシュ®D-2の20％水溶液を調整し，60℃まで加熱後，焼成前の液卵に添加した。二次殺菌した卵焼きを30℃で保存試験を実施。各試験区3検体づつ菌数を測定し，その平均値を記載した。

よりも抗菌ペプチドとして使った方が良い結果を得ることができた。この結果は卵焼きだけでなく，蒲鉾やハンバーグ，里芋の煮物，フラワーペーストなどの様々な食品で確認している。リゾチームは卵や魚肉すり身，豚挽き肉などの凝固性たん白質と一緒に加熱すると酵素活性が低下し抗菌効果が低下する課題があるが[3]，本技術を活用することで，抗菌効果の低下を抑制できる可能性がある。

3　ナイシン

食品添加物のナイシンは「*Lactococcus lactis* subsp. *lactis* の培養液から得られた抗菌性ポリペプチドの塩化ナトリウムとの混合物である。無脂肪乳培地又は糖培地由来の成分を含む。主たる抗菌性ポリペプチドはナイシンA（$C_{143}H_{230}N_{42}O_{37}S_7$）である。」と定義されている。

加工食品において問題となる耐熱性菌や乳酸菌などのグラム陽性菌に対し，少量で高い抗菌効果を示すため，最終食品中の添加量は極僅かで済み，味への影響はほとんどない。さらに，酸性から中性にわたる広いpH領域で抗菌活性を示し，食品成分による影響を受けにくいことから，保存料としての評価は高く，その利用が広がっている。

ナイシンには使用基準（表4）があり，使用できる食品が定められ，ナイシンAを含む抗菌性ポリペプチドとして使用量が設定されている。この抗菌性ポリペプチドにはアミノ酸配列が異なる変異体（ナイシンZ，Qなど）も存在するが，日本で食品添加物として使用できるのはナイシンAのみである。

使用基準のとおりナイシンの食品への添加量はごく微量であり，実際の製造ラインでは計量しにくいなどの問題があるため，三栄源エフ・エフ・アイ㈱では，ハンドリングしやすいナイシン製剤「ナチュラルキーパー®」（ナイシン10％配合）を販売している。

第 6 章　抗菌ペプチド（リゾチーム，ナイシン，ε-ポリリジン・プロタミン）の食品添加物としての利用

表4　日本におけるナイシンの使用基準

対象食品	使用量の最大限度	
	ナイシン A を含む抗菌性ポリペプチド (mg/kg)	【食品添加物ナイシン】(mg/kg)
ホイップクリーム類[*1]	12.5	500
チーズ（プロセスチーズを除く）	12.5	500
プロセスチーズ	6.25	250
穀類及びでん粉を主原料とする洋生菓子[*2]	3	120
洋菓子	6.25	250
食肉製品	12.5	500
ソース類[*3]，マヨネーズ，ドレッシング	10	400
卵加工品	5	200
味噌	5	200

*1　乳脂肪分を主成分とする食品を主要原料として泡立てたものをいう。
*2　ライスプディングやタピオカプディングなどをいい，団子のような和生菓子は含まない。
*3　果実ソースやチーズソースなどのほか，ケチャップも含む。
　　ただし，ピューレ，菓子などに用いるいわゆるフルーツソースのようなものは含まない。

3.1　ナイシンの抗菌効果

　ナイシンペプチドは，微生物の細胞壁構成成分であるペプチドグリカンの前駆体 lipid II と複合体を形成し細胞膜に孔を形成することで，細胞壁の合成を阻害し，微生物に対して殺菌作用や増殖抑制作用を示す。最初に lipid II の外側の糖鎖にナイシンペプチドが結合し，ナイシンペプチドの C 末端が膜を横切るように移動し，膜を貫通することで孔を形成すると言われている[10]。ペプチドグリカン構造を持っていない真菌類には効果はなく，グラム陰性菌ではリゾチームと同様に，ペプチドグリカン層の外側に外膜が存在することで，ナイシンペプチドの侵入が阻害され効果を示さない。しかし，何らかの理由でグラム陰性菌の外膜が損傷を受けてナイシンペプチドの透過性が増加すると，グラム陰性菌もナイシン感受性となることがある。例えば，特定のキレート剤や陽イオン界面活性剤との併用や，超高圧，エレクトロポレーションなどの物理的な処理を食品に加えることによって，ナイシンが，グラム陰性菌にも有効になることが報告されている[11～13]。また，ナイシン存在下で温度ストレスを加えると一時的な膜の障害を生じナイシンの効果が現れ，グラム陰性菌の殺菌効率が高まることで食品の微生物学的安全性が高まると報告されている[14]。

3.2　ナイシンの安定性について

　ナイシンペプチドは34個のアミノ酸で構成され，3個のリジン残基と2個のヒスチジン残基を含むカチオン性の分子である。酸性で溶解度が高く，中性に近づくにつれて溶解度は低下するが，食品に使用される量は極わずかなため，pH による溶解度の変化は実用上大きな問題とはな

表5　食品中でのナイシン活性残存率（社内試験結果）

食品名	加熱条件	残存率（％）
卵焼き	80℃-30分	71
茶碗蒸し	蒸し器で10分	92
卵豆腐	85℃-50分	45
スフレ	170℃（オーブン）-40分	93
液卵	60℃-45分	94
ホワイトソース	90℃-20分	75

ナイシン活性は，微生物学定量法（食品中のナイシン分析方法：3月2日付け厚生労働省医薬食品局食品安全部基準審査課長通知参照）に基づいて測定した。
卵焼きは，フライパンで焼成直後を100とし，二次殺菌後の残存率を算出した。
液卵は，指標菌に乳酸菌を使用して測定した。

らない。

　ナイシンは低pHにおいて安定性が高く，pH 3.0が最も安定であることが知られている[15]。しかしナイシンを食品に使用した場合，食品成分により保護されることにより，単純系よりも安定性が増加する場合が多い。三栄源エフ・エフ・アイ㈱で行った試験では，市販の牛乳にナイシンを添加し，130℃，7秒間のUHT殺菌を行った場合でも殺菌前の96％の抗菌活性が残る結果が得られた。表5では，種々の食品に添加し，加熱前後のナイシンの抗菌活性を示す。また20％エタノールに溶解したナイシンは，95℃，1時間加熱しても抗菌活性の低下は認められなかったこと，100 mMリン酸ナトリウム緩衝液（pH 6.8）に溶かしたときよりも約4倍の抗菌活性が認められたことなどが報告されている[16]。

　ナイシンは食肉加工品に使用可能であるが，生肉とナイシンを混合し未加熱の状態で長時間放置するとナイシンペプチドとグルタチオンが結合し，活性が低下する。しかし加熱された肉ではグルタチオンとたん白質が反応し，遊離スルフヒドリル基が減少することでナイシンとの結合が抑えられ，活性が維持されることが報告されている[17]。そのため，生肉にナイシンを混合した後は速やかに加熱調理する必要がある。また，食品に添加後の長期安定性にも注意が必要である。プロセスチーズ（水分54～58％，pH 5.6～6.0）では，20℃，25℃，30℃で30週間保存するとナイシンの抗菌活性は保存開始時の9割，6割，4割と，保存温度が高くなるに従い低下することが報告されており[18]，常温で長期間保存するような商品（食品に限らない）にナイシンを使う場合には，エタノールを併用するなど抗菌活性を安定に保つ手段を講じる必要がある。

3.3　ナイシンの効果的な使用方法

　ナイシンの効果は用量依存的に作用することが知られている。Porrettaらは，*B. stearothermophilus*の芽胞141個と810個を接種したエンドウ豆缶詰の保存試験において，両者に同じ保存性を付与するためには，810個の缶詰には，141個の缶詰の2倍量のナイシンが必要であると報告している[19]。またプロセスチーズで25℃　6ヶ月のシェルフライフを達成するには

第6章　抗菌ペプチド(リゾチーム，ナイシン，ε-ポリリジン・プロタミン)の食品添加物としての利用

Clostridium 属の芽胞が10倍増えるとナイシンは2〜2.5倍必要になるとの報告もあり[20]，ナイシンは標的となる微生物が多いほど，多くの添加量が必要となる。そのため，ナイシンを効果的に使用するには，食品の初発菌数を少しでも減らすことが重要である。

ナイシンを使用した食品を調べると，国内外ともにナイシンと他の静菌剤を併用するケースが多い。これはナイシン単独よりも，他の静菌剤と併用することで，相乗効果が期待できるためである。三栄源エフ・エフ・アイ㈱でも，ナイシンを，リゾチーム，フェルラ酸，アスコルビン酸塩などと併用することで高い相乗効果を示すことを確認している。

また，ナイシン単独では細菌の増殖までの時間（誘導期）を延ばすが，増殖速度への影響は少ないことが多い。これは保存中に一旦細菌が増え始めると静菌剤を添加していない時と同じように腐敗が進むことであり，途中までは少ない菌数であってもある日突然腐敗してしまう危険性があり注意が必要である。そのため，低温保存のように増殖速度を低下させる条件と併用することが好ましい。

4　ε-ポリリジン，プロタミン

ε-ポリリジンは，放線菌（*Streptomyces albulus*）の培養液より，イオン交換樹脂を用いて吸着，分離して得られたものであり，L-リジンが25〜30個鎖状につながった構造をしている。

プロタミンは，分子量が数千から1万2千程度の魚類の精巣中に存在する単純たん白であり単一物質ではない。主にサケやニシンのしらこを原料とし，塩基性たん白を溶出させ精製乾燥したものであり，魚の収穫時期の精巣の成熟度によりプロタミンの歩留まりが変化し，使用する魚の種類によっても変化する[3]。

4.1　ε-ポリリジン，プロタミンの抗菌効果

両者ともにカチオン系の界面活性剤として作用し，プラスに帯電したアミノ基が微生物の細胞壁に吸着することによって増殖を阻害すると考えられている[21]。

各種微生物に対するε-ポリリジンとしらこたん白の最小発育阻止濃度を表6に示した。この両者の発育阻止濃度は，培地組成によって大きく変化し，例えば寒天培地では液体培地の数十倍の濃度が必要となる。

ε-ポリリジン，プロタミンは酸性側に移るほどプラスの荷電が強くなるが，同時に菌体細胞膜のマイナス電荷が低下すると静電気的相互作用が弱まり，抗菌効果が低下することがある。

4.2　ε-ポリリジン，プロタミンの安定性

ε-ポリリジンは電気的な性質でその効果を示すため，電気的性質を打ち消すような環境ではその効力が低下する。食品に使用する出汁エキス（三栄源エフ・エフ・アイ㈱製サンライク®和風だしL：食塩17.8%，たん白質0.9%，糖質19%，脂質0%）を標準寒天培地に添加し，ε-

表6　ε-ポリリジンとしらこたん白の最小発育阻止濃度（社内試験結果）

微生物	保存料	最小発育阻止濃度（ppm）	
		寒天培地	液体培地
Bacillus subtilis NBRC3134	しらこたん白	200	<10
	ε-ポリリジン	100	<10
食品から単離した *B. cereus*	しらこたん白	>400	10
	ε-ポリリジン	>400	<10
Mirococcus luteus NBRC 13867	しらこたん白	100	<10
	ε-ポリリジン	100	<10
Escherichia coli NBRC3972	しらこたん白	600	<10
	ε-ポリリジン	200	<10
Pseudomonas aeruginosa NBRC3899	しらこたん白	600	<10
	ε-ポリリジン	100	<10

培地の種類：寒天培地は標準寒天培地，液体培地は Nutrient broth を使用した。

表7　出汁を添加した培地でのε-ポリリジン製剤の
Escherichia coli NBRC3972に対する抗菌試験（社内試験結果）

出汁エキス添加量（％） （　）内は食塩濃度（％）	製剤の添加量（％） （　）内はε-ポリリジン濃度(ppm)				
	0	0.05	0.1	0.15	0.2
	0	(114)	(228)	(342)	(456)
0　(0.00)	+	+	0	0	0
2　(0.36)	+	+	0	0	0
4　(0.71)	+	+	+	17	0

ポリリジン製剤の抗菌試験を行った結果を表7に示す。培地への出汁エキスの添加量が増加するに従い，効果が低下する。これは培地中の食塩濃度が増加し，イオン強度が高くなることでε-ポリリジンの微生物細胞壁への吸着力が低下したためと推測される。

また食品中にキサンタンガムやカラギーナンのような酸性多糖類やたん白質が含まれる場合には，これらとコンプレックスを形成し，効力が低下すると同時に濁りや沈殿を生じる場合があり，食品成分による影響を考慮する必要がある。

4.3　ε-ポリリジン，プロタミンの効果的な使い方

ε-ポリリジンについては，微生物を不活化又は殺菌することが報告され[22]，生食用食肉の殺菌に用いる研究が進められている[23]。これは，2011年のユッケによる集団食中毒事件を経て施行された，生食用食肉の新規格基準における，加熱殺菌作業の煩雑さと可食部の減少という課題の解決を目指すものである。この研究では腸管出血性大腸菌（O-157：H7型含む）と *Salmonella* 属菌を対象に，生肉のε-ポリリジン溶液への浸漬が，それぞれの菌種に対して殺菌的に作用し，

第6章　抗菌ペプチド(リゾチーム，ナイシン，ε-ポリリジン・プロタミン)の食品添加物としての利用

表8　ε-ポリリジンを添加した蒸しパンの保存試験（社内試験結果）

試験区	保存期間（25℃）		
	6日目	8日目	11日目
無添加区	1/12	4/12	12/12
ε-ポリリジン　500 ppm 添加	0/12	0/12	6/12

蒸しパンは，薄力粉100部，上白糖70部，食塩0.2部，膨脹剤4部，水80部を混合し，蒸し器で蒸成し調製した。ε-ポリリジンは粉体原料（薄力粉，上白糖，食塩，膨脹剤）に対する添加量を示した。

特に腸管出血性大腸菌に対しては強い殺菌効果があることが示されている。

表8は蒸しパンに *Aspergillus niger* を接種後，25℃で保存しカビの発生個数を示したものである。無添加区は保存6日目で12件体中1検体にカビの発生が認められたが，ε-ポリリジン添加区は，保存8日目までカビの発生は認められなかった。

蒸しパンのpHは9.3とアルカリ性であったが，ε-ポリリジンは有機酸とは異なり，アルカリpH条件にも係わらず，有効であった。

5　おわりに

食品の腐敗防止に抗菌ペプチドは有効な添加物であるが，食品は様々な物質が不均一に混合されたものであり，抗菌ペプチド単独では，その効果が食品成分で阻害されたり，加工中の加熱で効力が低下したりする。そのため抗菌ペプチドとどのような物質を併用すると期待した効果が得られるのか，あるいは効果を阻害されるのかについての知見を広げることは重要である。さらに食品の腐敗防止は添加物の使用だけでなく，衛生管理や温度，水分活性，pHなど様々な条件を組み合わせることが重要である。

記載のデータおよび処方例はあくまで三栄源エフ・エフ・アイ㈱で試験・試作した結果であり，製品および最終製品における安定性を保証するものではありません。

アートフレッシュ，ナチュラルキーパー，サンライクは三栄源エフ・エフ・アイ㈱の登録商標です。

文　　献

1) 第8版食品添加物公定書解説書　D1694-1698
2) 平松肇，渡部耕平，防菌防黴誌，**37**, 829 (2009)

3) 松田敏生, 食品微生物制御の化学, 255-285, 幸書房 (1998)
4) 三栄源エフ・エフ・アイ㈱, 特許公報, 特許第4226242号 (2008)
5) H. R. Ibrahim, U. Thomas et al., *J. Biol. Chem.*, **276**, 43767 (2001)
6) Y. Mine, F. Ma, S. Lauriau, *J. Agric. Food Chem.*, **52**, 1088 (2004)
7) H. R. Ibrahim, D. Inazaki et al., *Biochim. Biophys. Acta*, **1726**, 102 (2005)
8) 仲沢萌美, 高橋肇, ほか, 第35回日本食品微生物学会 一般講演 (2014)
9) 三栄源エフ・エフ・アイ㈱, 特開2015-47110 (2013)
10) I. Wiedemann, E. Breukink et al., *J. Biol. Chem.*, **276**, 1772 (2001)
11) K. A. Stevens, B. W. Sheldon et al., *Appl. Environ. Microbiol.*, **57**, 3613 (1991)
12) R. Pattanayaiying, A. C. H-Kittikun et al., *Int. J. Food Mirol.*, **188**, 135 (2014)
13) N. Kalchayanand, T. Sikes et al., *Appl Environ Microbiol.*, **60**, 4174 (1994)
14) I. S. Boziaris, M. R. Adams *J. Appl Microbiol.*, **91**, 715 (2001)
15) W. Liu, J. N. Hansen, *Appl. Environ. Microbiol.*, **56**, 2551 (1990)
16) 川井泰, *Foods Food Ingredients J. Japan*, **218**, 142 (2013)
17) V. A. Stergiou, L. V. Thomas et al. *J. Food Prot.*, **69**, 95 (2006)
18) J. Delves-Broughton, *Dairy Federation*, **239**, 13 (1998)
19) L. V. Thomas, M. R. Clarkson et al., Natural Food Antimicrobial Systems, ed: A. S. Naidu, pp. 463-524, CRC Press (2000)
20) E. A. Davies, C. F. Milne et al., *J Food Prot.*, **62**, 1004 (1999)
21) 平木純, 防菌防黴誌, **23**, 349 (1995)
22) 武藤正道, ジャパンフードサイエンス, **11**, 65, 日本食品出版 (2003)
23) S. Miya et al., *Food Control*, **37**, 62, (2014)

第7章　抗菌ペプチドのプローブとしての利用

米北太郎[*1]，相沢智康[*2]

1　はじめに

　昨今，飲食料品の安全性に対する消費者の関心は高まり続けており，フードチェーン全体を通した安全性の確保は急務の課題である。中でも食中毒は例年全国で1,000件以上報告されており，腸管出血性大腸菌（O157等）やサルモネラなどに代表される細菌性食中毒の割合が比較的高い。重篤な場合は死に至るケースもあるため，食中毒低減のために食品衛生法では食肉製品や乳製品等に対する成分規格が定められている。

　現在，厚生労働省より通知されている微生物検査法では，菌種によっては結果の判定までに5～7日程度を要するものもあるため，製品の出荷までに結果を得ることが難しい。したがって，正確かつ迅速，安価で簡便な微生物の簡易迅速検出法が広く普及している。現在用いられている簡易迅速法は，遺伝子を利用した方法と抗体を利用した方法に大別される。前者の代表例であるリアルタイムPCR法は，高感度で特異性が高い手法である。しかし高価な専用の装置を必要とする上に，操作の習熟を必要とすることから小規模の検査室では導入が難しいといった問題点がある。後者の代表例として挙げられるのが，ELISA法（酵素免疫測定法）やラテラルフロー法（イムノクロマト法）であり，市販の検査キットを用いれば極めて簡便に迅速検出が可能であるという利点があり，食品生産現場等で広く用いられている。しかしながら検査キットの開発においては，検出に求められる「特異性」と検出感度を確保するための「力価」を両立した，実用性の高い抗体を得ることが微生物の種類によっては困難であり，試行錯誤により良い抗体の産生を目指す作業が，検出系開発期間の長期化や実用的な検出系の構築の障害にもなっている。

　これらの抗体検出の問題を解決するべく，微生物を検出するための新たな方法として，ごく最近，抗菌ペプチドを利用する検出方法が提案され始めた[1〜5]。現在までに多くの種類の抗菌ペプチドが発見されているが，それぞれが異なる抗菌スペクトルを持っており，真菌，細菌，ウィルスなどに作用し，多くは菌体を破壊することで活性を発現する。この際，抗菌ペプチドは，まず微生物の表面に結合して作用すると考えられるため，微生物検出用のプローブへの応用が期待できる。また，抗菌ペプチドは抗体と比較してはるかに分子量が小さく構造も単純であるため，遺伝子組換えや化学合成により配列改変による機能の向上などが容易であると予想される。抗菌ペ

[*1]　Taro Yonekita　日本ハム㈱　中央研究所
[*2]　Tomoyasu Aizawa　北海道大学　大学院先端生命科学研究院，
　　　　　　　　国際連携研究教育局ソフトマターグローバルステーション　准教授

プチドの菌種特異性については抗体ほど高くないため，複数の微生物を検出可能な汎用性の高いプローブとして使うことができると考えられる。例えば捕捉抗体に特異性の高い抗体を用い，抗菌ペプチドを検出プローブとしたサンドイッチ検出系においては，捕捉抗体の種類を変えることにより，様々な微生物を検出可能な系の実現が見込まれる。

このように抗菌ペプチドを用いた検出法は有望であるが，まだ研究例が少ないため実用化には至っていない。例えば，どのような抗菌ペプチドが検出プローブとして最適であるかといった基本的な知見を得ることも重要な課題である。

2　プローブに適した抗菌ペプチドのスクリーニング

著者らが抗菌ペプチドを用いた微生物検出系の検討を開始した時点では，もっとも簡便な検出技術と言える発色検出法へ抗菌ペプチドをプローブとして応用した例の報告はなかった。そこで，捕捉抗体と検出抗体の2種類の抗体を用いたサンドイッチELISA法による発色検出系をベースとして，検出抗体を抗菌ペプチドに置き換えた発色検出技術の検討を進めた。検討の対象としては，代表的な食中毒菌であるサルモネラを用いた。まず，通常の抗体のみを用いたサンドイッチELISA法と同様に，抗サルモネラ抗体を捕捉抗体として固相化したマイクロウェルプレートを準備した。初期検討の結果，抗菌ペプチドをプローブとして用いる場合には，抗体を利用した系での条件そのままでは高いバックグラウンドなどの問題が生じるため，これを低減するために，プレートの種類やブロッキング法の選択が重要であることが明らかになった。このようにして準備したマイクロウェルプレートを用いて，サルモネラの菌体を捕捉し，これに末端部をビオチン標識した抗菌ペプチドを作用させた後に，ストレプトアビジン−HRPを添加し，発色基質を加えることで，抗菌ペプチドを発色検出用のプローブとして用いる簡便な評価系を構築することに成功した。そこで，次にこの発色検出系を用いて，抗菌ペプチドに関するデータベース[6]から約60種類の様々な特徴をもつ抗菌ペプチドを選択し，各抗菌ペプチドの検出感度に関するスクリーニングを行った（図1）。

その結果，スクリーニングに供した多くの抗菌ペプチドにおいて微生物の検出が可能であることは確認されたが，その検出感度にはかなりの差があることが明らかになった。また，化学的な固相合成法を用いてペプチドを調製するためには，合成効率やコストの面から残基数が短い方が有利と考えられるが，残念ながら20残基長以上の比較的残基数が多いものの中に，検出感度が高いペプチドが多いことも明らかになった。スクリーニングを進めたペプチドの中で，特に高い反応性を示したものは，cecropinファミリーおよびmagaininファミリーに分類されるペプチドで，いずれも，αヘリックス構造を形成することが特徴である抗菌ペプチドファミリーであった。そこで，中でも反応性が高かったcecropin P1（CP1）[7]およびmagainin 2（MG2）[8]などを選択し，それらを中心に，その後の検討を進めた。これらの抗菌ペプチドプローブを用いて，試薬濃度や反応条件の最適化を行った結果，捕捉と検出の両方に抗体のみを用いた従来のサンドイッチ

第7章　抗菌ペプチドのプローブとしての利用

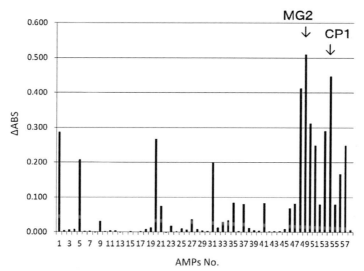

図1　各種抗菌ペプチドを用いた検出感度に関するスクリーニングの例
横軸の番号が大きいものほど残基数の多い抗菌ペプチドでの結果を示している。縦軸の吸光度が高いほど，発色が強く，より高い検出感度が期待できる抗菌ペプチドと考えられる。

ELISAと比較して，同等かそれ以上の感度でサルモネラを検出することに成功した。また，構築した検出系に他の菌種を供試しても交差反応は見られなかった。さらに，これらの抗菌ペプチドをサルモネラ以外の菌種に特異的な抗体と組み合わせることで，様々な種類の微生物の検出系を構築できることも明らかになった。以上の結果から，抗菌ペプチドを汎用性の高いプローブとして用いても，固相化に選択した捕捉抗体で，充分に検出系の特異性は維持できることが証明できた。

3　抗菌ペプチドの遺伝子組換え生産

「2　プローブに適した抗菌ペプチドのスクリーニング」の節で述べたように，検討の結果，微生物検出用プローブに適した抗菌ペプチドについては，化学的な固相合成が必ずしも有利とは言えない，比較的長い残基長の分子が多いことが明らかになった。また，プローブとなる抗菌ペプチドの微生物表面の認識機構を明らかにし，プローブの性能の改善などのデザインを検討するためには，NMR法などを用いたペプチドの立体構造や相互作用に関する情報が有効であると考えられる。このNMR法による解析の適用には，遺伝子組換えによる安定同位体標識技術を利用する手法が効果的である[9]。そこで，プローブに利用するためのペプチドを遺伝子組換え技術を用いて大量に調製する方法についての検討も進めた。

有力なプローブ候補の一つであるCP1については，過去に遺伝子組換え発現の成功に関する報告が全くなかったことから，遺伝子組換えの一般的な宿主である大腸菌を用いた発現の検討を

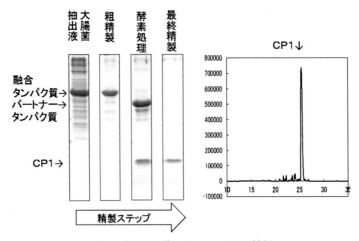

図2　遺伝子組換えによる CP1 の精製
左図は各精製ステップの SDS-PAGE による分析結果。右図は逆相 HPLC によるペプチドの最終精製結果。

行った。まず，単純に，CP1 分子単独を宿主内で発現した場合には，全く発現が確認できなかった。この結果は，分子量の小さいペプチドの遺伝子組換え発現では比較的よくみられるもので，宿主由来プロテアーゼが発現産物を分解することに起因すると予想された。そこで，種々のパートナータンパク質との融合発現系などを検討し，発現系の改良を進めることで，CP1 の毒性や分解を回避することが可能であることが明らかになった。アフィニティーカラムを用いた効率的な精製に必要な His-Tag や，ペプチド分子を融合パートナータンパク質から切断するための酵素切断サイトを導入したデザインを完成した。最終的な検討の結果，精製により純度の高い CP1 が得られることを確認し（図2），培地1Lあたり約 10 mg という非常に高い効率での CP1 の大量調製に成功した[10]。また，このペプチドの末端に Cys 残基を導入しマレイミドなどを用いて化学合成ペプチドと同様にビオチン化修飾を行い，検出用プローブとして利用することを可能とした。

4　ラテラルフロー法への応用

マイクロウェルプレートを用いた抗菌ペプチドによる発色検出系で，抗菌ペプチドプローブの菌体検出能力が示されたため，さらに汎用性と簡便性の高い検出技術であるラテラルフロー法への抗菌ペプチドプローブの応用について検討を進めた[11,12]。ラテラルフロー法は，ニトロセルロースメンブレン上に抗体などをラインとして固相化したテストストリップに対して，金コロイドなどで修飾した検出プローブを作用させ，メンブレン上に現れるテストラインの有無を目視によって判定し食中毒菌を検出する技術である。特殊な測定装置などを必要とせず，オンサイトでの検査を行うことが可能なため，応用範囲も広く実用性の高い技術である。

第7章 抗菌ペプチドのプローブとしての利用

　まず，マイクロウェルプレートを用いた抗菌ペプチドによる発色検出技術で検出能力が高かった各種抗菌ペプチドプローブを中心に，ラテラルフロー法への応用を検討した。抗菌ペプチドプローブの金コロイド修飾や，反応バッファーの組成，テスト方法などの各種条件を検討し，ラテラルフロー反応系の構築を行った。その結果，マイクロウェルプレートを用いた抗菌ペプチドによる発色検出系でも成績が良かったCP1やMG2といったαヘリックスタイプの抗菌ペプチドを用いることで，$10^4 \sim 10^5$ CFU/mL の食中毒菌の検出が可能な系の構築に成功した。また，ラテラルフロー法を用いた場合においても，抗菌ペプチドによる発色検出系と同様に他の菌種に対する交差反応は見られなかったことから，1種類の抗菌ペプチドプローブのみを用いて，ニトロセルロースメンブレンに固相化する捕捉抗体の種類を変えることで，特異性を維持したまま複数の菌種に対応した検出系を構築できることが示された。

　そこで，この1種類の抗菌ペプチドプローブが様々な菌種に対して結合可能である，という特性を活かして，1本のストリップで複数の食中毒菌の同時検出，同時識別が可能なラテラルフロー法の開発について検討を進めた。腸管出血性大腸菌の主な3血清群（O157，O26，O111）に対する特異的抗体をメンブレン上の異なった位置へラインとして固相化することで，これらを同時に識別して検出可能な系の開発に成功し，これをマルチプレックスラテラルフロー法と名づけた（図3，4）。この検出系では，ビオチン標識抗菌ペプチドの金コロイドへの結合に用いたストレプトアビジンに対する抗体も同時に固相化することで，反応のコントロールラインの確認も可能となっている。このマルチプレックスラテラルフロー法においても，もちろんテストした

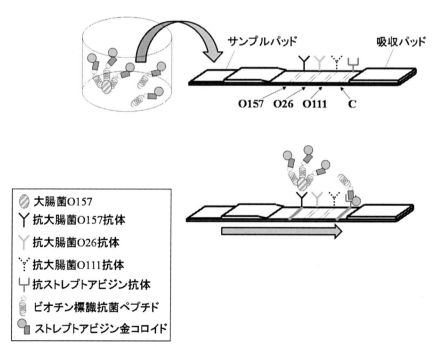

図3　マルチプレックスラテラルフロー法の原理の模式図

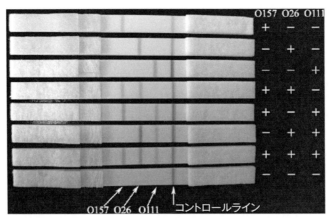

図4　マルチプレックスラテラルフロー法での腸管出血性大腸菌 O157，O26，O111の検出例

表1　腸管出血性大腸菌用マルチプレックスラテラルフローの特異性の評価

供試菌株[a]	株名	株数	陽性数（陽性率％）
Bacillus cereus	ATCC 14579	1	0 (0)
Citrobacter freundii	ATCC 8090	1	0 (0)
Cronobacter muytjensii	ATCC 51329	1	0 (0)
Enterobacter aerogenes	ATCC 13048	1	0 (0)
E. cloacae	ATCC 13047	1	0 (0)
Escherichia coli O1	ATCC 11775	1	0 (0)
E. coli O6	ATCC 25922	1	0 (0)
E. coli O26	RIMD 05091876，IID 3005，wtO26-1 to 15	17	17 (100)
E. coli O45	RIMD 05091858	1	0 (0)
E. coli O91	RIMD 05091855	1	0 (0)
E. coli O103	RIMD 05091878	1	0 (0)
E. coli O111	RIMD 0509829，RIMD 05091865，wtO111-1 to 6	7	7 (100)
E. coli O121	RIMD 05091859	1	0 (0)
E. coli O145	RIMD 05091870	1	0 (0)
E. coli O157	ATCC 43888，ATCC 700728，RIMD 05091061，wtO157-1 to 19	22	22 (100)
E. hermannii	ATCC33650	1	0 (0)
Klebsiella oxytoca	ATCC 8724	1	0 (0)
K. pneumoniae	ATCC 4352	1	0 (0)
Listeria monocytogenes	ATCC 7644	1	0 (0)
Proteus vulgaris	ATCC 6380	1	0 (0)
Salmonella Enteritidis	ATCC 13076	1	0 (0)
Serratia liquefaciens	ATCC 27592	1	0 (0)
S. marcescens	ATCC 8100	1	0 (0)
S. odorifera	ATCC 33077	1	0 (0)

[a] 大腸菌はノボビオシン加 mEC 培地，その他の菌株は TSB 培地で培養（生菌）

第7章　抗菌ペプチドのプローブとしての利用

表2　ひき肉を用いた検体における増菌培養後の各種試験方法での検出の比較

供試菌株	試験方法	培養前接種菌数[a] (CFU/食品検体25g)			
		10^2	10^1	10^0	0
Escherichia coli O157	マルチプレックスラテラルフロー法	+	+	+	−
	培養法	+	+	+	−
	イムノクロマト法	+	+	+	−
	PCR法	+	+	+	−
E. coli O26	マルチプレックスラテラルフロー法	+	+	+	−
	培養法	+	+	+	−
	イムノクロマト法	+	+	+	−
	PCR法	+	+	+	−
E. coli O111	マルチプレックスラテラルフロー法	+	+	+	−
	培養法	+	+	+	−
	イムノクロマト法	+	+	+	−
	PCR法	+	+	+	−

[a] O157，O26，O111の接種菌数 10^0 はそれぞれ 6.3，2.9，5.6 CFU

すべての菌種において特異的な検出が可能であった（表1）。また，実用的な食品を想定し，検出対象の菌を接種したひき肉を用いて増菌培養後に検出を行った試験においても，標準的な検査法である培養法や簡易迅速法として実用化されているイムノクロマト法およびPCR法と同様に，食品検体中に数CFUの対象菌が存在すれば検出が可能であることが示された（表2）。

通常の抗体のみを用いたラテラルフロー法は，簡便な食中毒菌の検出技術として，すでに食品衛生検査の現場などで広く使われている技術であるが，従来の検出法では，基本的には1菌種に対して1本のストリップを使用した検査が必要であり，効率的な検査を行うことは困難であった。これに対してマルチプレックスラテラルフロー法では現在までに，腸管出血性大腸菌の主要な3血清群（O157，O26，O111）とカンピロバクター，コレラ菌，サルモネラの検出を同時かつ識別して可能であるストリップの構築に成功している（図5）。

5　まとめ

機器を必要とせず，オンサイトで簡便な検査が可能なラテラルフロー法の需要は，食の安全・安心への要求から，さらに高くなっている。特に，日本国内の食品生産現場での利用はもちろんのこと，新興国や発展途上国などでの食品の安全性に関する検査に対する需要も高まっている。このような背景から，食品の流通過程での検査において，検査コストの低減や検査期間の短縮による在庫リスクの低減は重要な課題となっている。この問題に対して，1本のストリップで同時に複数の食中毒菌の検出を可能にした，抗菌ペプチドを利用したマルチプレックスラテラルフロー法は，検査コストや期間の削減に寄与し，大きな経済効果が期待できる新技術と言える。ま

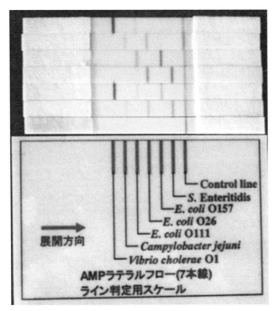

図5　6菌種が識別可能なマルチプレックスラテラルフロー法

た，今後，ペプチドの立体構造や相互作用解析を行い，抗菌ペプチドへの変異導入やスクリーニングなどを進めることで，検出プローブの性能を改善させ，さらなる感度の向上なども期待される。

　微生物検出技術への抗菌ペプチドの応用は，新たな汎用的微生物検査技術を提案するものであり，食品分野のみならず，医学，農林水産，畜産，環境などの幅広い微生物の検出，識別が必要とされる分野全般への応用が期待できることから，今後の大きな波及効果も期待できる。

文　　献

1) S. Arcidiacono *et al.*, *Biosens. Bioelectron.*, **23**, 1721（2008）
2) N. V. Kulagina *et al.*, *Anal. Chem.*, **77**, 6504（2005）
3) N. V. Kulagina *et al.*, *Sens. Actuators B Chem.*, **121**, 150（2007）
4) K. Gregory & C. M. Mello, *Appl. Environ. Microbiol.*, **71**, 1130（2005）
5) M. S. Mannoor *et al.*, *Proc. Natl. Acad. Sci.* USA, **107**, 19207（2010）
6) F. H. Waghu *et al.*, *Nucleic Acids Res.*, **42**, D1154（2014）
7) A. Pillai *et al.*, *Biochem. J.*, **390**, 207（2005）
8) D. Marion *et al.*, *FEBS Lett.*, **227**, 21（1988）
9) 相沢智康，バイオインダストリー, **30**, 35（2013）

10) T. Nakazumi *et al.*, *Peptide Sci.*, 219（2012）
11) 大槻隆司ほか，抗菌ペプチドを用いた微生物の検出方法及び検出用キット，特開2013-164414（2013）
12) T. Yonekita *et al.*, *J. Microbiol. Methods*, **93**, 251（2013）

第8章　昆虫由来の抗菌ペプチドの応用

岩崎　崇[*1]，石橋　純[*2]

1　昆虫の生体防御機構

　昆虫類は今から4.8億年前にこの地球上に出現し，現在では全動物種の7～8割を占めるほどに繁殖し，この地球上で最も繁栄している動物種となっている。この繁栄を支えてきた基盤は，優れた環境適応能力である。極地を除く地球上のあらゆる環境下で生きている昆虫は，常に外敵微生物の侵入にさらされているが，そのような環境下においても繁栄を可能としてきた環境適応能力として，優秀な生体防御機構がある。昆虫の生体防御機構の大きな特徴は，脊椎動物とは異なり，抗原・抗体反応を持たない点である。抗体産生能がないということは脊椎動物にとっては致命的であるが，昆虫にとっては全く問題にならない。このことは4.8億年という昆虫の生命の歴史と地球上の最大繁栄動物種という事実が証明している。昆虫には抗原・抗体反応以外の強力な自己を守る仕組み，即ち自然免疫が備わっている。昆虫は，侵入してきた外敵微生物の種類に応じて免疫経路を使い分け，効率的な排除を行っている。昆虫は微生物感染時において，食作用，包囲化などの細胞性免疫反応とともに，抗菌ペプチドを生体防御の最初の防衛線としている。昆虫は感染した微生物の表面構造をペプチドグリカン認識タンパク質などのパターン認識受容体と呼ばれる分子を用いて認識し，感染した微生物の種類を判別する[1]。次いで，グラム陰性細菌などに対しては Imd 経路，グラム陽性細菌及び真菌などに対しては Toll 経路と呼ばれる細胞内シグナル伝達経路を介して，外敵の種類に応じて効果的に働く抗菌ペプチドを選択的に発現することで異物侵入から身を守っている[2]。

2　昆虫の抗菌ペプチド

　昆虫の抗菌ペプチドの多くは塩基性アミノ酸と疎水性アミノ酸を多く含み，立体構造的に疎水面と親水面の両面を持つ両親媒性を示すことがその特徴である[3]。アルギニン，リシンなどの塩基性アミノ酸は中性でプラスの電荷を持つため，これらのアミノ酸残基を多く含む昆虫の抗菌ペプチドはプラス電荷を帯びている。一方，細菌の細胞膜は表層にホスファチジルグリセロールやカルジオリピンといったマイナス電荷を帯びた酸性リン脂質を多く含むため，細胞膜表面全体は

　＊1　Takashi Iwasaki　鳥取大学　農学部　生体制御化学分野　准教授
　＊2　Jun Ishibashi　（国研)農業・食品産業技術総合研究機構　本部　経営戦略室
　　　　上級研究員

第8章　昆虫由来の抗菌ペプチドの応用

マイナスに荷電している。プラス電荷を帯びた抗菌ペプチドは，体内に侵入した細菌のマイナス電荷を帯びた細胞膜に電気的に引きつけられ，両者は吸着する。次に，吸着した抗菌ペプチドの疎水性アミノ酸が細菌細胞膜の疎水性部分に作用することにより細胞膜が破壊され，その結果細菌は死に至る[4]。では，なぜこれらの抗菌ペプチドは自分自身の細胞膜を破壊することがないのだろうか。それは昆虫を含めた真核生物の細胞膜表面は双イオン性リン脂質（ホスファチジルコリンやスフィンゴミエリンなど）とコレステロールから成り立っており，表面電荷がゼロであるためである。また，ホスファチジルセリンなどの酸性リン脂質は細胞膜の内側（細胞質側）に局在している。これらの理由から，抗菌ペプチドは自分自身の細胞には電気的に吸着できないのである。このように真核生物の持つ抗菌ペプチドの多くは，マイナス電荷を帯びた細菌に選択的に働くことが知られている（図1）。

3　昆虫抗菌ペプチドの応用：抗生物質

現在までに様々な抗生物質がヒトの細菌感染症治療のために用いられてきた。しかし，過剰な抗生物質の使用は薬剤耐性細菌の出現を促進し，常に新しいタイプの抗生物質の開発が必要とされている。従来の抗生物質の作用点は，主に細菌のDNA・タンパク質・細胞壁合成阻害などの代謝系阻害である。しかし，このシステムに対して細菌は極めて短時間のうちに自らの代謝系を変化させることにより回避し，耐性細菌を生み出してきた。実際にわが国においても抗生物質に

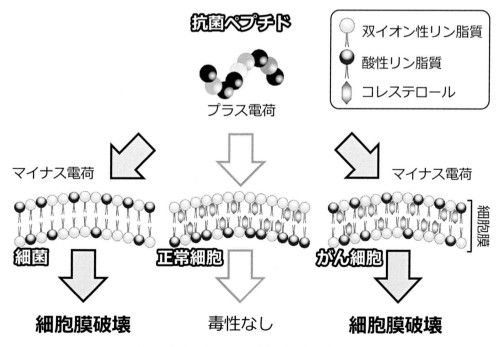

図1　抗菌ペプチドの負電荷を帯びた細胞膜破壊

※ディフェンシンの単離には幼虫を用いた。

図2　カブトムシとタイワンカブトムシ

耐性を示す黄色ブドウ球菌（MRSA：Methicillin-Resistant *Staphylococcus aureus*）や緑膿菌（*Pseudomonas aeruginosa*）などが出現し，大きな社会問題となっている。このような現状の中で，抗菌ペプチドはこれまでの抗生物質とは異なり，細菌の細胞膜を破壊するというユニークな抗菌メカニズムを持っている。ゆえに，抗菌ペプチドは，薬剤耐性細菌に打ち勝つ可能性を秘めた非常に有望な武器であると言える。

　著者らの研究室において，カブトムシ及びタイワンカブトムシ（図2）から単離した43アミノ酸残基からなる抗菌ペプチド「ディフェンシン」は，グラム陽性細菌に強い抗菌活性を示し，更にMRSAに対しても効果を示した[5]。このことから，この抗菌ペプチドが新たな抗生物質として応用できることが期待された。しかし実際に薬剤として用いるためには，生体内で抗原にならないように低分子化することが必要であった。そこで，ディフェンシンの抗菌活性中心を同定することによって低分子化を試みた。その結果，活性中心はαヘリックス構造をとると推測される部位であることが分かった。この部位に対してアミノ酸置換による改変を行ったところ，グラム陽性細菌だけでなく，ディフェンシンが本来抗菌活性を示さないグラム陰性細菌である緑膿菌に対しても強い抗菌活性を示す4種類の改変ペプチド（L-peptide A, B, C, Dと命名，以降はLA, LB, LC, LDと略す）が得られた[6]。この4種の改変ペプチドは，オリジナルのディフェンシン同様に正電荷を帯びており，負電荷を帯びた細菌細胞膜に電気的に引きつけられ細胞膜を破壊することが分かった。更に，MRSAを感染させたマウスに対して，この改変ペプチドを投与したところ，高い治療効果を示すことも確認された[7]。一方で，改変ペプチドはウサギの赤血球に対しては溶血活性などの副作用を示さないことも明らかとなった。更に，改変ペプチドをマウスに反復投与したところ，抗体の産生は認められなかったことから，改変ペプチドは低分子化により抗原性を示さなくなったことが分かった[8]。しかし，抗原性を持たない程まで低分子化された改変ペプチドは生体内で酵素分解されやすくなり，抗菌活性が維持できない恐れがあった。そこで生体内での安定性を高めることを目的として，改変ペプチドの全アミノ酸を天然型のL型アミノ酸から非天然型のD型アミノ酸に置換したD型改変ペプチド（D-peptide A, B, C, Dと命

第8章 昆虫由来の抗菌ペプチドの応用

ディフェンシンの単離

- カブトムシ ディフェンシン
  LTCDLLSFEAKGFAANHSLCA**AHCLAIGRK**GGACQNGVCVCRR
- タイワンカブトムシ ディフェンシン
  VTCDLLSFEAKGFAANHSLCA**AHCLAIGRR**GGSCERGVCICRR

⇩ 活性部位の特定
⇩ 活性部位の改変
⇩ 全アミノ酸配列をD型アミノ酸に置換

ディフェンシン由来D型改変ペプチド

ペプチド名	アミノ酸配列	分子量	総電荷
D-peptide A (DA)	*RLYLRIGRR*-NH$_2$	1201.5	+4
D-peptide B (DB)	*RLRLRIGRR*-NH$_2$	1194.5	+5
D-peptide C (DC)	*ALYLAIRRR*-NH$_2$	1130.4	+3
D-peptide D (DD)	*RLLLRIGRR*-NH$_2$	1151.5	+4

※斜体はD型アミノ酸を示す。

図3 ディフェンシンの単離と改変

名,以降はDA, DB, DC, DDと略す)を合成した(図3)。

このようにして得られたD型改変ペプチド(DA, DB, DC, DD)は,オリジナルのL型改変ペプチド(LA, LB, LC, LD)や従来の抗生物質よりも強い抗菌活性を示すことが確認された[9]（表1)。更に,長期間(30日間)における薬剤の継続使用実験では,抗生物質に対する耐性細菌は容易に出現したのに対して,D型改変ペプチドに対する耐性細菌の出現は確認されなかった(図4)。この結果は,抗生物質と抗菌ペプチドでは細菌に対する作用点(抗菌メカニズム)が異なることに起因していると考えられる。また,抗菌ペプチドは薬剤耐性に対して有効な対抗手段であるという我々の予想と見事に一致するものであった。更に,単独でも有効であることが確認されたD型改変ペプチドであるが,既存の抗生物質と併用することで,相乗的な抗菌活性が得られることも明らかになった(表2)。即ち,D型改変ペプチドと既存の抗生物質を組み合わせることで,両薬剤の使用濃度を抑えることができると言える。これにより,既存の抗生物質に対する耐性細菌の出現を抑えることが期待できる。このように,D型改変ペプチドは単独使用においても抗生物質との併用においても,高い抗菌ポテンシャルを発揮することが確認された。以上の成果から,D型改変ペプチドは新規抗生物質の有力な候補となり得ると言える。

4 昆虫抗菌ペプチドの応用：抗がん剤

近年になって,哺乳類がん細胞は酸性リン脂質であるホスファチジルセリン(PS)を細胞表

表1　改変ペプチドと抗生物質の細菌増殖に対する最小増殖抑制濃度

Reagents	MIC* (μg/mL)	
	MRSA	P. aeruginosa
LA (RLYLRIGRR-NH$_2$)	600	400
LB (RLRLRIGRR-NH$_2$)	600	800
LC (ALYLAIRRR-NH$_2$)	600	400
LD (RLLLRIGRR-NH$_2$)	600	400
DA (*RLYLRIGRR*-NH$_2$)	30	30
DB (*RLRLRIGRR*-NH$_2$)	30	100
DC (*ALYLAIRRR*-NH$_2$)	30	30
DD (*RLLLRIGRR*-NH$_2$)	20	60
Piperacillin	200	50
Ceftazidime	400	3
Methicillin	1000	N.D.**
Cefotaxime	>600	50
Tetracycline	50	50
Chloramphenicol	300	10
Rifampicin	0.5	8

*MIC：Minimal Inhibitory Concentration（最小増殖抑制濃度）
**N.D.：Not determined

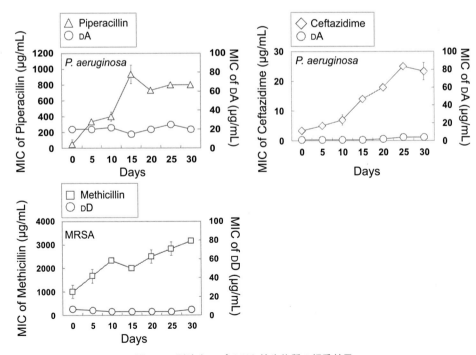

図4　D型改変ペプチドと抗生物質の相乗効果

第8章　昆虫由来の抗菌ペプチドの応用

表2　D型改変ペプチドと抗生物質併用による相乗効果

ペプチド	FIC値*											
	MRSA						P. aeruginosa					
	PIPC**	CAZ	MET	TC	CP	RFP	PIPC	CAZ	CTX	TC	CP	RFP
DA	1.0	0.625	0.75	<u>0.5</u>	0.562	1.0	<u>0.312</u>	0.625	<u>0.5</u>	<u>0.125</u>	<u>0.187</u>	<u>0.25</u>
DB	1.0	0.75	0.75	<u>0.5</u>	<u>0.5</u>	1.0	<u>0.25</u>	0.625	<u>0.312</u>	<u>0.187</u>	<u>0.187</u>	<u>0.125</u>
DC	0.562	<u>0.375</u>	0.625	<u>0.5</u>	0.562	0.562	<u>0.312</u>	0.625	0.75	<u>0.5</u>	<u>0.5</u>	0.625
DD	<u>0.375</u>	0.562	0.625	<u>0.312</u>	<u>0.187</u>	0.75	<u>0.375</u>	0.562	<u>0.25</u>	0.5	<u>0.187</u>	<u>0.312</u>

*下線は相乗効果を示す。
**Abbreviations：PIPC, piperacillin; CAZ, ceftazidime; MET, methicillin;
　　　　CTX, cefotaxime; TC, tetracycline; CP, chloramphenicol; RFP, rifampicin.

表3　D型改変ペプチドの腫瘍細胞に対する細胞増殖抑制効果

	Cell lines	IC$_{50}$ = 50%Inhibitory Conc. (μM)					Cell lines	IC$_{50}$ = 50%Inhibitory Conc. (μM)			
		DA	DB	DC	DD			DA	DB	DC	DD
	Leukocyte	>100	>100	>100	>100		NCI-H23	>100	>100	>100	>100
My	P3-X63-Ag8.653	96	**28**	>100	52		NCI-H226	>100	97	44	54
Ce	HeLa	>100	>100	>100	>100		NCI-H522	33	40	48	47
Lu	RERF	>100	>100	>100	>100	Lu	NCI-H460	40	66	62	48
Re	Cos-1	>100	>100	>100	>100		A549	>100	>100	>100	>100
CNS	U-251	>100	>100	>100	>100		DMS273	32	48	>100	37
Lu	VA-13	>100	>100	>100	>100		DMS114	>100	>100	>100	>100
	HBC-4	36	84	98	40		OVCAR-3	>100	>100	>100	>100
	BSY-1	>100	>100	>100	>100		OVCAR-4	>100	>100	>100	>100
Br	HBC-5	29	60	28	54	Ov	OVCAR-5	>100	>100	>100	>100
	MCF-7	69	>100	>100	>100		OVCAR-8	>100	>100	>100	>100
	MDA-MB-23	>100	>100	>100	>100		SK-OV-3	>100	>100	23	42
	SF-268	>100	>100	>100	>100		St-4	>100	>100	>100	>100
	SF-295	93	>100	64	>100		MKN1	>100	39	68	64
CNS	SF-539	89	>100	69	>100	St	MKN7	>100	59	>100	>100
	SNB-75	67	>100	66	86		MKN28	>100	>100	>100	>100
	SNB-78	>100	>100	>100	>100		MKN45	>100	>100	>100	>100
	KM-12	34	38	91	40		MKN74	>100	>100	>100	52
Co	HT-29	>100	>100	68	>100	Re	RXF-631L	>100	>100	>100	>100
	HCT-15	85	>100	>100	>100		ACHN	>100	>100	>100	>100
	HCT-116	>100	>100	91	71	xPg	DU-145	>100	>100	>100	>100
Me	LOX-IMVI	>100	>100	53	85		PC-3	>100	>100	>100	>100

My, myeloma; Ca, cervix cancer, Lu, lung cancer; Re, renal cancer; CNS, center nervous system cancer; Br, breast cancer; Co, colon cancer; Me, melanoma; Ov, ovarian cancer; St, stomach cancer; xPg, prostate cancer

面に多量に表出しているため，正常細胞と比べてマイナス電荷を帯びていることが報告されている[10]（図1）。このことから，著者らの開発したディフェンシン由来改変ペプチドが，抗菌活性を示すのと同様に，哺乳類がん細胞膜を破壊する可能性が示唆された。そこで，種々の哺乳類がん細胞株に対してD型改変ペプチドが与える影響を調べることにした。その結果，D型改変ペプチドは一部のがん細胞株に対して，明確な細胞毒性を示すことが確認された（表3）。その中で

抗菌ペプチドの機能解明と技術利用

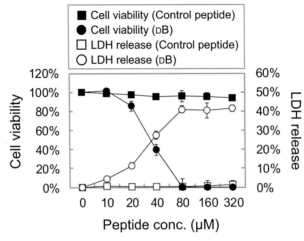

図5　骨髄腫細胞に対する D 型改変ペプチドの生理活性

　も特に，D 型改変ペプチドの一つである DB が，マウス骨髄腫細胞株に対して高い細胞毒性を示したことから，DB の抗骨髄腫細胞活性のメカニズム解明を目指し，詳細な解析を進めた。

　DB が骨髄腫細胞を傷害する際の作用点を明らかにするため，骨髄腫細胞に対する DB の細胞膜破壊について検証した。DB を処理した骨髄腫細胞では，DB の濃度依存的に「細胞生存率の低下」と「LDH（乳酸脱水素酵素）流出の上昇」が確認された（図5）。LDH は細胞内に存在する普遍的な酵素であるが，細胞膜が傷害されると細胞外に流出することから，細胞膜傷害のマーカーとして利用されている。DB を処理した骨髄腫細胞において，「細胞生存率の低下」と「LDH（乳酸脱水素酵素）流出の上昇」の間に非常にきれいな相関関係が見られたことから，DB は骨髄腫細胞の細胞膜を傷害することで，細胞毒性を示している可能性が示唆された。より視覚的に確認するために，走査型電子顕微鏡による観察と，フローサイトメーターによる細胞集団の解析を行った結果，DB は骨髄腫細胞の細胞膜を傷害していることが確認された（図6）。一方で，DB は正常細胞（マウス白血球）に対しては副作用（細胞増殖の抑制や細胞膜の破壊）を示さないことも確認された[11]。

　続いて，DB が骨髄腫細胞を傷害する際，アポトーシスとネクローシスのどちらの経路により細胞死を誘導しているかを調べた。経時的な観察の結果，Actinomycin D に暴露することでアポトーシスを誘導した骨髄腫細胞では，ゆっくりとした細胞の形態変化が観察されたのに対して，DB に暴露した骨髄腫細胞では極めて迅速な（20分以内の）細胞膜崩壊が観察された（図7）。このことから，DB はアポトーシスではなく，ネクローシスを誘導することで，迅速に骨髄腫細胞を傷害していることが示唆された。

　更に，DB が骨髄腫細胞に対して高い選択性を示す理由を明らかにするために，DB を含む4種の D 型改変ペプチドと種々の培養細胞株を用いて，D 型改変ペプチドの細胞選択性のメカニズムを調べた。その結果，「D 型改変ペプチドの細胞毒性」と「細胞膜表面の PS 密度」との間に

第8章　昆虫由来の抗菌ペプチドの応用

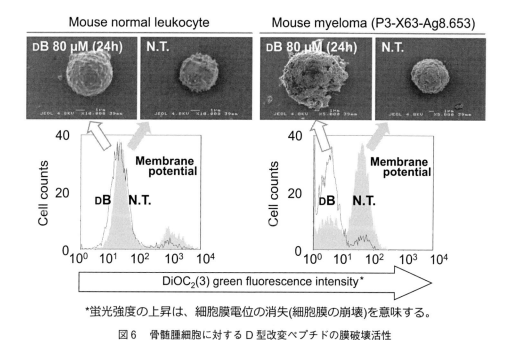

*蛍光強度の上昇は、細胞膜電位の消失(細胞膜の崩壊)を意味する。

図6　骨髄腫細胞に対するD型改変ペプチドの膜破壊活性

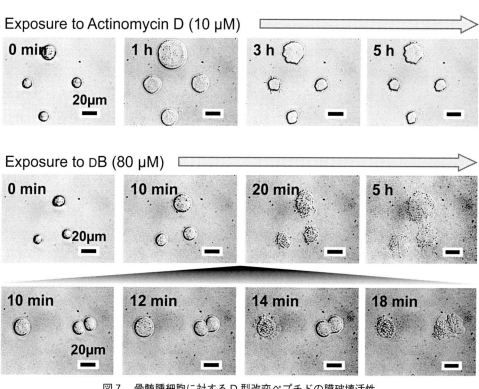

図7　骨髄腫細胞に対するD型改変ペプチドの膜破壊活性

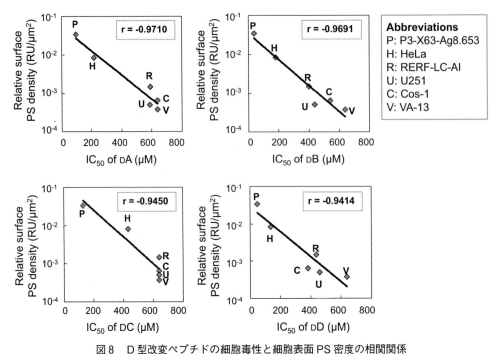

図8　D型改変ペプチドの細胞毒性と細胞表面PS密度の相関関係

高い相関関係が見出された（図8）。PSは酸性リン脂質であることから，細胞表面のPS密度は細胞表面のマイナス電荷密度とも考えることができる。一方で，D型改変ペプチドは細菌などのマイナス電荷を帯びた細胞膜を破壊する能力を有していることが分かっている。これらの知見を統合することで，D型改変ペプチドの細胞選択性（選択的な細胞傷害）は細胞表面のPS密度＝マイナス電荷密度に依存していると考えることができる[11]。

以上の結果から，D型改変ペプチドは新規抗生物質だけではなく，新規抗がん剤の有力な候補となり得ることが確認された。しかし，D型改変ペプチドの実用化を視野に入れた場合，より高い汎用性が求められた。そこで，D型改変ペプチドの汎用性を高めるために，がん細胞表面のPSに代わる，新たな標的について検討を行った。

5　昆虫抗菌ペプチドの応用：ミサイル療法

著者らが次に着目したのは細胞内ミトコンドリアである。ミトコンドリアはあらゆる細胞に普遍的に存在し，生命維持に必須の細胞小器官である。更に，ミトコンドリアは好気性細菌に由来をもつ細胞小器官であるため，マイナス電荷を帯びた外膜を持っていることが報告されている[12]。以上のことから，筆者らが開発したディフェンシン由来改変ペプチドは，細菌細胞膜を破壊する場合と同様にミトコンドリアの外膜を破壊し，アポトーシスを引き起こすことで細胞死を誘導する可能性が示唆された。そこで，マウス肝臓から単離したミトコンドリアに対してD型

第8章　昆虫由来の抗菌ペプチドの応用

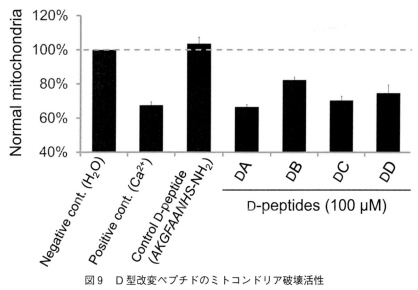

図9　D型改変ペプチドのミトコンドリア破壊活性

改変ペプチドを処理したところ，明確なミトコンドリア破壊が観察された（図9）。次に，細胞内移行機能を持つオクタ-アルギニン（R8）ペプチドを薬物輸送キャリアーとして用いることで，D型改変ペプチドの細胞内輸送を試みた。D型改変ペプチドの一つであるDCのC末端部位に，R8ペプチドを融合したDC-R8ペプチドを設計・合成し，細胞内ミトコンドリアに与える影響を調べた。その結果，DC-R8は細胞内へ移行し，細胞内ミトコンドリアを破壊することで強い細胞毒性を示すことが明らかになった[13]（図10，表4）。これらの結果から，細胞内ミトコンドリアを標的とする戦略の有効性が確認された。

R8ペプチドとDCを組み合わせることで細胞内ミトコンドリアを標的とした戦略の有効性を

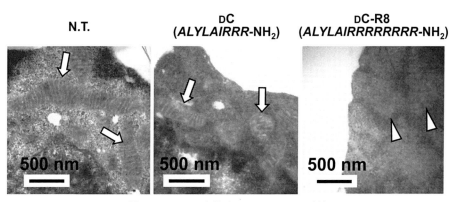

図10　DC-R8の細胞内ミトコンドリア破壊

ヒト白血病細胞JurkatをDC（10 μM）またはDC-R8（10 μM）で37℃，24 h処理後，透過型電子顕微鏡で細胞内ミトコンドリアを観察した。
⇧は正常ミトコンドリア，△は崩壊ミトコンドリアを示す。

表4 DC-R8 の細胞毒性

Peptides	IC$_{50}$ (μM)					
	P3-X63-Ag8.653	Jurkat	RERF-LC-AI	U251	Cos-1	VA-13
DC (*ALYLAIRRR*-NH$_2$)	>100	>100	>100	>100	>100	>100
DC-R8 (*ALYLAIRRRRRRRR*-NH$_2$)	4.9	11.0	22.3	26.4	3.4	16.0

立証することができたが，R8 ペプチドには細胞選択性がないため，DC-R8 が示す細胞毒性もまた細胞非選択的なものであった（表4）。そこで我々は，このD型改変ペプチドのミトコンドリア破壊活性をコントロールするために，細胞選択的な薬物輸送キャリアーである cyclic RGD (cRGD) ペプチドを利用して，D 型改変ペプチドを特定の細胞に選択的に導入する戦略に挑戦した。cRGD ペプチドは，細胞表面の Integrin αVβ3 という分子と結合し，細胞内へ取り込まれることが報告されているペプチドである[14]。Integrin αVβ3 は特に悪性腫瘍や腫瘍組織内の血管内皮細胞で特異的に発現が亢進している分子である[15]。ゆえに，Integrin αVβ3 に親和性を示す cRGD ペプチドは，悪性腫瘍や血管新生部位に対する選択的な薬物輸送キャリアーとして利用されている。そこで我々は cRGD ペプチドと D 型改変ペプチドをジスルフィド結合により架橋した cRGD-Cys-D 型改変ペプチド（cRGD-Cys-DA, DB, DC, DD）を化学的に合成し，Integrin αVβ3 を高発現している細胞に対する細胞毒性と選択性を評価した（図11）。

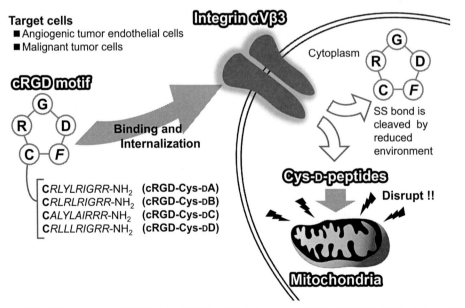

図11 薬物輸送キャリアーを利用したD型改変ペプチドのミトコンドリア破壊活性のコントロール戦略

第 8 章　昆虫由来の抗菌ペプチドの応用

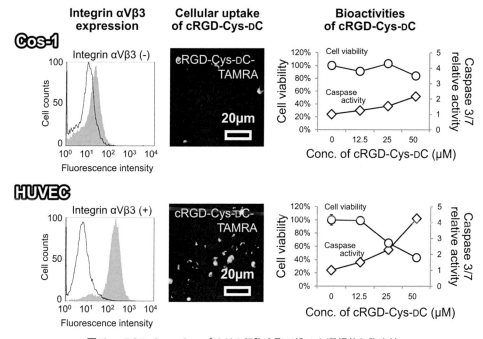

図12　cRGD-Cys-DC ペプチドの細胞内取り込みと選択的細胞毒性

　cRGD-Cys-D 型改変ペプチドのうち，cRGD-Cys-DC を一例として結果を紹介させていただく。まず，cRGD-Cys-DC の細胞内取り込みを調べたところ，cRGD-Cys-DC は Integrin $\alpha V\beta 3$ を高発現している血管内皮細胞（HUVEC：Human umbilical vein endothelial cells）に選択的に取り込まれることが確認された。次に，cRGD-Cys-DC の細胞毒性を評価したところ，cRGD-Cys-DC は Integrin $\alpha V\beta 3$ 高発現細胞に対してのみ細胞毒性を示すことが明らかになった。この際，cRGD-Cys-DC で処理した Integrin $\alpha V\beta 3$ 高発現細胞内ではアポトーシスマーカーである Caspase 3/7 の活性上昇が確認されたことから，cRGD-Cys-DC は細胞内のミトコンドリアを破壊することでアポトーシスを誘導している可能性が示された（図12）。更に，複数種の培養細胞株を用いて，すべての cRGD-Cys-D 型改変ペプチド（cRGD-Cys-DA，DB，DC，DD）の細胞毒性を評価したところ，4 種すべての cRGD-Cys-D 型改変ペプチドが Integrin $\alpha V\beta 3$ 高発現細胞（HUVEC や Vero 細胞）に対して選択的な細胞毒性を示すことが確認された[16]（表 5）。

　以上の成果から，我々は薬物輸送キャリアーの一つである cRGD ペプチドを利用することで，D 型改変ペプチドのミトコンドリア破壊活性をコントロールすることを実証できた。前述のように，ミトコンドリアはあらゆる細胞に存在する普遍的かつ必須の細胞小器官であるため，cRGD ペプチドに限らず様々な薬物輸送キャリアーと D 型改変ペプチドを組み合せることで，標的細胞のミトコンドリアをピンポイントで狙ったミサイル療法への応用が可能であると考えている。

表5　cRGD-Cys-D型改変ペプチドの選択的細胞毒性

		HUVEC	Vero	Cos-1	RERF	HepG2	NIH-3T3
		\multicolumn{6}{c}{Cell lines}					
Integrin αVβ3 expression							
Fluorescence intensity (stained/control)		18.1	17.1	1.7	2.0	1.3	3.3
IC$_{50}$ (μM)	DA	>100	>100	>100	>100	>100	>100
	DB	>100	>100	>100	>100	>100	>100
	DC	>100	>100	>100	>100	>100	>100
	DD	>100	>100	>100	>100	>100	>100
	Cys-DA	>100	>100	>100	>100	>100	>100
	Cys-DB	>100	>100	>100	>100	>100	>100
	Cys-DC	>100	>100	>100	>100	>100	>100
	Cys-DD	>100	>100	>100	>100	>100	>100
	cRGD-Cys-DA	45.6	21.2	>100	>100	>100	>100
	cRGD-Cys-DB	40.6	13.2	>100	>100	>100	>100
	cRGD-Cys-DC	45.8	17.9	>100	>100	>100	>100
	cRGD-Cys-DD	24.2	12.2	>100	>100	>100	>100

6　総括

　昆虫は様々な，時として我々の想像を凌駕する特異機能や有用物質を産生する能力を有していることから，「21世紀最大の未利用生物資源」とも呼ばれ，近年その有用性に注目が集まっている。特に昆虫の生体防御機構に関しては，その応用性の高さから多種に渡って研究が行われ，1970年代から抗菌ペプチドの探索が行われてきた。本稿では，これら昆虫生体防御機構の応用における研究成果を紹介させていただいた。本研究より得られたカブトムシディフェンシン由来改変ペプチドは，「抗菌活性」「抗がん細胞（骨髄腫）活性」「ミトコンドリア破壊活性」と複数の生理活性を示すことが分かった。更に，これら一見全く異なると思われる生理活性は，改変ペプチドの「マイナス電荷を帯びた生体膜に対する破壊活性」という共通の作用機序によって説明できることが明らかとなった。このようなユニークかつ多機能を持つ改変ペプチドは，医療分野における細菌感染症またはがん治療薬としての応用が今後期待される。

文　　献

1) B. Lemaitre et al., Annu. Rev. Immunol., **25**, 697-743（2007）
2) J. Hoffmann et al., Immunol. Today, **13**, 411-415（1992）
3) P. Bulet et al., Dev. Comp. Immunol., **23**, 329-344（1999）
4) R. E. Hancock et al., Antimicrob. Agents Chemother., **43**, 1317-1323（1999）
5) J. Ishibashi et al., Eur. J. Biochem., **266**, 616-623（1999）

6) H. Saido-Sakanaka *et al.*, *Biochem. J.*, **338**, 29-33 (1999)
7) H. Saido-Sakanaka *et al.*, *Peptides*, **25**, 19-27 (2004)
8) Y. Koyama *et al.*, *Int. Immunopharmacol.*, **6**, 1748-1753 (2006)
9) T. Iwasaki *et al.*, *J. Insect Biotechnol. Sericology*, **76**, 25-29 (2007)
10) T. Utsugi *et al.*, *Cancer Research*, **51**, 3062-3066 (1991)
11) T. Iwasaki *et al.*, *Peptides*, **30**, 660-668 (2009)
12) S. Trapp *et al.*, *Eur. Biophys. J.*, **34**, 959-966 (2005)
13) T. Iwasaki *et al.*, *Biosci. Biotechnol. Biochem.*, **73**, 683-687 (2009)
14) K. Temming *et al.*, *Drug Resist. Updat.*, **8**, 381-402 (2005)
15) S. D. Robinson *et al.*, *Curr. Opin. Cell. Biol.*, **23**, 630-637 (2011)
16) T. Iwasaki *et al.*, *Biosci. Biotechnol. Biochem.*, **76**, 683-687 (2013)

抗菌ペプチドの機能解明と技術利用

2017年5月1日　第1刷発行

監　　修	長岡　功	（T1047）
発行者	辻　賢司	
発行所	株式会社シーエムシー出版	
	東京都千代田区神田錦町1-17-1	
	電話 03(3293)7066	
	大阪市中央区内平野町1-3-12	
	電話 06(4794)8234	
	http://www.cmcbooks.co.jp/	
編集担当	上本朋美／門脇孝子	

〔印刷　尼崎印刷株式会社〕　　　　　　　　　　　Ⓒ I. Nagaoka, 2017

落丁・乱丁本はお取替えいたします。

本書の内容の一部あるいは全部を無断で複写(コピー)することは，法律で認められた場合を除き，著作者および出版社の権利の侵害になります。

ISBN978-4-7813-1245-3　　C3047　　¥74000E